气象影视图形处理技术

朱定真　王　新
康　庄　郑　巍　高义梅　袁慧晶　张建超　著

China Meteorological Press

图书在版编目(CIP)数据

气象影视图形处理技术 / 朱定真等著. --北京 :
气象出版社，2016.10
ISBN 978-7-5029-6296-8

Ⅰ.①气… Ⅱ.①朱… Ⅲ.①天气图—图形软件
Ⅳ.①P459-39

中国版本图书馆CIP数据核字(2015)第293242号

Qixiang Yingshi Tuxing Chuli Jishu

气象影视图形处理技术

朱定真 王 新等 著

出版发行：气象出版社

地　　址：北京市海淀区中关村南大街46号　　**邮政编码**：100081

电　　话：010-68407112(总编室)　010-68409198(发行部)

网　　址：http://www.qxcbs.com　　**E-mail**：qxcbs@cma.gov.cn

责任编辑：郭健华 张盼娟　　**终　　审**：邵俊年

责任校对：王丽梅　　**责任技编**：赵相宁

封面设计：博雅思企划

印　　刷：北京中新伟业印刷有限公司

开　　本：889 mm×1194 mm 1/16　　**印　　张**：14

字　　数：358千字

版　　次：2016年10月第1版　　**印　　次**：2016年10月第1次印刷

定　　价：100.00元

目 录

第1章 绪 论

气象科学是联系人与自然的桥梁和纽带之一，与人类活动息息相关。气象事业是科技型、基础性社会公益事业，气象服务是气象事业的立业之本，是气象事业的出发点和归宿，是气象事业发展的生命线。经过不断创新发展，气象服务行业已经成为国家重要的科技服务行业。

经过三十余年的发展，我国气象影视服务通过电视媒体及新兴媒体及时向社会公众发布气象信息、灾害预警信息。气象影视节目从无到有，从单一到丰富，覆盖面从小到大，已家喻户晓，成为我国收视率最高、最受观众欢迎的电视节目之一，气象影视服务已经成为气象防灾减灾和气象科普宣传的重要平台，成为服务社会、服务大众、防灾减灾的有效途径，成为连接气象部门与社会公众的重要桥梁之一。

随着经济、科技、社会的迅速发展，社会公众对包括气象影视服务在内的气象服务质量提出了更高的要求。新媒体、新技术的发展对气象影视传播的影响越来越大，随着媒体传播“三网融合”(电信网、广播电视网、互联网)趋势的发展，适合新兴媒体的气象节目需求和覆盖面必将进一步拓展。同时，由于市场开放的力度加大，在这个领域里的竞争也必将日趋激烈，来自国内外同行的竞争也越来越激烈，新形势对气象影视服务也提出了更高的要求。气象影视服务面临着良好的发展机遇，同时面临着严峻的挑战。

面对新的机遇和挑战，提升气象影视服务能力，对提升公共气象服务的整体能力起着举足轻重的作用。如何进一步拓宽电视天气预报服务的广度和深度，把电视天气预报服务品牌做大、做强，成为各个气象工作者和电视媒体工作者的共同心愿。气象影视人正以积极的姿态，利用新媒体的技术和手段，开拓更加精彩的节目和服务形式。中国在由气象大国向气象强国迈进的过程中，为气象影视服务节目市场的发展提供了巨大的成长空间。

电视节目及时、准确、直观地传播气象预报预警，是实现防灾减灾的一个重要方式。天气预报栏目由于和人们的衣、食、住、行等诸多方面息息相关，因此，它的覆盖群体范围很大，涉及的社会层面也极广，具有其他电视栏目无可比拟的诱惑力。天气预报栏目在时间段和性价比方面本身就已经处于优势，新节目只有在内容、画面和制作上具有新的特色，别具一格，才能争取更多的观众，进而在这一得天独厚的优势上更加夯实不可动摇的地位。以提高关注度为努力方向，气象节目必须以电视作为平台，内容集知识性和趣味性于一体，并及时更新，给人一种耳目一新的感觉。节目的形式决定着对观众影响的深度。气象节目一般比较短小，时间紧张，在形式上就要求内容短小精悍、画面丰富多彩、剪辑严谨讲究、声像配合和谐等等。目前，随着电视观众的细分，突出节目的地域化是地市级气象局天气预报节目成功的一个诀窍。挖掘地域文化特色，准确把握本地的定位，形成其他地方媒体没有和无法形成的地域特色，是天气预报节目在激烈媒体竞争中得以立足和发展的根本所在。

目前天气预报类节目常见的形式主要有全国气象图像预报和城市天气数据预报、生活建议等内容，在此类基础内容上以多种表现形式向观众展示。当前传统的图文制作系统完全能够做出一档表现形式精良的气象预报节目，但是在接收和处理气象业务部门的专业数据时，上述软件的功能就稍显不足。目前在中国气象影视节目制作中所使用的三维图形图像加工软件主要来自国外生产厂家，我们尚未具备拥有自主知识产权的产品与之竞争。而当今世界，国家安全的概念已经从传统的国防安全，扩展到更为广泛的领域。气象信息对国家安全的保障作用得到强化，气象发展战略也被纳入国家安全战略范畴。部分气象数据(例如：气象台站信息、新一代多普勒雷达数据等)关系到国家安全，属于敏感信息。如果使用国外软件，一方面势必进行数据接口的开放与适配，另一方面对其使用加以限制又影响到及时、直观的雷达等敏感气象数据的使用。同时又因为数据接口转换的操作耗费时间，在极端天气事件频发的趋势下，中国气象频道以及新媒体全天候迅速反应的优势势必受到影响。另外，从成本上看，引进国外气象影视产品制作系统不仅安装部署花费大，还需要不断地付费进行系统维护与升级，巨额的软件采购与维护资金给我国气象影视服务的进一步发展带来不利影响。

近年来，随着计算机图形、图像、视频技术的不断发展，计算机图形学在各个行业的应用得到迅速普及和深入，计算机实时图形图像渲染处理能力逐步增强。国内电视机构更加注重电视节目的包装效果，对电视图文提出了更高、更新的要求，要求极大地增强、丰富真正三维图文的播出效果；要求针对专业化的节目需求提供专业图文包装产品；要求三维图文能够在真实环境中与摄像机跟踪联动。经过二十余年发展，包括跨编程语言、跨平台的编程接口规格的专业图形程序接口 OpenGL 和专业多媒体编程接口 DirectX 在内的三维图形软件技术不断升级、更新，技术标准规范日臻完善，为地形的高度真实感三维图形的绘制提供了技术基础，使得地形地貌仿真应用日益广泛。

1.1 项目介绍

根据现阶段国内气象影视图形图像制作播出系统发展状况，华风气象传媒集团有限责任公司作为气象服务的先行者和带头人，在中国气象局的组织下，联合南京信息工程大学，积极申请 2012 年国家科技支撑计划项目“气象影视图形图像制作播出技术研究与应用”(项目编号为 2012BAH05B00)，经过近 3 年的探索研究，开发出具有自主知识产权的气象影视图形图像制作播出系统(简称系统)，填补了国内这一行业领域的空白，打破了国外产品一统天下的局面。

中国气象局华风气象传媒集团有限责任公司，是中国气象局直属企业，承担着国家级气象灾害预警预报媒体发布、媒体公众气象服务、气象影视科普宣传等职责，是中国气象局公共气象服务的重要组成部分和重要窗口。从 1980 年和中央电视台合作播出第一档电视天气预报节目开始，华风的气象影视服务已经走过了 30 余年不平凡的发展历程。

南京信息工程大学前身是有“中国气象人才摇篮”美誉的南京气象学院，是江苏省人民政府、教育部、中国气象局和国家海洋局四方共建的全国重点大学。

中国气象局华风气象传媒集团有限责任公司与南京信息工程大学通力合作，通过对适合电视、互联网、IPTV(交互式网络电视)、智能手机等新媒体公共气象服务影视产品的表现形式进行研究，结合气象数据自身的特点，以气象产品影视展现为核心，结合数据加工、地理信息处理及三维实时渲染技术，通过研究气象影视三维图像产品的实时渲染、加工、制作、播出等环节的关键技术，最终研制一套气象影视图形图像播出示范系统。主要研制的内容包括主持人跟踪触发交互设备研发；主持人视频动作跟踪识别核心算法研发；三维实时渲染引擎图形算法研制并进行软件开发；气象影视三维立体气象雷达产品生成算法研制并进行软件开发。该产品的研制目的是希望促进气象类电视节目播出效果的提高，更专业、更丰富地向电视观众传达气象资讯信息，缩小和国外同类节目的差距。

该系统投入应用后，将弥补我国气象影视行业自主的三维图形图像制作软件的空白，满足中国气象频道以及互联网、智能手机等新兴媒体日益增长的公众气象服务效率的需求；能够大大降低软件成本，提高与国外软件的竞争优势，逐步摆脱对国外气象影视制作软件的依赖，每年可节约上百万元的成本。该系统生产出来的气象图形图像产品、视频动画产品不仅可以提供给气象影视节目使用，同时可以延伸拓展，为智能手机客户端、IPTV、互联网电视等提供丰富的产品源，最终形成完整的气象服务产业链条。

1.2 项目成果——天目三维气象影视制播系统

历时两年，经过研发团队的刻苦攻关，该项目组终于研发出一套完整的天目三维气象影视制播系统，该系统包括三大子系统：天气预报气象数据预处理子系统 V1.0、天目三维气象影视制作软件子系统 V1.0、天目三维气象影视播出软件子系统 V1.0。在项目实施过程中，研发完成了五项核心算法：主持人视频动作跟踪识别核心算法；三维实时渲染引擎图形算法；气象影视三维立体气象雷达算法和软件；三维可视化数据存储、索引、渲染和绘图工具、视频播出；海量 DEM(Digital Elevation Model，数字高程模型)地理信息数据三维地形可视化图形渲染算法。取得十项自主知识产权：三维地理数据快速存储索引系统 V1.0；城市预报制作系统 V1.0；基于时空插值算法的数据处理系统 V1.0；基于地理信息的三维气象元素实时渲染系统 V1.0；三维地形实时渲染系统 V1.0；基于三维地球模型上的虚拟摄像机系统 V1.0；主持人视频动作跟踪识别系统 V1.0；三维气象影视图形图像播出软件 V1.0；三维雷达数据处理系统 V1.0；三维气象影视图形图像制作软件 V1.0。这些知识产权均获得了中华人民共和国国家版权局颁发的计算机软件著作权证书。“气象元素在三维地球模型上的快速显示和绘制方法”已经向国家知识产权局申请发明专利。

目前天目三维气象影视制播系统已经在中央电视台 CCTV1 等国家级媒体、中国气象频道等行业媒体、旅游卫视等专业媒体的电视节目中得到应用，使用效果得到了一致好评。

第 2 章　系统详细设计说明

本章主要介绍天目三维气象影视制播系统的详细设计说明，说明天目三维气象影视制播系统的系统架构，以及系统中每个程序（每个子模块）的设计思路、方法，以便用户、测试人员、开发人员、项目管理者、其他质量管理人员和高层经理等人员，更好地了解天目三维气象影视图形图像制播系统的研发方法。

2.1　系统总体结构

2.1.1　系统的组成结构

2.1.1.1　数据转换模块

数据转换部分的机制，是使用一台数据转换服务器，其上安装运行C++编写的处理程序，24 小时不间断地对制作天气预报节目所需的各种气象数据进行格式的转换，转化为现系统可以识别的数据类型。

目前系统可以支持的数据包括第 3 类站点数据、卫星云图、雷达数据、第 14 类数据、第 4 类格点数据、第 7 类台风数据等。

该系统是一套全实时的系统，对数据的更新到形成图形显示基本上不存在延迟，只要检测到有新的数据就会转换，而且在播出端数据是实时变化的，不需要对数据进行渲染。

系统的服务器数据转化功能实现如图 2.1 所示。

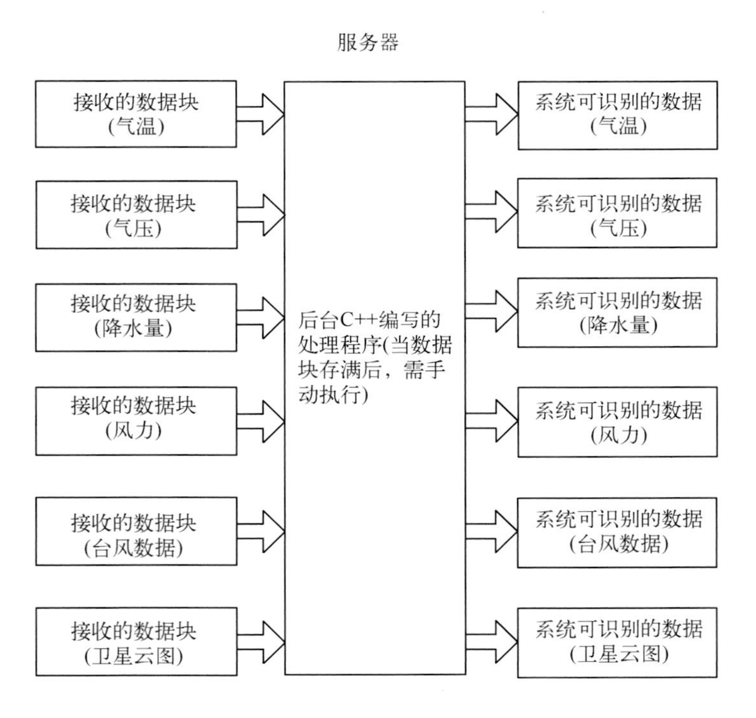

图 2.1　数据转换模块

2.1.1.2 地图生成模块

该模块是一个实时天气图像和播出控制系统，可用来生成特定3D地图的软件，能够使气象播报员准确地播报当地的天气情况。它生成的地图，无论是单张的静止图片还是动画，都可以携带地理信息。这样在播出端，数据就可以直接引入，例如，雨区的范围等都可以由机器自动生成，从而大大减轻了气象数据与背景地图定位等繁复的工作量。

2.1.1.3 播放模块

本模块是一个播出控制软件，是整个系统的核心应用。它能够将带有地理信息的背景图文与气象数据实时叠加进行播出，而且这个天气信息从叠加到形成SDI视频信号的播出过程是一个全实时的过程，不需要渲染，真正做到了“所见即所得”。

本模块中包含多个场景，每个场景中包含的图层也不尽相同，可以满足制作不同节目的不同要求。播放模块软件场景结构如图2.2所示。

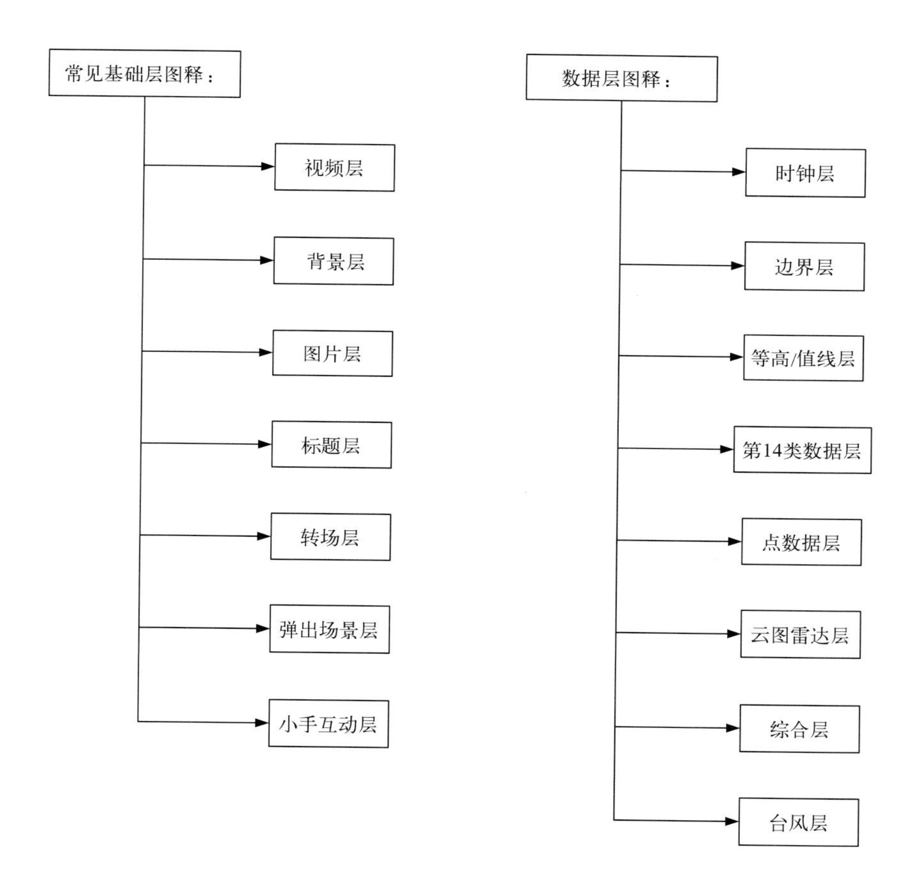

图2.2 播放模块软件场景结构

1. 常见基础层

(1)视频层

视频层是系统模块中的基础层，用于调取本模块中打包生成的视频、外部系统转换到本模块中使用的视频等。在视频层我们可以调整视频播放的速度、次数、增加暂停点等各种基础操作。

(2)背景层

背景层也称通道层，为系统模块中的基础层，在系统引入的所有场景中，均具有通道层；其主要支持引入带通道的图片，使用十分简单。在节目制作中可以在原有背景层的基础上增加新的图片内容，增强了软件的灵活性。图 2.3 和图 2.4 为背景层编辑界面。

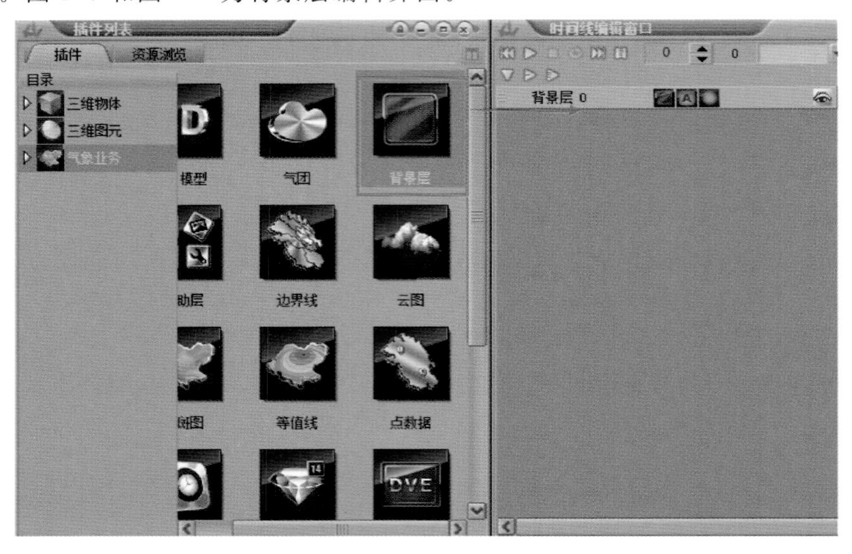

图 2.3　背景层界面

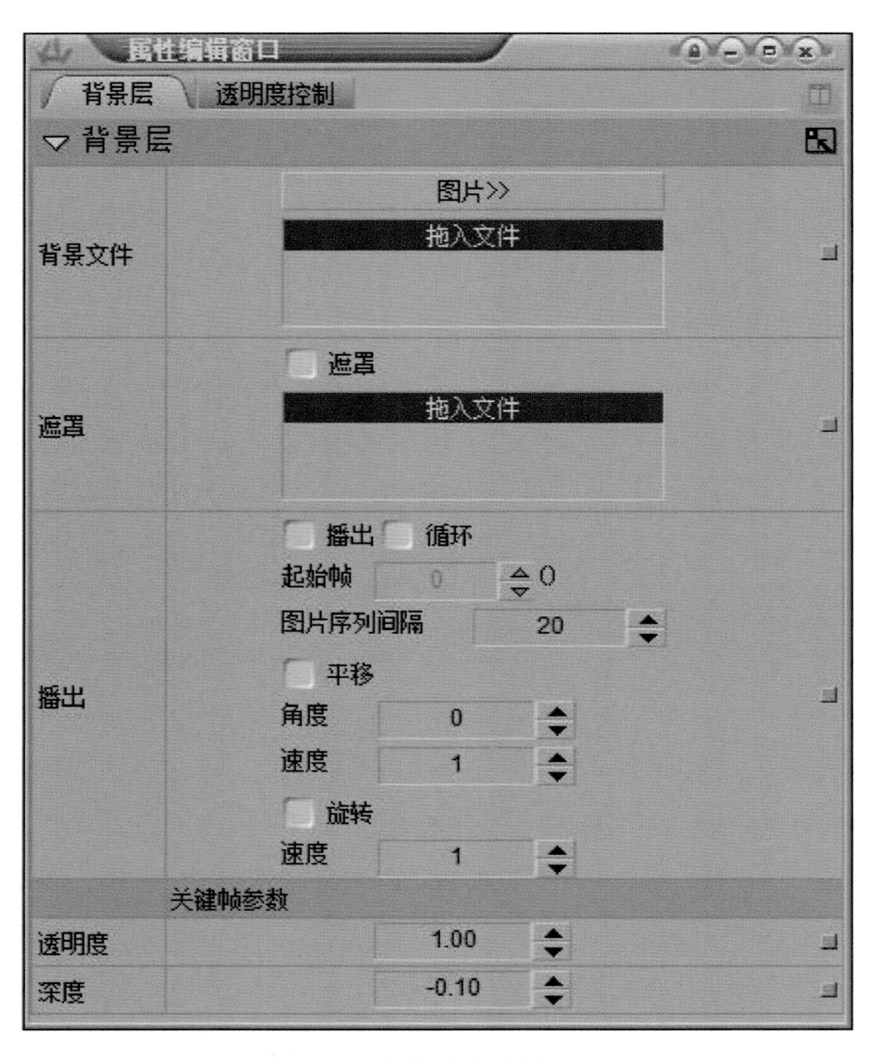

图 2.4　背景层属性编辑窗口

(3)图片层

图片层与系统模块中的背景层的作用一样，主要支持导入全屏(标清：720 * 576)图片作为场景中的背景，参数和背景层完全一致，十分简单。图片层的界面详见6.2.3。

(4)标题层

标题层在系统中又称为字幕层，和背景层、转场层一样，同属于系统模块中的基础层，每个场景中均具有。其可以用于后期添加字幕，引入通道层图片、背景图片等。在系统中标题层支持两层字幕的添加，两层通道图片的引入和一层背景图片的引入，通常用于增加标题、字板等辅助内容，同时也支持引入图片序列，可实现动画效果。标题层的界面详见6.2.3。

(5)转场层

转场层属于系统模块中的基础层，在任何场景中均存在。主要用于实现上一个场景和下一个场景间的特技过渡，包括淡出、左移、右移、左卷页、划像，并且可以设置转场时间。转场层编辑界面如图2.5所示。

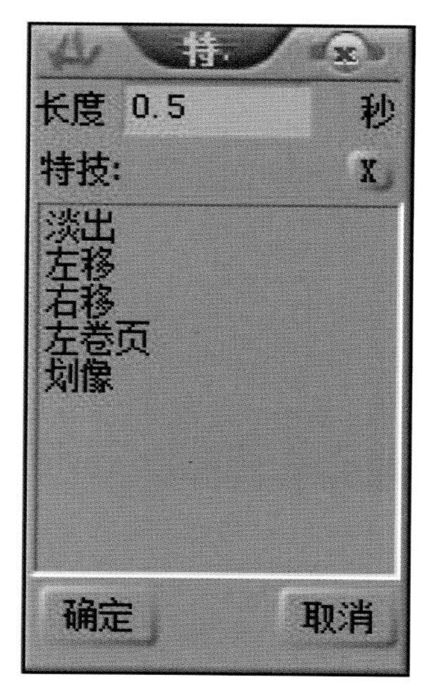

图2.5　转场层编辑界面

(6)弹出场景层

弹出场景层为系统模块中常用的一个场景层，其主要可以在系统模块中实现弹出含音频、视频、图片等各种元素集合的场景，常用于做现场连线、画中画等。此层中弹出窗口的对象是场景，而非场景中的元素，弹出场景的大小可以进行提前设置。另外，在同一个场景中，系统支持添加多个弹出场景，但同时只能弹出一个，当有多个场景需要弹出时，必须先清除前一个弹出场景，方可激活下一个。在场景弹出时既支持从一个点弹出场景的形式也支持场景放大的形式。

(7)小手互动层

小手互动层属于系统模块系统中的特色层，一般我们又称之为“主持人互动层”“小手层”，主要可以实现主持人追踪互动，可以支持添加线、文本、图片、动画、锋面、气流六种互动元素。可以在节目制作前将需要添加的元素添加到相应的位置并进行设定。在节目播出中，可以由主持人根据节目需要在适当的位置添加所需的文字、图片或锋面等元素，也可以让这些元素直接显示在提前设定好的位置上。小手互动层的界面详见6.2.3。

该层中可以设置主持人交互模式，分为三个部分。

①Reveal：主持人互动中的第一种交互模式，即半互动模式。主持人互动的元素所出现的屏幕的位置在节目制作时进行预先的设置，主持人仅对元素进行出屏操作，不支持对屏幕元素出屏位置的任意调整。

②Reveal All：主持人互动中的第二种交互模式，无互动模式。即主持人互动的元素在制作时已经对元素的对象、位置等进行了预先的设置，当场景播放时无须主持人互动操作，所有元素均显示在屏幕中，类似常规的标题层。

③InterActice：完全交互模式，主持人互动中的第三种交互模式，默认模式。增加的元素种类、数量、位置等，完全由主持人互动添加，可以达到较好的互动效果。

2. 数据层

(1)时钟层

时钟层的设置，在调取云图、雷达、高空形势图、台风以及第14类数据等过程中，是十分重要的一步。在这个系统中，很多数据的使用都需要通过时钟层来实现，因为气象数据本身是具有时效性的，尤其是在使用一段时间的数据时，时间的设定主要通过时钟层来实现。时钟层的主要功能是设定所需要使用数据的时间标签，控制数据的读取、数据循环的次数、速度，以及时间的显示。

时钟层中最重要的参数是 Weather Data Time，有三种时间设置的方式，这里设置的是数据的起点。

①Offset From Current Time：主要用于雷达、云图数据，时间通常是负的，例如取 10 小时前的数据：Offset Hours：－10。

②Specific Time With Day Offset(Local Time)：主要用于高空形势图等预报类数据，通常是正值，采用北京时间，例如取明天 10 点后的数据：

Specific：10：00

Day Offset：1

③Explicit Start Time Date(GMT)：具体的时间，即某年某月某日某时，采取的是世界时间，既可用于取过去的数据，也可用于取预报类的数据。例如取 2012 年 10 月 18 日 18：00 后，24 小时的数据，设置如下：

Start(hh：mm：dd/mm/yy)：18：00 18/10/2012

根据需要，用以上三种方式设置好起点后，我们还需设置取多长时间的数据。

(2)边界层

边界层主要是为渲染好的地图加上国界、省界或江川河流等，这样可以更具视觉效果，在系统中以边界线的形式表现，编辑界面及介绍详见 6.2.3。

(3)等高/值线层

等高/值线层主要用于高空形势图等数据的调用及显示。该层还提供遮罩功能：用来选取所要显示数据的范围，即在提供的数据中选取一个范围内的数值进行显示，那么该范围外的数值就不会在屏幕上显示；也可以只显示选中区域之外的数据。编辑界面详见 6.2.3。

(4)第 14 类数据层

用于第 14 类数据的导入制作。编辑界面详见 6.2.3。

(5)点数据层

点数据层用于城市站点数据的引用，包括城市名、温度、天气符号等都属于城市点数据。编辑界面详见 6.2.3。

(6)云图雷达层

云图雷达层用于云图及雷达拼图数据的调用及显示，这里的设置主要是选取数据及配色方案等。编辑界面如图 2.6 所示。

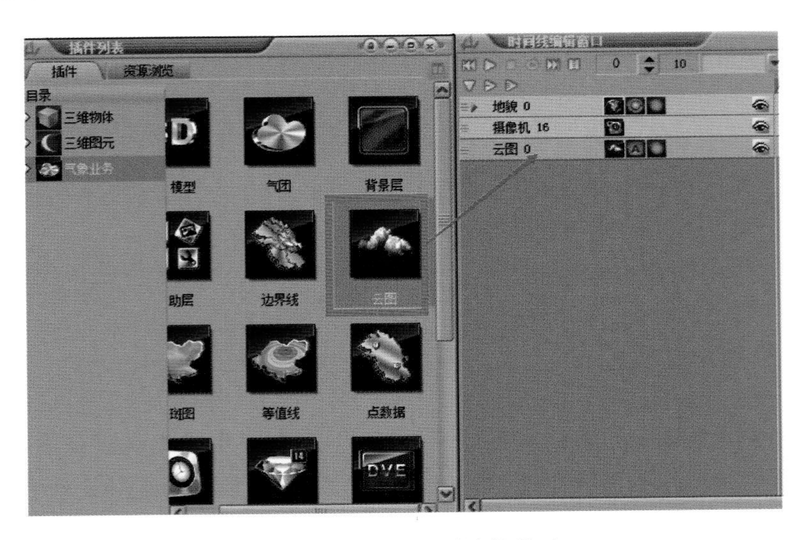

图 2.6　云图雷达层编辑界面

(7)综合层

综合层是用来调取点数据(城市预报、实况数据、海区数据、指数数据等)的层，数据可以自动连接服务器，自动更新，在实际业务中也经常用作虚拟实景层。编辑界面如图 2.7 所示。

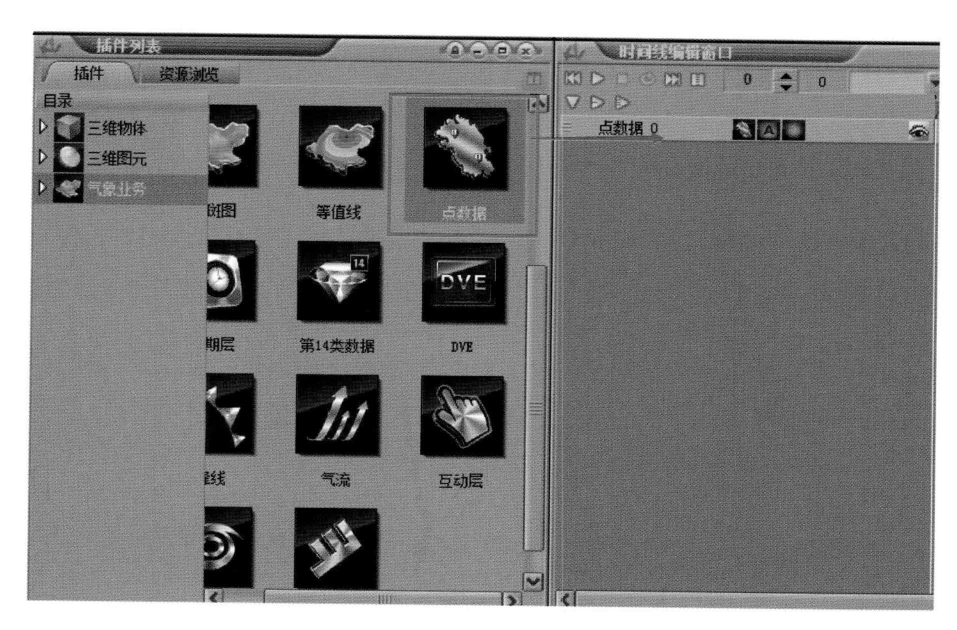

图 2.7　综合层编辑界面

(8)台风层

台风层的功能是将台风数据导入系统，绘制台风路径、描述台风形态、预测未来路径等等。台风层自带数据时钟，这个时钟给出了台风的时间以及停顿的设置，与前面所述的时钟层有区别。编辑界面详见 6.2.3。

本模块和 3D 模块两个软件不能同时运行，同一时间只能使用其中的一个软件。本模块中存在播出和编辑两种状态，录制时需为播出状态。

本模块软件自身也存在着一些缺点，例如，不支持场景的自定义修改，也不支持图标的修改，即不能根据自己的喜好添加相应的图标，任何更改都须由开发方进行。同时关闭软件时不会提醒保存，所以使用时要时时保存。

2.1.1.4　雷达图像显示模块

本模块主要用于雷达图像显示的设备，可以支持实时的三维雷达数据更新，并且与智能跟踪组合使用后，可以完成对于一个三维雷达图像的解剖分析和讲解。这种方式的图形显示不仅可以应用在气象节目的制作中，大大提高节目的表现力，特别是对于台风的天气灾害的表现，而且对于气象信息的分析研究也很有帮助。

2.1.1.5　智能跟踪功能

在本模块中，主持人互动是节目很重要的表现方式之一，通过对摄像机信号的识别实现主持人追踪技术。将主持人身体最远端作为追踪点，所有互动位置的定位都定位在这一个点，并且通过主持人手中的遥控盒实现主持人手动添加符号、标识，画各种曲线、锋面的功能。示例如图 2.8 所示，追踪点在离主持人身体躯干最远的胳膊肘处。

图 2.8　摄像机信号追踪

2.1.2　子模块及接口

各子模块及主要接口的依赖关系如图 2.9 所示。

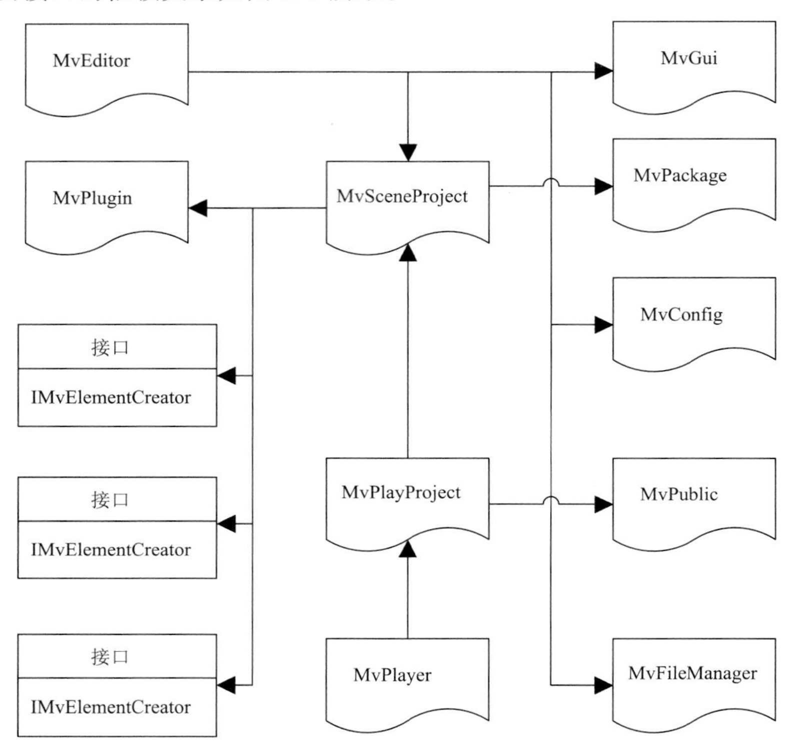

图 2.9　各子模块及主要接口

MvGui——图形界面基础库，定制对话框、控件等 UI；MvConfig——辅助库，系统和用户配置管理；MvPublic——辅助库，系统公用类库；MvEditor——场景编辑；MvFileManager——DEM、SHP 等专业数据管理；MvPackage——辅助库，素材打包；MvPlayer——播出工程编辑；MvPlayProject——播出工程；MvSceneProject——场景编辑模块，上接用户界面操作，下启播出渲染；MvPlugin——标准可扩展的业务流程插件接口

2.2　FTP 数据下载模块设计说明

2.2.1　程序描述

FTP 数据下载模块主要是从 FTP 服务器上下载所需处理的雷达数据文件，并存放在指定的文件路径，再将数据文件交给后续模块处理。

2.2.2 功能

FTP数据下载模块包括参数设置功能单元、执行时间设置功能单元和文件过滤功能单元，功能结构图如图2.10所示。

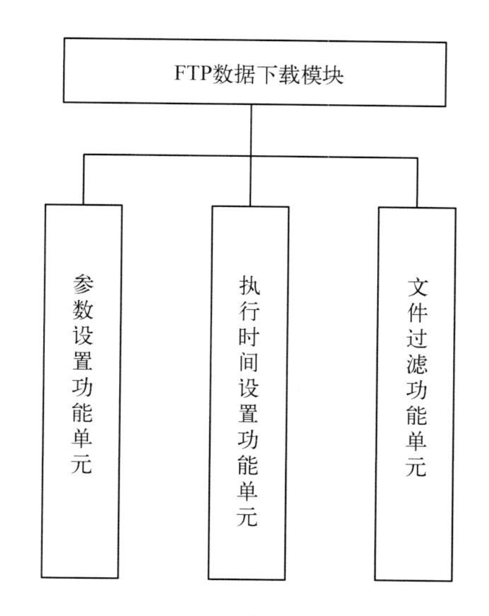

图2.10 FTP数据下载模块功能结构图

2.2.3 性能

- 下载速度不低于同类软件。
- 系统运行稳定。
- 可配置，易于使用。

2.2.4 输入项(表2.1)

表2.1 FTP数据下载模块输入表

标识	数据类型	交互对象	数据名称	数据内容	I/O
IN_Name	String	系统对象	用户名	FTP登录的地址、用户名、密码等信息	I
IN_IP	String	系统对象	IP地址	FTPIP地址信息	I
IN_PassWord	String	系统对象	密码	FTP登录密码	I
IN_Port	String	系统对象	端口号	IP地址端口号	I
IN_Time	String	系统对象	执行周期	FTP任务执行周期	I
IN_FTPPath	String	系统对象	远程目录	FTP数据路径	I
IN_SavePath	String	系统对象	保存路径	数据文件保存路径	I
IN_DataKeyWord	String	系统对象	关键字	下载数据文件名关键字，过滤下载数据文件	I

2.2.5 输出项(表2.2)

表2.2 FTP数据下载模块输出表

标识	数据类型	交互对象	数据名称	数据内容	I/O
Out_FileData	File	系统对象	下载后的数据	下载到的雷达数据文件	O

2.2.6 算法

FTP 的传输有两种方式：ASCII、二进制。

ASCII 传输方式：

假定用户正在拷贝的文件包含简单的 ASCII 码文本，如果在远程机器上运行的不是 UNIX，当文件传输时 FTP 通常会自动地调整文件的内容，以便于把文件解释成另外那台计算机存储文本文件的格式。

但是，常常有这样的情况，用户正在传输的文件包含的不是文本文件，它们可能是程序、数据库、字处理文件或者压缩文件。在拷贝任何非文本文件之前，用 binary 命令告诉 FTP 逐字拷贝。

二进制传输方式：

在二进制传输中，保存文件的位序，以便保证原始和拷贝的内容是逐位一一对应的，即使目的地机器上包含位序列的文件是没意义的。

如在 ASCII 方式下传输二进制文件，即使不需要也仍会转译，否则会损坏数据（ASCII 方式一般假设每一字符的第一有效位无意义，因为 ASCII 字符组合不使用它。如果传输二进制文件，所有的位都是重要的）。

2.2.7 流程逻辑

如图 2.11 所示，启动 FTP 数据下载任务读取 FTP 登录参数信息，登录到 FTP，根据配置的关键字信息，下载指定的雷达数据文件，数据下载成功则将数据保存在指定路径，若下载失败则记录日志信息，并退出。

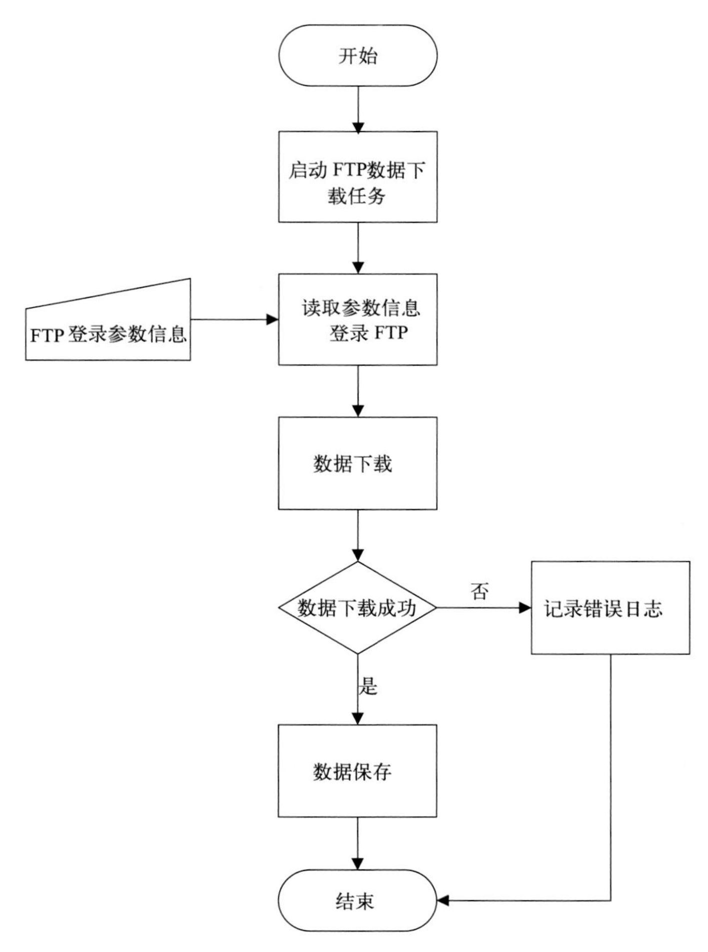

图 2.11　FTP 数据下载模块流程逻辑图

2.2.8 接口

如图 2.12 所示，FTP 数据下载模块将从 FTP 服务器上下载的数据文件通过文件系统接口保存到文件存储区。

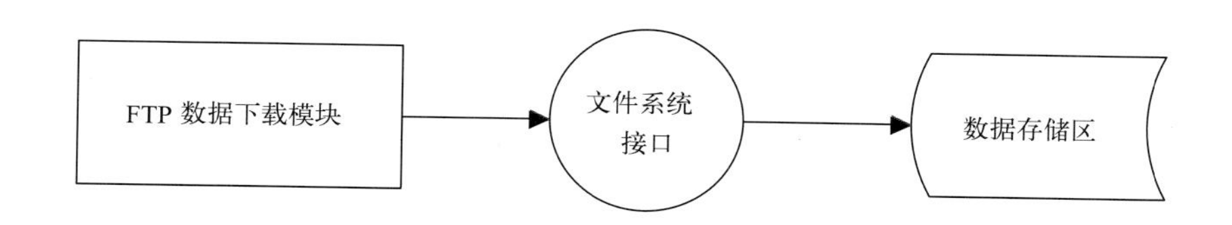

图 2.12 FTP 数据下载模块接口图

2.2.9 测试计划(表 2.3)

表 2.3 FTP 数据下载模块测试计划表

用例编号	用例标题	用例目的	预置条件	输入数据	预期结果
1.1	FTP 参数设置用例	测试是否可以设置 FTP 的登录信息	FTP 服务器准许连接	参数信息	可以通过设置的参数信息登录 FTP 服务器
1.2	FTP 下载执行周期用例	测试 FTP 是否按照指定的时间进行下载数据	FTP 服务器连接成功	时间参数信息	FTP 任务按照设置的时间间隔进行轮循下载数据
1.3	文件过滤用例	测试 FTP 下载是否按照指定的文件格式下载数据	FTP 服务器连接成功	文件格式参数	按照设置的过滤条件下载相应的数据文件

2.3 进程管理模块设计说明

2.3.1 程序描述

进程管理模块主要负责对守护进程、数据处理进程和数据备份进程进行打开和关闭管理。

其中，守护进程是用来对主程序的运行状态进行监视，当程序异常退出或人为误操作退出系统时，对程序进行重新启动。

2.3.2 功能

进程管理模块包括守护进程管理功能单元、数据处理进程管理功能单元和数据备份进程管理功能单元，功能结构图如图 2.13 所示。

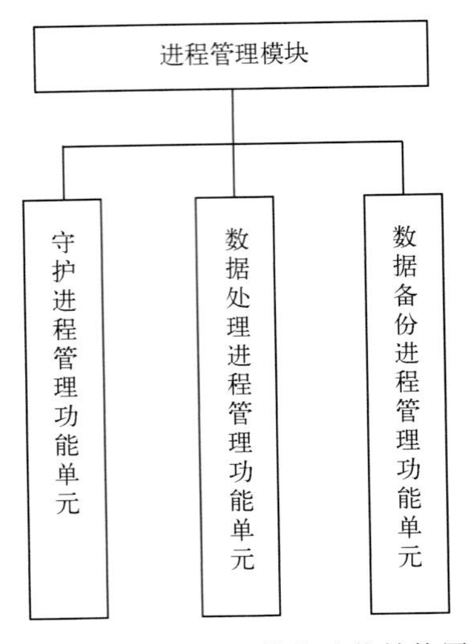

图 2.13　进程管理模块功能结构图

2.3.3　性能

- 系统运行稳定。
- 系统具有良好的可维护性和可扩展性。
- 系统可配置,易于使用。

2.3.4　输入项(表 2.4)

表 2.4　进程管理模块输入表

标识	数据类型	交互对象	数据名称	数据内容	I/O
IN_IsGuard	Boolean	系统对象	守护进程开关信息	守护进程启动或关闭信息	I
IN_IsProcess	Boolean	系统对象	数据处理进程开关信息	数据处理进程启动或关闭信息	I
IN_IsCopy	Boolean	系统对象	数据备份进程开关信息	数据备份进程启动或关闭信息	I

2.3.5　输出项(表 2.5)

表 2.5　进程管理模块输出表

标识	数据类型	交互对象	数据名称	数据内容	I/O
Out_GuardPrompt	String	系统对象	守护进程开关提示信息	守护进程启动或关闭提示信息	O
Out_ProcessPrompt	String	系统对象	数据处理进程开关提示信息	数据处理进程启动或关闭提示信息	O
Out_CopyPrompt	String	系统对象	数据备份进程开关提示信息	数据备份进程启动或关闭提示信息	O

2.3.6 算法

Runtime类封装了运行时的环境。每个Java应用程序都有一个Runtime类实例，使应用程序能够与其运行的环境相连接。

一般不能实例化一个Runtime对象，应用程序也不能创建自己的Runtime类实例，但可以通过getRuntime方法获取当前Runtime运行时对象的引用。一旦得到了一个当前的Runtime对象的引用，就可以调用Runtime对象的方法去控制Java虚拟机的状态和行为。

在安全的环境中，可以在多任务操作系统中使用Java去执行其他特别大的进程（也就是程序）。exec()方法有几种形式命名想要运行的程序和它的输入参数。exec()方法返回一个Process对象，可以使用这个对象控制Java程序与新运行的进程进行交互。

2.3.7 流程逻辑

如图2.14所示，首先启动进程管理模块，用户设置进程打开或关闭的运行状态，进程管理模块对相应的进程进行操作，进程管理成功则返回提示信息并退出，管理失败则记录日志信息并退出。

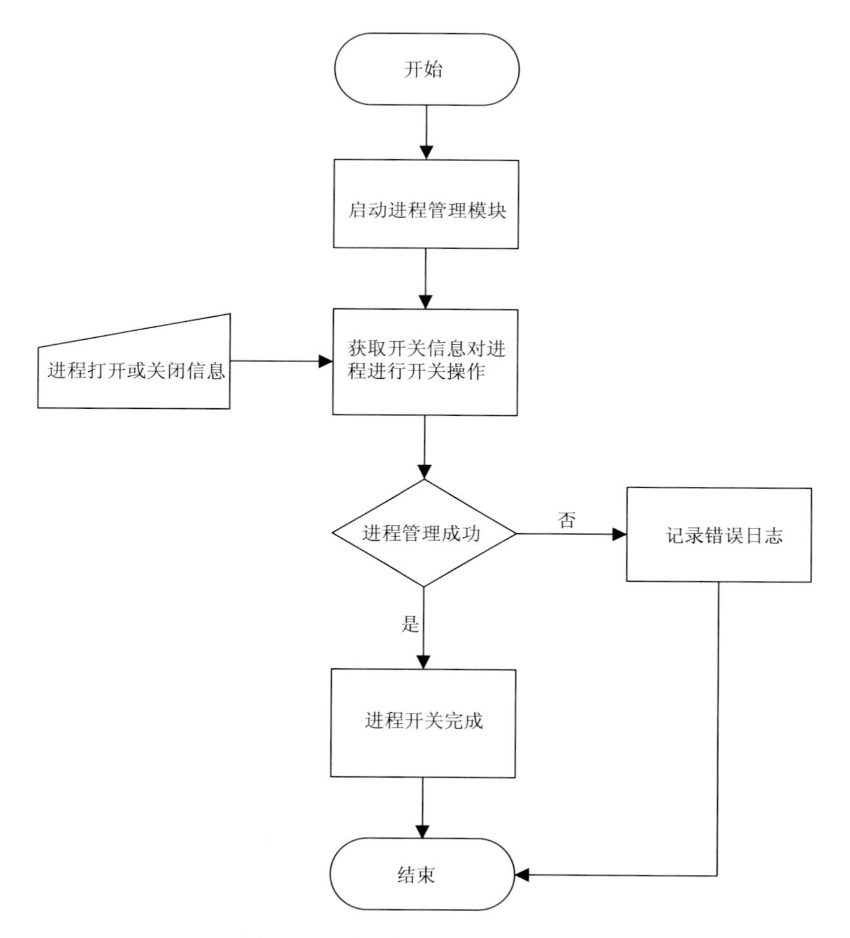

图2.14 进程管理模块流程逻辑图

2.3.8 接口

如图2.15所示，进程管理模块通过进程通信接口对守护进程、数据备份进程和数据处理进程进行开关操作。

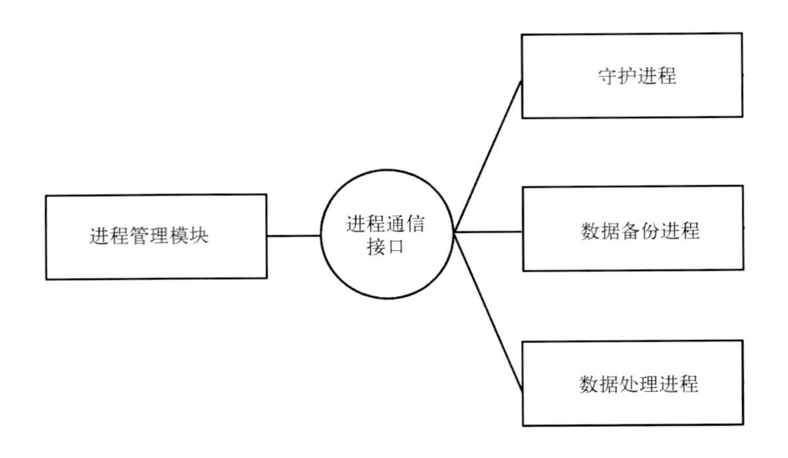

图 2.15　进程管理模块接口图

2.3.9　测试计划(表 2.6)

表 2.6　进程管理模块测试计划表

用例编号	用例标题	用例目的	预置条件	输入数据	预期结果
2.1	守护进程管理用例	测试是否可以对守护进程进行管理	进程管理模块启动	进程开关信息	可以通过设置的进程开关信息对守护进程进行管理
2.2	数据备份进程管理用例	测试是否可以对数据备份进程进行管理	进程管理模块启动	进程开关信息	可以通过设置的进程开关信息对数据备份进程进行管理
2.3	数据处理进程管理用例	测试是否可以对数据处理进程进行开关管理	进程管理模块启动	进程开关信息	可以通过设置的进程开关信息对数据处理进程进行管理

2.4　文件夹监视模块设计说明

2.4.1　程序描述

文件夹监视模块主要负责监视指定文件夹，当文件夹内新进入或对文件进行修改、删除操作时，触发相应事件，对数据进行后续处理。

2.4.2　功能

文件夹监视模块包括文件新增监视功能单元、文件修改监视功能单元和文件删除监视功能单元，功能结构图如图 2.16 所示。

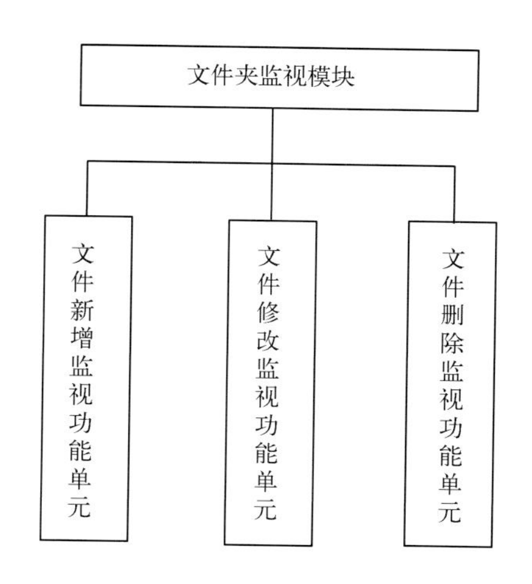

图 2.16　文件夹监视模块功能结构图

2.4.3　性能

- 系统运行稳定。
- 可配置，易于使用。

2.4.4　输入项(表 2.7)

表 2.7　文件夹监视模块输入表

标识	数据类型	交互对象	数据名称	数据内容	I/O
IN_Path	String	系统对象	文件路径	监视的文件路径信息	I
IN_File	File	系统对象	文件	新增的文件	I

2.4.5　输出项(表 2.8)

表 2.8　文件夹监视模块输出表

标识	数据类型	交互对象	数据名称	数据内容	I/O
Out_FileCreate	String	系统对象	新建文件信息	文件夹内新创建文件提示信息	O
Out_FileChange	String	系统对象	文件修改信息	文件夹内数据文件修改提示信息	O
Out_FileDelete	String	系统对象	文件删除信息	文件夹内数据文件删除时提示信息	O

2.4.6　算法

由文件监控类中的线程按照设置的循环时间不停地扫描文件观察器，如果有文件的变化，则根据相关的文件比较器，判断文件是新增、删除还是更改。

2.4.7 流程逻辑

如图 2.17 所示，启动文件夹监控模块，对用户设置的文件夹进行监控，当文件夹内的文件发生变化时，对文件的变化进行判断，若文件新增则触发文件新增事件，若文件修改则触发文件修改事件，若文件删除则触发文件删除事件，并返回提示信息退出，若判断失败则记录错误日志并退出。

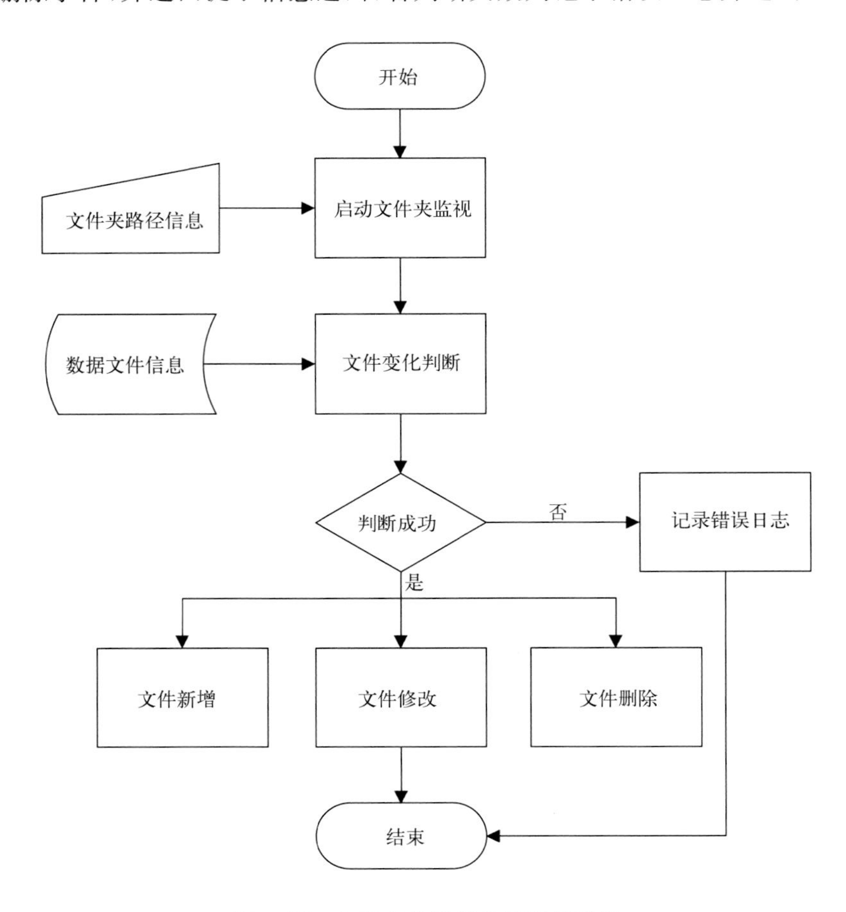

图 2.17 文件夹监视模块流程逻辑图

2.4.8 接口

如图 2.18 所示，文件夹监视模块监视 FTP 下载模块的数据保存路径，通过文件系统接口来获取新增的雷达数据文件，并通过文件系统接口将数据传递给数据备份和数据处理模块进行相应的处理。

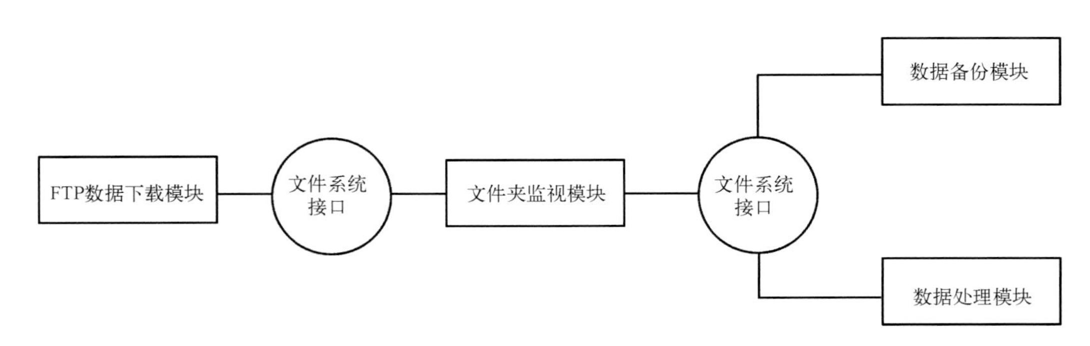

图 2.18 文件夹监视模块接口图

2.4.9 测试计划(表 2.9)

表 2.9 文件夹监视模块测试计划表

用例编号	用例标题	用例目的	预置条件	输入数据	预期结果
3.1	文件新增监视用例	测试是否可以监视到文件夹内新进入的数据文件	文件夹监视模块启动	数据文件	可以监视到新进入的数据文件
3.2	文件修改监视用例	测试是否可以监视到文件夹内修改的数据文件	文件夹监视模块启动	修改后数据文件	可以监视到修改的数据文件
3.3	文件删除监视用例	测试是否可以监视到文件夹内删除的数据文件	文件夹监视模块启动	无	可以监视到删除的数据文件

2.5 数据备份模块设计说明

2.5.1 程序描述

数据备份模块主要负责将指定路径的文件数据复制转存到其他指定位置。

2.5.2 功能

数据备份模块包括数据复制功能单元,功能结构图如图 2.19 所示。

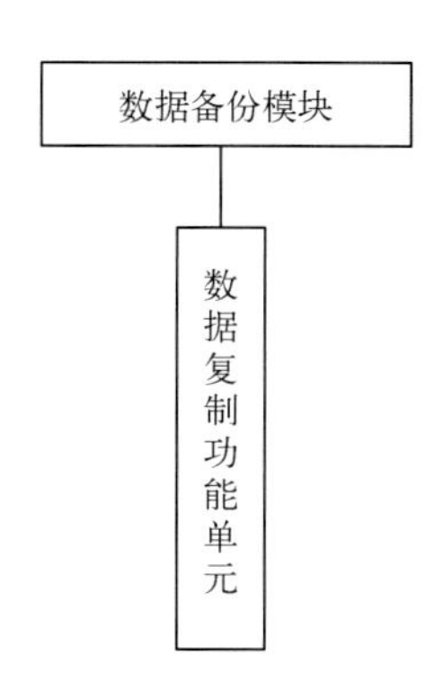

图 2.19 数据备份模块功能结构图

2.5.3 性能

- 数据备份速度不低于同类软件。
- 系统运行稳定。
- 可配置,易于使用。

2.5.4 输入项(表 2.10)

表 2.10 数据备份模块输入表

标识	数据类型	交互对象	数据名称	数据内容	I/O
IN_File	File	系统对象	元数据	原数据文件	I
IN_PATH	String	系统对象	数据保存路径	原数据保存路径信息	I

2.5.5 输出项(表 2.11)

表 2.11 数据备份模块输出表

标识	数据类型	交互对象	数据名称	数据内容	I/O
Out_CopyFile	File	系统对象	复制后数据	复制后的数据文件	O

2.5.6 算法

FileChannel 是用于读取、写入、映射和操作文件通道的类。

文件通道在其文件中有一个当前 position,可对其进行查询和修改。该文件本身包含一个可读写的长度可变的字节序列,并且可以查询该文件的当前大小。写入的字节超出文件的当前大小时,则增加文件的大小;截取该文件时,则减小文件的大小。文件可能还有某个相关联的元数据,如访问权限、内容类型和最后的修改时间。此类未定义访问元数据的方法。

除了字节通道中常见的读取、写入和关闭操作外,此类还定义了下列特定于文件的操作:

(1)以不影响通道当前位置的方式,对文件中绝对位置的字节进行读取或写入。

(2)将文件中的某个区域直接映射到内存中;对于较大的文件,通常比调用普通的 read 或 write 方法更为高效。

(3)强制对底层存储设备进行文件的更新,确保在系统崩溃时不丢失数据。

(4)以一种可被很多操作系统优化为直接向文件系统缓存发送或从中读取的高速传输方法,将字节从文件传输到某个其他通道中,反之亦然。

(5)可以锁定某个文件区域,以阻止其他程序对其进行访问。

(6)多个并发线程可安全地使用文件通道。可随时调用关闭方法,正如 Channel 接口中所指定的,对于涉及通道位置或者可以更改其文件大小的操作,在任意给定时间只能进行一个这样的操作;如果尝试在第一个操作仍在进行时发起第二个操作,则会导致在第一个操作完成之前阻塞第二个操作。可以并发处理其他操作,特别是那些采用显式位置的操作;但是否并发处理取决于基础实现,因此是未指定的。

(7)确保此类的实例所提供的文件视图与同一程序中其他实例所提供的相同文件视图是一致的。但是,此类的实例所提供的视图不一定与其他并发运行的程序所看到的视图一致,这取决于底层操作系统所执行的缓冲策略和各种网络文件系统协议所引入的延迟。不管其他程序是以何种语言编写的,而且也不管是运行在相同机器还是不同机器上都是如此。此种不一致的确切性质取决于系统,因此是未指定的。

此类没有定义打开现有文件或创建新文件的方法,以后的版本中可能添加这些方法。在此版本中,可从现有的 FileInputStream、FileOutputStream 或 RandomAccessFile 对象获得文件通道,方法是调用该对象的 getChannel 方法,这会返回一个连接到相同底层文件的文件通道。

文件通道的状态与其 getChannel 返回该通道的对象密切相关。显式或者通过读取或写入字节来更改通道的位置将更改发起对象的文件位置,反之亦然。通过文件通道更改此文件的长度将更改通过发起对象看到的长度,反之亦然。通过写入字节更改此文件的内容将更改发起对象所看到的内容,反之亦然。

此类在各种情况下指定要求"允许读取操作""允许写入操作"或"允许读取和写入操作"的某个实例。通过 FileInputStream 实例的 getChannel 方法所获得的通道将允许进行读取操作。通过 FileOutputStream 实例的 getChannel 方法所获得的通道将允许进行写入操作。最后,如果使用模式"r"创建 RandomAccessFile 实例,则通过该实例的 getChannel 方法所获得的通道将允许进行读取操作;如果使用模式"rw"创建实例,则获得的通道将允许进行读取和写入操作。

如果从文件输出流中获得了允许进行写入操作的文件通道,并且该输出流是通过调用 FileOutputStream(File,boolean) 构造方法且为第二个参数传入 true 来创建的,则该文件通道可能处于添加模式。在此模式中,每次调用相关的写入操作都会首先将位置移到文件的末尾,然后再写入请求的数据。在单个文件 I/O 的原子操作中是否移动位置和写入数据是与系统相关的,因此,是未指定的。

2.5.7 流程逻辑

如图 2.20 所示,首先启动数据备份模块,用户输入待备份数据原路径和备份后数据保存路径,数据备份模块读取备份信息并对数据进行备份操作,备份成功则记录备份成功日志,若失败则记录错误日志,并退出。

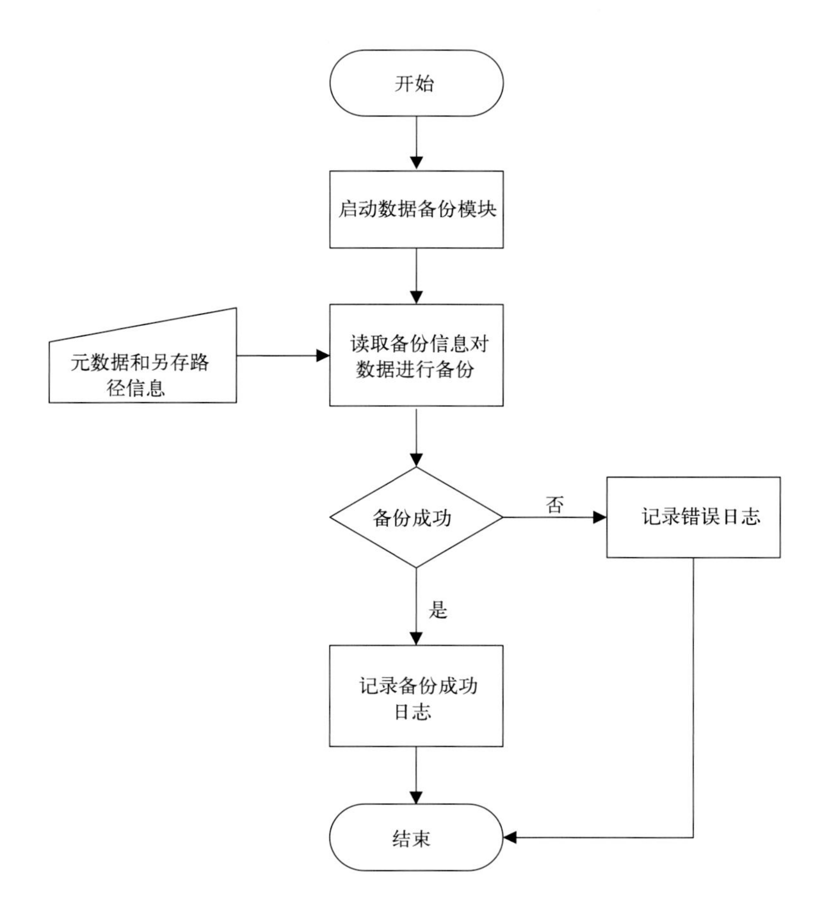

图 2.20 数据备份模块流程逻辑图

2.5.8 接口

如图 2.21 所示，数据备份模块通过文件系统接口获取通过文件夹监视模块监听到的文件，对该文件进行备份操作。

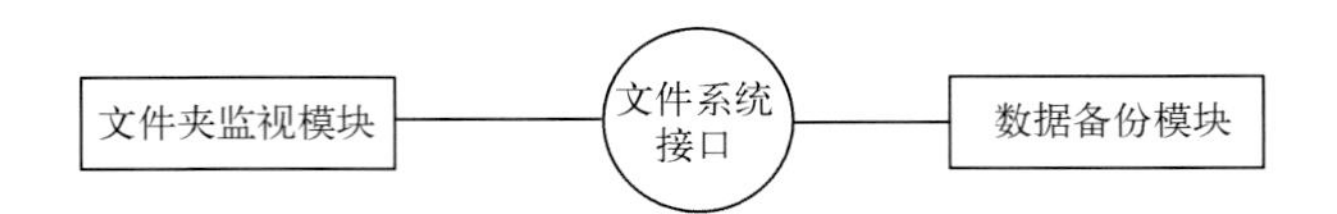

图 2.21 数据备份模块接口图

2.5.9 测试计划(表 2.12)

表 2.12 数据备份模块测试计划表

用例编号	用例标题	用例目的	预置条件	输入数据	预期结果
2.1	数据复制用例	测试是否可以对元数据进行备份	数据备份模块启动	文件存储参数信息	元数据备份到指定文件夹内

2.6 数据处理模块设计说明

2.6.1 程序描述

数据处理模块主要负责将 MICAPS(气象信息综合分析处理系统)多类数据以及雷达拼图数据、CINRAD－SC/CD 和 CINRAD SA/SB 型雷达基数据转换成目标格式。包括 MICAPS 第 3 类离散点数据、MICAPS 第 4 类格点数据、MICAPS 第 7 类台风路径数据、站点预报数据、MICAPS 第 11 类格点矢量数据、MICAPS第 14 类数据、卫星云图数据和 MICAPS 第 13 类雷达拼图数据，其中 MICAPS 第 13 类雷达拼图数据的坐标为兰伯特坐标系，要转换成等经纬坐标。

2.6.2 功能

数据处理模块包括数据读取功能单元、投影转换功能单元、文件保存功能单元，功能结构图如图 2.22 所示。

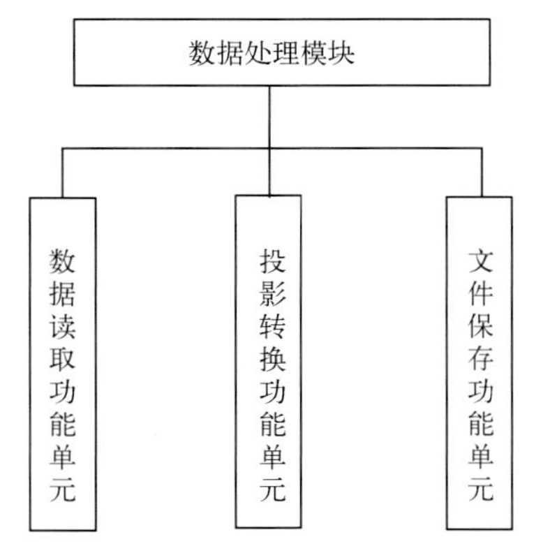

图 2.22 数据处理模块功能结构图

2.6.3 性能

- 数据读取、投影转换速度不低于同类软件。
- 系统运行稳定。
- 可配置，易于使用。

2.6.4 输入项(表 2.13)

表 2.13 数据处理模块输入表

标识	数据类型	交互对象	数据名称	数据内容	I/O
IN_RadarFile	File	系统对象	雷达数据文件	待处理的雷达数据文件	I
IN_Micaps3	File	系统对象	MICAPS 第 3 类数据文件	待处理的 MICAPS 数据文件	I
IN_Micaps4	File	系统对象	MICAPS 第 4 类数据文件	待处理的 MICAPS 数据文件	I
IN_Micaps7	File	系统对象	MICAPS 第 7 类数据文件	待处理的 MICAPS 数据文件	I
IN_City	File	系统对象	站点预报数据	待处理的站点预报数据文件	I
IN_Micaps11	File	系统对象	MICAPS 第 11 类数据文件	待处理的 MICAPS 数据文件	I
IN_Micaps14	File	系统对象	MICAPS 第 14 类数据文件	待处理的 MICAPS 数据文件	I
IN_Satellite	File	系统对象	卫星云图数据	待处理的卫星云图数据文件	I
IN_SavePath	String	系统对象	保存路径	转换后 geotiff 文件保存路径	I

2.6.5 输出项(表 2.14)

表 2.14 数据处理模块输出表

标识	数据类型	交互对象	数据名称	数据内容	I/O
Out_TiffFile	File	系统对象	geotiff 文件	处理后得到的 geotiff 数据文件	O
Out_Micaps	File	系统对象	MICAPS 数据文件	处理后得到的 MICAPS 类的数据文件	O
Out_Infor	String	系统对象	提示信息	转换后提示信息	O

2.6.6 算法

2.6.6.1 GeoTIFF 格式文件

1. GeoTIFF 利用 TIFF(Tag Image File Format)表达 Geo(地理)信息的思想

TIFF 对 GeoTIFF 的支持已写进 Tiff6.0，也就是说，GeoTIFF 是一种 Tiff6.0 文件，它继承了在 Tiff6.0 规范中的相应部分，所有的 GeoTIFF 特有的信息都编码在 TIFF 的一些预留 Tag(标签)中，它没有自己的 IFD(图像文件目录)、二进制结构以及其他一些对 TIFF 来说不可见的信息。

用来描述 GeoTIFF 流行的众多影射参数及类型信息，如果每一个信息都采用一个标签那将至少需要几十甚至几百个标签，这会耗尽 TIFF 定义的有限的标签资源，另一方面，虽然私有的 IFD 提供了数千个自由的标签，但也是有限的，因为标签值对不理解的读者来说是不可见的(因为他们不知道 IFD_OFFSET 标签值指向一个私有的 IFD)。

为了避免这些问题，GeoTIFF 采用一系列的 Keys（键）来存取这些信息，这些键在功能上相当于标签，但它处在 TIFF 上，抽象更上一层。准确地说，它是一种媒介标签（Meta-Tag）。键与格式化的标签值一起共存，TIFF 文件处理其他图像数据。和标签一样，键也有 ID 号，范围从 0 到 65535，但不像标签那样，所有键的 ID 号都可以用于 GeoTIFF 的参数定义上。

2. 结构与定义

这些键也称为 GeoKeys，所有键都由 GeoKeyDirectoryTag 标签来索引，该标签就相当于表示 Geo 信息的键的一个目录，标签结构如下：

```
GeoKeyDirectoryTag:
Tag = 34735 (87AF. H)
Type = SHORT (2-byte unsigned short)
N = variable, >= 4
Alias: ProjectionInfoTag, CoordSystemInfoTag
Owner: SPOT Image, Inc.
```

Geokeys 由头和键实体构成，如下：

```
Header={KeyDirectoryVersion, KeyRevision, MinorRevision, NumberOfKeys}
KeyEntry = { KeyID, TIFFTagLocation, Count, Value_Offset }
```

其中，TIFFTagLocation 表示哪个 tag 存放值，如果值为 0 则表示值为 SHORT 类型且包含在 Value_Offset 元素中；否则，其值类型由 tag 含有值的 TIFF-Type 暗指。所有 Key 值不是 SHORT 类型的都存放在下面两种 Tag 下，基于下面的结构：

```
GeoDoubleParamsTag:
Tag = 34736 (87BO. H)
Type = DOUBLE (IEEE Double precision)
N = variable
Owner: SPOT Image, Inc.
```

注：该 tag 用来存放 DOUBLE 型的 GeoKeys，被 GeoKeyDirectoryTag 引用，这个 double 数组中任何值的意义由指向它的 GeoKeyDirectoryTag 引用决定。FLOAT 值必须先转换为 DOUBLE 才能存储。

```
GeoAsciiParamsTag:
Tag = 34737 (87BI. H)
Type = ASCII
Owner: SPOT Image, Inc.
N = variable
```

例：

```
GeoKeyDirectoryTag=( 1, 1, 2, 6,
1024, 0, 1, 2,
1026, 34737,12, 0,
2048, 0, 1, 32767,
2049, 34737,14, 12,
2050, 0, 1, 6,
2051, 34736, 1, 0 )
GeoDoubleParamsTag(34736)=(1.5)
GeoAsciiParamsTag(34737)=("Custom File|My Geographic|")
```

注：第一行表明这是一个版本号为 1 的 GeoTIFF GeoKey 目录，键的版本为 Rev. 1.2，在这个标签中

定义了6个键。

下一行定义第一个键(ID=1024 = GTModelTypeGeoKey),值为2(Geographic),直接放在元素列表中(因为TIFFTagLocation=0);

下一行键1026(the GTCitationGeoKey),列在GeoAsciiParamsTag(34737)数组中开始于偏移0,数到第12个字节,所以其值为"Custom File"("|"被转换为结束符)

再下面一行,键2051(GeogLinearUnitSizeGeoKey)位于GeoDoubleParamsTag(34736),偏移为0所以值为1.5。

key2049的值为(GeogCitationGeoKey) is "My Geographic"。

3. GeoTIFF中坐标系

GeoTIFF设计使得标准的地图坐标系定义可以以一个单一的注册的标签的形式随意存储。也支持非标准坐标系的描述,为了在不同的坐标系间转换,可以通过使用三四个另设的TIFF标签来实现。

然而,为了在各种不同的客户端和GeoTIFF提供者间正确交换,最好要建立一个通用的系统来描述地图投影。在TIFF/GeoTIFF框架下,主要有3种不同的空间可供坐标系定义,这三种空间如下。

(1)光栅空间(图像空间)R,用于在一幅图像中表示像素值。在标准Tiff6.0中定义了光栅空间R与设备空间相关的标签,如显示器、扫描仪或打印机。

(2)设备空间D。

(3)模型空间M,用于表示地球上的点。包括:①地理坐标系;②地心坐标系;③投影坐标系;④垂直坐标系。

2.6.6.2 MICAPS第3类数据

文件头:

diamond 3 数据说明(字符串) 年 月 日 时次 层次
等值线条数(均为整数) 等值线值1 等值线值2……平滑系数 加粗线值(均为浮点数)
剪切区域边缘线上的点数(整数) 边缘线上各点的经度值1 纬度值1 经度值2 纬度值2(均为浮点数)
单站填图要素的个数 总站点数(均为整数)

数据部分:

区站号(长整数) 经度 纬度 拔海高度(均为浮点数) 站点值1 站点值2(均为字符串)

例子:

```
diamond 3 98年08月21日08时地面温度
98 08 21 08 -3
0
1     25       0
1   1930
52533    98.48    39.77 1478    16.6
52652    100.43   38.93 1483    16.9
52866    101.77   36.62 2262    10.1
52889    103.88   36.05 1518    17.4
53588    113.53   39.03 2898    12.2
53772    112.55   37.78 2779    19.8
53915    106.67   35.55 1348    18.9
```

2.6.6.3 MICAPS第4类数据

文件头:

diamond 4 数据说明(字符串) 年 月 日 时次 时效 层次(均为整数) 经度格距 纬度格距 起始经度 终止经度 起始纬度 终止纬度(均为浮点数) 纬向格点数 经向格点数(均为整数) 等值线间隔 等值线起始值 终止值 平滑系数 加粗线值(均为浮点数)

数据部分:

数据按先纬向后经向排列(直角坐标网格时为先 X 方向后 Y 方向),均为浮点数。

例子:

```
diamond 4 95 年 11 月 27 日 T63_200hPa 涡度 120 小时预报
95    11    27    20    120    200    1.875    -1.875         0
180   90    0     97    49     20     -300     300      1     0
18    18    18    18    18     18     18       18       18
18    18    18    18    18     18     18       18       18    18
18    18    18    18    18
18    18    18    18    18     18     18       18       18
18    18    18    18    18     18     18       18       18    18
18    18    18    18    18
18    18    18    18    18     18     18       18       18
18    18    18    18    18     18     18       18       18    18
18    18    18    18    18
18    18    18    18    18     18     18       18       18
18    18    18    18    18     18     18       18       18    18
18    18    18    18    18     18
```

2.6.6.4 MICAPS 第 7 类数据

文件头:

diamond 7 数据说明 台风名称 台风编号 发报中心(均为字符串) 总项数(整数)

数据部分:

年 月 日 时次 时效(均为整数) 中心经度 中心纬度 最大风速 中心最低气压 七级风圈半径 十级风圈半径 移向 移速(均为浮点数)

例子:

```
diamond 7 2006 年第 15 台风路径(中国)
NAMELESS     0615   28                      3
2006  09  24  08  00  111.3  15.9  995   18  100.0  0.0  292.5   15.0
2006  09  24  08  24  107.4  17.3  985   23    0.0  0.0    0.0    0.0
2006  09  24  08  48  102.9  17.9  998   15    0.0  0.0    0.0    0.0
0
XANGSANE     0616   53                      5
2006  09  26  08  00  127.3  11.8  996   18  200.0  0.0  292.5    5.0
2006  09  26  08  24  126.4  13.0  990   23    0.0  0.0    0.0    0.0
2006  09  26  08  48  124.4  14.1  980   30    0.0  0.0    0.0    0.0
2006  09  26  08  72  122.3  15.8  996   18    0.0  0.0    0.0    0.0
2006  09  26  14  00  127.2  12.0  995   20  220.0  0.0  315.0    5.0
0
SHANSHAN     0613   80                      3
2006  09  10  20  00  134.9  16.7  998   18  150.0  0.0  315.0   10.0
2006  09  10  20  24  133.0  18.3  990   23    0.0  0.0    0.0    0.0
```

2006 09 10 20 48 130.6 19.8 985 28 0.0 0.0 0.0 0.0

2.6.6.5 站点预报数据

站点预报数据包括天气现象和风向风力级数，其中，天气现象电码对应表见表2.15，风向风力级数电码对应表见表2.16。

表2.15 天气现象电码对应表

电码	00	01	02	03	04	05	06	07	08
天气现象	晴	多云	阴	阵雨	雷阵雨	雷阵雨并伴有冰雹	雨夹雪	小雨	中雨
电码	09	10	11	12	13	14	15	16	17
天气现象	大雨	暴雨	大暴雨	特大暴雨	阵雪	小雪	中雪	大雪	暴雪
电码	18	19	20	21	22	23	24	25	26
天气现象	雾	冰雨	沙尘暴	小雨—中雨	中雨—大雨	大雨—暴雨	暴雨—大暴雨	大暴雨—特大暴雨	小雪—中雪
电码	27	28	29	30	31	32	33	34	35
天气现象	中雪—大雪	大雪—暴雪	浮尘	扬沙	强沙尘暴	飑	龙卷风	弱高吹雪	轻雾

表2.16 风向风力级数电码对应表

电码		1	2	3	4	5	6	7	8	9
风向		东北风	东风	东南风	南风	西南风	西风	西北风	北风	旋风
电码	0	1	2	3	4	5	6	7	8	9
风力级数	2到3级	3到4级	4到5级	5到6级	6到7级	7到8级	8到9级	9到10级	10到11级	11到12级

文件名说明：

06点
citylist/citydata/ddata/cf09062906.024
citylist/citydata/ddata/cf09062906.036
citylist/citydata/ddata/cf09062906.048
citylist/citydata/ddata/cf09062906.072
citylist/citydata/ddata/cf09062906.096

08点
citylist/citydata/ddata/cf09062908.024
citylist/citydata/ddata/cf09062908.036
citylist/citydata/ddata/cf09062908.048
citylist/citydata/ddata/cf09062908.072
citylist/citydata/ddata/7days/cf09062908.096
citylist/citydata/ddata/7days/cf09062908.120
citylist/citydata/ddata/7days/cf09062908.144
citylist/citydata/ddata/7days/cf09062908.168

12 点

citylist/citydata/ddata/cf09062912.024

citylist/citydata/ddata/cf09062912.036

citylist/citydata/ddata/cf09062912.048

citylist/citydata/ddata/cf09062912.072

16 点

citylist/citydata/ddata/cf09062916.024

citylist/citydata/ddata/cf09062916.036

citylist/citydata/ddata/cf09062916.048

citylist/citydata/ddata/cf09062916.072

citylist/citydata/ddata/cf09062916.096

20 点

citylist/citydata/ddata/cf09062920.024

citylist/citydata/ddata/cf09062920.036

citylist/citydata/ddata/cf09062920.048

citylist/citydata/ddata/cf09062920.072

citylist/citydata/ddata/cf09062920.096

citylist/citydata/ddata/cf09062920.120

citylist/citydata/ddata/cf09062920.144

citylist/citydata/ddata/cf09062920.168

其中 cf 为预报的代号；YYMMDD 是当天年月日；024,048,…,表示 24 小时预报,48 小时预报,……

文件代码规定：

54511 00001 10203 20007 30001 40203 50007

各段说明如下：

54511 为城市代号(指代北京),其他城市相应替换；

0 段为天气现象(前两位为前 12 小时天气现象,后两位为后 12 小时天气现象)；

1 段为风向风速(1,2 位为风向,从 0 到 7 表示八个风向；3,4 位为风速的级数,也分前 12 小时和后 12 小时)；

2 段为低温高温(前两位为前 12 小时温度,后两位为后 12 小时温度)；

3 段表示同 0 段；

4 段表示同 1 段；

5 段表示同 2 段。

2.6.6.6 MICAPS 第 11 类数据

文件头：

diamond 11 数据说明(字符串) 年 月 日 时次 时效 层次(均为整数) 经度格距 纬度格距 起始经度 终止经度 起始纬度 终止纬度(均为浮点数) 纬向格点数 经向格点数(均为整数)

数据部分：

先放 U 分量,数据按先纬向后经向放(若为直角坐标网格数据,则先 X 方向,后 Y 方向),均为浮点数。所有格点的 U 分量放完后再放 V 分量,也是按先纬向后经向放。

例子：

diamond 11 96 年 2 月 6 日 20 时 T63_200hPa 风场分析

96 2 6 20 0 200 1.875 −1.875 0 358.125 90 0 192 49

17	18	18	18	18	18	18	19	19	19	19	19	19	19
19	19	19	19	19	18	18	18	18	18				
18	17	17	17	17	16	16	16	15	15	14	14	14	
13	13	12	12	11	11	10	10	9	9	8			
8	7	6	6	5	5	4	3	3	2	2	1	0	
0	−1	−2	−2	−3	−3	−4	−5	−5	−6	−6			

2.6.6.7 MICAPS 第14类数据

文件头：

diamond 14 数据说明(字符串)

年 月 日 时次 时效(均为整数)

注:此类数据在保存图形编辑结果时自动产生,可用于生成最终预报产品。

数据部分:

LINES:线条数

线宽 点数 X Y Z……

标号 个数 X Y Z……(若无标号,则为 NoLabel 0)

LINES_SYMBOL:条数

编码

线宽 点数 NoLabel 0

…………

SYMBOLS:个数

编码 X Y Z 风向角度或字符串

…………

CLOSED_CONTOURS:个数

线宽 点数 X Y Z……

标号 个数 X Y Z……

…………

STATION_SITUATION

站号 属性

…………

WEATHER_REGION:天气区的个数

天气区的天气代码 外围线点数

X Y Z ………

…………

FILLAREA:填充区域个数

代码 线点数 X Y Z ……

填充类型(线色) R G B A (前景色)R G B A (背景色)R G B A

渐变色角度 图案代码 是否画边框

…………

NOTES_SYMBOL:标注个数

编码　X Y Z 字符个数　字符角度　字体名长度　字体名称　字体大小　字型(字色)R G B A

…………

其中,LINES_SYMBOL 表示槽线、冷锋等天气系统线条,其编码为:1——槽线;2——冷锋;3——暖锋;4——静止锋;5——锢囚锋;38——霜冻线;39——高温线。

天气区的天气代码为:1——雨区;2——雪区;4——雷暴区;8——雾区;16——大风区;32——沙暴区。

例子:

```
diamond 14 95年11月29日20点 T63_500hPa 高度
95 11 29 20 0
LINES: 90
1 155
93.750    82.543    0.000    93.795    82.545
0.000     95.556    82.569   0.000     95.625
82.572    0.000
95.698    82.573    0.000    97.402    82.598
0.000     97.500    82.599   0.000     97.599
82.599    0.000
LINES_SYMBOL: 1
0
3 41
102.392   53.187    0.000    102.984   52.950
  0.000   103.567   52.708     0.000   104.140
 52.461     0.000
104.703   52.208    0.000    105.254   51.948
  0.000   105.792   51.680     0.000   106.317
 51.403     0.000
106.828   51.117    0.000    107.813   50.506
  0.000   108.385   50.106     0.000   108.921
 49.691     0.000

NoLabel 0
SYMBOLS: 4
  52      121.326   24.042     0.000     0.000
  23      124.198   52.236     0.000     0.000
  33      134.127   45.529     0.000     3.840
  31       63.550   40.322     0.000     0.000

CLOSED_CONTOURS: 1
1 26
 85.758   42.527    0.000    85.711
 41.743    0.000   85.707    40.994
  0.000   85.786   40.309     0.000
```

```
85.985    39.719    0.000    86.342
39.249    0.000    87.347    38.793
0.000    88.365    38.706    0.000
89.491    38.820    0.000    90.617
39.121    0.000    91.636    39.606
0.000    92.564    40.433    0.000

10 1
85.913    42.198    0.000
STATION_SITUATION
51379 10
51467 10
51495 10
51573 10
51656 10
51765 10
51777 10
WEATHER_REGION: 2
1          25
102.96  48.97  0.0  103.29  46.37  0.0  103.43  43.88  0.0
102.98  41.61  0.0  101.33  39.38  0.0  99.09  37.42  0.0
96.41  35.72  0.0  92.55  34.10  0.0  88.86  33.22  0.0
85.57  33.82  0.0  83.15  35.86  0.0  81.42  38.76  0.0  80.69  41.99  0.0
80.93  44.19  0.0  82.01  46.06  0.0  83.85  47.56  0.0
87.18  48.91  0.0  91.10  49.46  0.0  95.35  49.04  0.0
96.36  48.91  0.0  97.55  48.66  0.0  98.71  48.52  0.0
99.97  48.63  0.0  101.39  48.74  0.0  102.96  48.97  0.0

2          22
83.99  58.36  0.0  82.61  56.43  0.0  81.34  54.48  0.0
79.70  52.39  0.0  75.97  49.10  0.0  71.74  46.76  0.0
67.16  46.57  0.0  64.21  47.82  0.0  61.83  49.61  0.0
60.61  51.63  0.0  61.34  53.90  0.0  64.23  55.90  0.0  68.05  57.61  0.0
71.08  59.18  0.0  74.77  60.24  0.0  80.66  59.80  0.0
83.01  59.21  0.0  84.85  58.64  0.0  85.06  58.29  0.0
84.62  58.35  0.0  84.17  58.40  0.0  83.99  58.36  0.0
```

2.6.6.8 CINRAD SA/SB 雷达基数

格式见表 2.17。

表 2.17 CINRAD SA/SB 雷达基数格式表

字节顺序	双字节顺序	数据类型	说明	
1—14	1—7	2 字节	保留	雷达信息头（28 字节）
15—16	8		1：表示雷达数据	
17—28	9—14		保留	
29—32	15—16	4 字节	径向数据收集时间（毫秒，自 00:00 开始）	
33—34	17	2 字节	儒略日（Julian）表示，自 1970 年 1 月 1 日开始	
35—36	18	2 字节	不模糊距离（表示：数值/10. =千米）	
37—38	19	2 字节	方位角（编码方式：[数值/8.]*[180./4096.]=度）	
39—40	20	2 字节	当前仰角内径向数据序号	
41—42	21	2 字节	径向数据状态 0：该仰角的第一条径向数据 1：该仰角中间的径向数据 2：该仰角的最后一条径向数据 3：体扫开始的第一条径向数据 4：体扫结束的最后一条径向数据	
43—44	22	2 字节	仰角（编码方式：[数值/8.]*[180./4096.]=度）	
45—46	23	2 字节	体扫内的仰角数	
47—48	24	2 字节	反射率数据的第一个距离库的实际距离（单位：米）	
49—50	25	2 字节	多普勒数据的第一个距离库的实际距离（单位：米）	
51—52	26	2 字节	反射率数据的距离库长（单位：米）	
53—54	27	2 字节	多普勒数据的距离库长（单位：米）	
55—56	28	2 字节	反射率的距离库数	
57—58	29	2 字节	多普勒的距离库数	
59—60	30	2 字节	扇区号	
61—64	31—32	4 字节	系统订正常数	
65—66	33	2 字节	反射率数据指针（偏离雷达数据信息头的字节数）表示第一个反射率数据的位置	
67—68	34	2 字节	速度数据指针（偏离雷达数据信息头的字节数）表示第一个速度数据的位置	
69—70	35	2 字节	谱宽数据指针（偏离雷达数据信息头的字节数）表示第一个谱宽数据的位置	
71—72	36	2 字节	多普勒速度分辨率。 2：表示 0.5 米/秒 4：表示 1.0 米/秒	
73—74	37	2 字节	体扫（VCP）模式 11：降水模式，16 层仰角 21：降水模式，14 层仰角 31：晴空模式，8 层仰角 32：晴空模式，7 层仰角	
75—82	38—41		保留	
83—84	42	2 字节	用于回放的反射率数据指针，同 33	

续表

字节顺序	双字节顺序	数据类型	说明	
85—86	43	2字节	用于回放的速度数据指针，同34	
87—88	44	2字节	用于回放的谱宽数据指针，同35	
89—90	45	2字节	Nyquist速度(表示:数值/100.＝米/秒)	
91—128	46—64		保留	
129—588	65—294	1字节	反射率 距离库数:0—460 编码方式:(数值—2)/2.—32 ＝ DBZ 当数值为0时，表示无回波数据(低于信噪比阈值) 当数值为1时，表示距离模糊	基数据部分(2300字节)
129—1508	65—754	1字节	速度 距离库数:0—920 编码方式: 分辨率为0.5米/秒时(数值—2)/2.—63.5 ＝米/秒 分辨率为1.0米/秒时(数值—2)—127＝米/秒 当数值为0或1时，意义同上	
129—2428	65—1214	1字节	谱宽 距离库数:0—920 编码方式:(数值—2)/2.—63.5 ＝ 米/秒 当数值为0或1时，意义同上	
2429—2432	1215—1216		保留	

一个完整的雷达原始数据如图2.23所示，包含文件头和数据区两部分，文件头记录雷达的基本信息和观测参数，数据区包含雷达的观测数据，在插件DLL的开发模板里，用户是对这样的数据结构进行操作的。

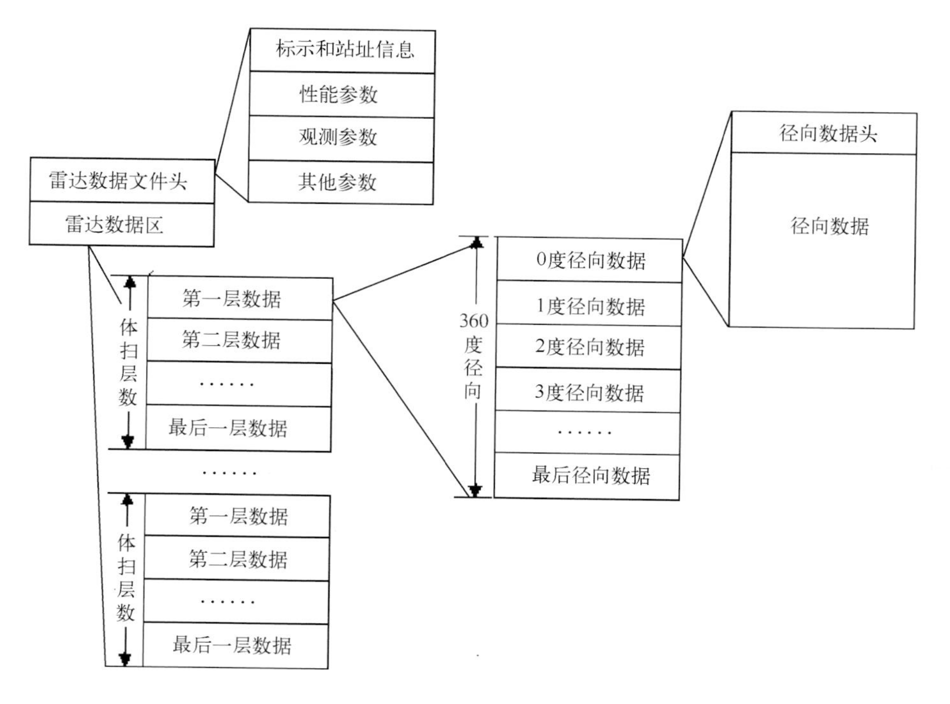

图2.23　原始数据格式示意图

开发者可以通过模板提供的数据访问函数取得任意想要的数据信息，然后进行计算。每一个原始资料包含一个文件头，文件头记录了雷达资料的基本信息。接下来是数据记录，从最低层体扫开始记录，一直到体扫完成，每一层的体扫是一个记录块。每一记录块由360根标准径向记录构成，每一个标准径向记录由径向数据头、径向数据组成。如果该层没有相应记录，则保持空缺不填。

```
#ifndef _DATAFORMAT_DEF
#define _DATAFORMAT_DEF
#pragma pack(1)  //告诉编译器，以下结构对齐方式为1个字节
//站点基本情况
typedef struct{
char Country[30];          //国家名，文本格式输入
char Province[20];         //省名，文本格式输入
char Station[40];          //站名，文本格式输入
char StationNumber[10];    //区站号，文本格式输入
char RadarType[20];        //雷达型号，文本格式输入
char Longitude[16];        //天线所在经度，文本格式输入
char Latitude[16];         //天线所在纬度，文本格式输入
long LongitudeValue;       //天线所在经度的数值，以1/1000度为计数单位
                           //东经(E)为正，西经(W)为负
long LatitudeValue;        //天线所在纬度的数值，以1/1000度为计数单位
                           //北纬(N)为正，南纬(S)为负
long Height;               //天线海拔高度，以毫米为计数单位
short MaxAngle;            //测站周围地物最大遮挡仰角，以1/100度为计数单位
short OptiAngle;           //测站的最佳观测仰角(地物回波强度<10dBZ)，以1/100度为计数单位
short MangFreq;            //雷达工作频点(可由此值计算波长)
}RADARSITE;

//性能参数
typedef struct{
long AntennaG;                          //天线增益，以0.001dBZ为计数单位
unsigned short VerBeamW;                //垂直波束宽度，以1/100度为计数单位
unsigned short HorBeamW;                //水平波束宽度，以1/100读为计数单位
unsigned char Polarizations;            //偏振情况
                                        //0=水平
                                        //1=垂直
                                        //2=双线偏振
                                        //3=圆偏振
                                        //4=其他
unsigned short SideLobe;                //第一旁瓣，以0.01dBZ为计数单位
long Power;                             //雷达脉冲峰值功率，以瓦为单位
long WaveLength;                        //波长，以微米为计数单位
unsigned short LogA;                    //对数接收机动态范围，以0.01dBZ为计数单位
unsigned short LineA;                   //线性接收机动态范围，以0.01dBZ为计数单位
unsigned short AGCP;                    //AGC延迟量，以微秒为计数单位
unsigned char ClutterT;                 //杂波消除阈值，计数单位为0.01dB
```

```
unsigned char VelocityP;                //速度处理方式
                                        //0=无速度处理
                                        //1=PPP
                                        //2=FFT
                                        //3=RANDP 随机编码
                                        //4=PPP+RANDP 随机编码
                                        //5=FFT+RANDP 随机编码
unsigned char FilterP;                  //地物杂波消除方式
                                        //0=无地物杂波消除
                                        //1=地物杂波扣除法
                                        //2=地物杂波+滤波器处理
                                        //3=滤波器处理
                                        //4=谱分析处理
                                        //5=其他处理法
unsigned char NoiseT;                   //噪声消除阈值(0-255)
unsigned char SQIT;                     //SQI 阈值,以 0.01 为计数单位
unsigned char IntensityC;               //RVP 强度值估算采用通道
                                        //1=对数通道
                                        //2=线性通道
unsigned char IntensityR;               //强度估算是否进行了距离订正
                                        //0=无
                                        //1=已进行了距离订正
}RADARPERFORMANCEPARAM;

//层参数
typedef struct{
unsigned char ambiguousp;           //本层退模糊状态
                                    //0=无退模糊状态
                                    //1=软件退模糊
                                    //2=双 T 退模糊
                                    //3=批式退模糊
                                    //4=双 T+软件退模糊
                                    //5=批式+软件退模糊
                                    //6=双 PPI 退模糊
                                    //9=其他方式
Unsigned short Arotate;             //本层天线转速,计数单位:0.01 度/秒
Unsigned short Prf1;                //本层的第一种脉冲重复频率,计数单位:1/10Hz
Unsigned short Prf2;                //本层的第二种脉冲重复频率,计数单位:1/10Hz
//通过重复频率 1、重复频率 2 和磁控管频率可计算最大速度:
/* if(Prf2==0|) Vmax=30000.0*Prf1/MangFreq*400.0
else Vmax=30000.0*Prf1*Prf2/MangFreq*400.0*abs(Prf2-Prf1) */
Unsigned short spulseW;             //本层的脉冲宽度,计数单位:微秒
Unsigned short MaxV;                //本层的最大可测速度,计数单位:厘米/秒
Unsigned short MaxL;                //本层的最大可测距离,以 10 米为计数单位
```

```
Unsigned short binWidth;          //本层数据的库长,以分米为计数单位
Unsigned short binnumber;         //本层每个径向的库数
Unsigned short recordnumber;      //本层径向数(记录个数)
short Swangles;                   //本层的仰角,计数单位:1/100 度
}LAYERPARAM;

// 观测参数
typedef struct{
unsigned char SType;              //扫描方式
                                  //1=RHI
                                  //10=PPI
                                  //1XX=VOL,XX 为层数
unsigned short SYear;             //观测记录开始时间的年(2000-)
unsigned char SMonth;             //观测记录开始时间的月(1-12)
unsigned char SDay;               //观测记录开始时间的日(1-31)
unsigned char SHour;              //观测记录开始时间的时(00-23)
unsigned char SMinute;            //观测记录开始时间的分(00-59)
unsigned char SSecond;            //观测记录开始时间的秒(00-59)
unsigned char TimeP;              //时间来源
                                  //0=计算机时钟,但一天内未进行对时
                                  //1=计算机时钟,一天内已进行对时
                                  //2=GPS
                                  //3=其他
unsigned long SMillisecond;       //秒的小数位(计数单位微秒)
unsigned char Calibration;        //标校状态
                                  //0=无标校
                                  //1=自动标校
                                  //2=一星期内人工标校
                                  //3=一月内人工标校
                                  //其他码不用
unsigned char IntensityI;         //强度积分次数(32-128)
unsigned char VelocityP;          //速度处理样本(31-255)(样本数减一)
LAYERPARAM LayerInfo[32];         //层参数结构(各层扫描状态设置)
unsigned short RHIA;
    //RHI 时的所在方位角,计数单位为 1/100 度,作 PPI 和立体扫描时不用
short RHIL;
    //RHI 时的最低仰角,计数单位为 1/100 度,作其他扫描时不用
short RHIH;
    //RHI 时的最高仰角,计数单位为 1/100 度,做其他扫描时不用
unsigned short EYear;             //观测记录结束时间的年(2000-)
unsigned char EMonth;             //观测记录结束时间的月(1-12)
unsigned char EDay;               //观测记录结束时间的日(1-31)
unsigned char EHour;              //观测记录结束时间的时(00-23)
unsigned char EMinute;            //观测记录结束时间的分(00-59)
```

```
unsigned char ESecond;              //观测记录结束时间的秒(00—59)
unsigned char ETenth;               //观测记录结束时间的 1/100 秒(00—99)
}RADAROBSERVATIONPARAM;
```

数据记录的数据结构排列中每库数据的意义为：

```
struct DATA {
unsigned char  Intensity  //强度值，计数单位 dBZ。有正负号，无回波时记为 0。实际 dBZ=(Intensity—64)/2.0。
unsigned char  V  //速度值，计数单位为最大可测速度的 127 分之一。正值表示远离雷达的速度，
                  //负值表示朝向雷达的速度，无回波记为—128。
Unsigned Char  uncIntensity  //无杂伯抑制强度值，计数单位 dBZ。有正负号，无回波时记为 0。
                             //实际 dBZ=(uncIntensity—64)/2.0。
  unsigned char  W  //宽值：计数单位为最大可测速度的 512 分之一。无回波时为零。
};
```

数据记录的数据结构定义为：(每个径向上信号处理下传的数据结构)

```
struct DATARECORD {
  short startaz,startel ;//开始方位和开始仰角
  short endaz,endel ;//结束方位和结束仰角
// 实际方位=startaz(或 endaz)×360.0/65536.0;
// 实际仰角=startel(或 endel)×120.0/65536.0;
struct DATARawData[1000];
};
```

原始数据文件由文件头和一组相关的数据记录组成，文件头共有 1024 个字节。其排列如下：

```
struct RADARDATAFILEHEADER {
struct RADARSITE  RadarSiteInfo;
struct RADARPERFORMANCEPARAM  RadarPerformanceInfo;
struct RADAROBSERVATIONPARAM  RadarObservationInfo;
char Reserved[164];
};
```

2.6.7 流程逻辑

如图 2.24 所示，启动数据处理模块，读取待处理的雷达数据文件，判断雷达数据文件类型，若是 MICAPS第 13 类雷达拼图数据则对数据进行投影转换处理，然后将数据保存成 GeoTIFF 格式文件，转换失败则记录日志信息，并退出。

2.6.8 接口

如图 2.25 所示，数据处理模块通过文件系统接口获取通过文件夹监视模块监听到的文件，对该文件进行转换处理。

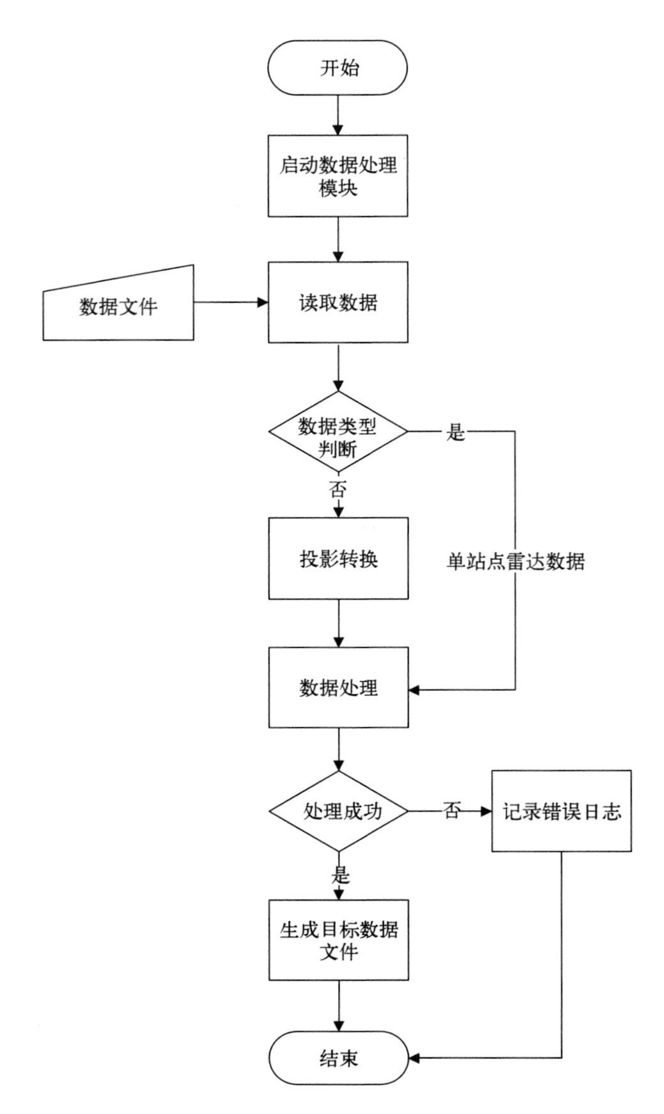

图 2.24　数据处理模块流程逻辑图

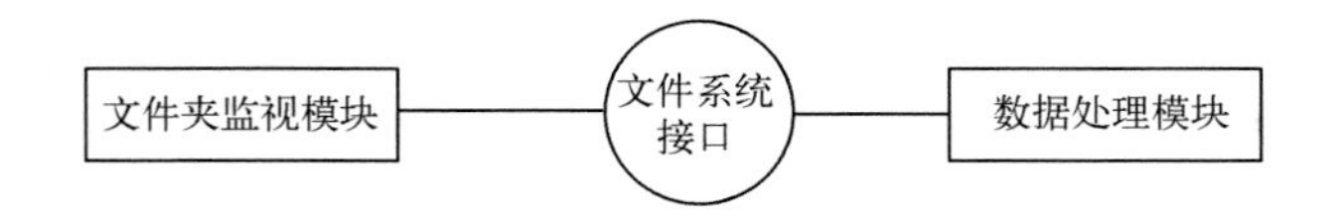

图 2.25　数据处理模块接口图

2.6.9　测试计划(表 2.18)

表 2.18　数据处理模块测试计划表

用例编号	用例标题	用例目的	预置条件	输入数据	预期结果
2.1	数据读取用例	测试是否可以正常读取雷达数据	雷达数据文件存在且无损坏	数据文件	正确读取雷达数据文件

续表

用例编号	用例标题	用例目的	预置条件	输入数据	预期结果
2.2	投影转换用例	测试是否正确将兰伯特投影转换成等经纬投影	MICAPS 第 13 类数据读取成功	数据流	兰伯特投影转换成等经纬投影
2.3	GeoTIFF 文件保存用例	测试 GeoTIFF 文件是否保存成功	雷达数据处理完成	数据流	GeoTIFF 文件保存成功

2.7 用户交互模块

2.7.1 MvSceneProject 子模块

2.7.1.1 程序描述

实现场景工程的读写、编辑等。场景由若干元素组成。

2.7.1.2 功能

场景文件的读、写；

场景动画关键帧的创建、修改、删除；

场景元素的增加、删减或者修改；

场景缩略图的生成；

UI 界面操作命令解析。

2.7.1.3 输入项

操作指令通过调用命令类接口函数输入。

命令类列表如下所示。

CMvCommand:命令类基类

CMvCmdSceneRename:场景重命名

CMvCmdElementAdd:添加场景元素

CMvCmdElementDel:删除场景元素

CMvCmdElementVisible:场景元素可见/不可见

CMvCmdElementRename:场景元素重命名

CMvCmdElementMove:场景元素位置移动

CMvCmdElementAttrEdit:场景元素属性编辑

CMvCmdEventScale:动画事件时长缩放

CMvCmdTrackDel:动画轨删除

CMvCmdActionAdd:添加动作

CMvCmdActionDel:删除动作

CMvCmdActionKFPaste:动作关键帧粘贴

CMvCmdActionKFChange:动作关键帧改变

CMvCmdActionKFLine:动作关键帧时间线对齐

例如：

```
CMvCmdElementAdd * pCmdAdd = new CMvCmdElementAdd;
pCmdAdd->SetTask( m_pSceneCase, pElement, nElementIdx );
GetExecuter()->Submit( pCmdAdd );
```

2.7.1.4 输出项

场景工程文件 *.m5v。

2.7.1.5 算法

遍历结构就是访问数据结构中的每个节点的数据。在数据结构中，主要的算法就是要把某种数据结构中的所有节点都访问一遍，这时就要用到一个遍历算法，遍历算法的好坏直接影响计算机的运算速度，所以能否设计出一种合适的算法来遍历某种数据结构，是很重要的一项工作。

意图：有时需要对一个大型复合对象所聚合的元素进行遍历。

例子：CMvProject 对象从文件加载后，需要对其聚合的所有对象进行 GUID 引用至指针引用的映射。这个问题的根本是外部不知道内部的聚合方式，所以无法对其进行遍历。解决的方法自然是由被遍历的对象引导遍历过程，而对于遍历到的元素交由外部处理。注意这里的概念比场景树遍历要广义，在场景树遍历中，外部是知道这个树状结构的聚合方式的。

做法：我们让一个比较低的类 CMvObject 和一个接口 iMvObjectTraverser 来承担这个机制的根。CMvObject 代表被遍历的数据这一端，iMvObjectTraverser 代表外部处理方法的这一端。所有 CMvObject 的子类通过重载 Traverse(iMvObjectTraverser *)函数，并在函数里引导 iMvObject-Traverser 访问所聚合的对象(也是 CMvObject 的子类)。iMvObjectTraverser 只有一个方法 visit (CMvObject *)，所以其子类可能要做下转型。目前遍历范围的定义是仅为聚合的成员，引用的成员不在此列。这是一个 Visitor(访问者)模式，是 JAVA 设计模式的一种，表示一个作用于某对象结构中的各元素的操作。它可以在不改变各元素类的前提下定义作用于这些元素的新操作。

另外，观察每个场景元素类的 Traverse 函数便可知工程数据的组织。

2.7.1.6 流程逻辑

MvSceneProject 子模块的流程逻辑如图 2.26 所示。

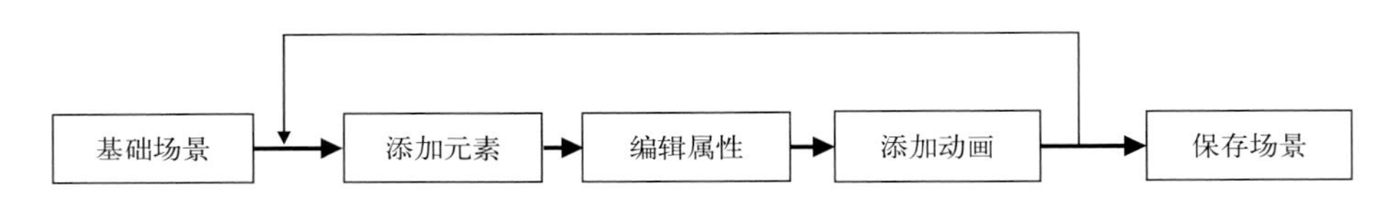

图 2.26 MvSceneProject 子模块流程逻辑图

如图 2.27 所示，场景动画制作的功能范围包括：完成动画的编辑，关键帧的编辑和动画的驱动。步骤如下：

(1)首先根据场景元素判断指定属性是否能做动画；

(2)给该属性添加动画；

(3)对动画添加多个关键帧，设置关键帧数据，并设定关键帧之间的插值方式；

(4)根据关键帧数据和插值方式来计算当前时间点的属性值；

(5)把计算得到的属性值赋给属性；

(6)提交调度层进行渲染。

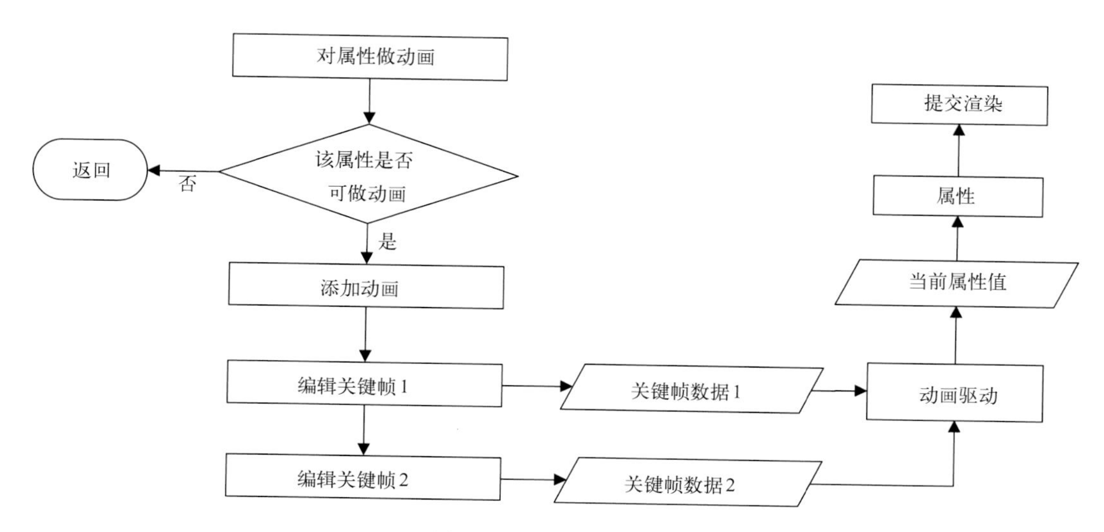

图 2.27 场景动画制作

2.7.1.7 接口

MvSceneProject 子模块与其他模块和接口的关系如图 2.28 所示。程序代码如下所示。

图 2.28 MvSceneProject 子模块与其他模块和接口的关系

```
class MV_EXT_CLASS CMvSceneCase : public CM5Object
{
#undef AFX_API
#define AFX_API MV_EXT_CLASS
DECLARE_SERIAL(CMvSceneCase);
#undef AFX_API
#define AFX_API

public:
CMvSceneCase();
virtual ~CMvSceneCase();
public:
virtual void     Serialize(CArchive& ar);
public:
CMvMediaTag&     GetMediaTag() { return m_oMediaTag; }// 调用 CMvMediaTag
// 场景名称
virtual          LPCTSTR GetName() const { return m_oMediaTag.GetCaption(); }
virtual void     SetName(LPCTSTR pszName, BOOL bDef = FALSE ) { m_oMediaTag.SetCaption(pszName); m_bDefName =
                 bDef; }
BOOL     IsDefName(){ return m_bDefName; };

// 获取场景中所有匹配元素的父元素
CMvProject *     GetParentProject(){ return m_pParentProject; };
void             SetParentProject(CMvProject * pProject){ m_pParentProject = pProject; };
```

```
// 获取场景
void            SetScene(CM5Scene * pNewScene){ m_pJScene = pNewScene; m_pJScene->SetDataPool(m_pJDataPool); };
CM5Scene *      GetScene() { return m_pJScene; };

public:
CM5Scene *      CreateEmptyScene();
void            SetDefaultCamera( EM5IOVideoStandard eVideoStd );
void            SetDefaultLight();

//空场景转换为定制场景。
BOOL            MakeEarthScene();
BOOL            MakeMapScene();
BOOL            MakePlateScene();

public:
// 场景不能独立存在,需在占用工程里的资源。
// 因此,我们不对场景做过多的操作,而是把操作定义在工程里。
CList<M5RCPtr<CMvElement>>&GetElementList() { return m_lstElement;}
int             GetElementCount() {return (int)m_lstElement. GetCount();}
int             FindElementIndex(CMvElement * pElement);
CMvElement * GetElement(int nIndex);
int             GetSameTypeElementCount(const int &eType);
//找到相同类型中最有代表性的一个,通常为最上层的一个。
CMvElement *    GetElementFromType(const int &eType);

int             RemoveElement(CMvElement * pElement);
BOOL              CanInsertElement( int iElementIdx );
BOOL              CanElementMove( CMvElement * pElement );
int             AddElement(CMvElement * pElement, int nIndex);

CM5Action *     GetElementAction( CMvElement * pElement, int iAttrIdx );
void            GetElementActionList(CMvElement * pElement, CList<CM5Action * >& lstAction);
BOOL              AddElementAct(CMvElement * pElement, int iAttrIdx, BOOL bNotify );
int             AddElementAct(CMvElement * pElement, int iAttrIdx,CM5Action * pAction, BOOL bNotify );
void            RemoveElementAct(CMvElement * pElement, int iAttrIdx,BOOL bNotify );
// iAttr < 0 ,删除所有元素

public:
BOOL            UpdatePlugInData(EMvUpdatePlugInAction emUpdatePIAct, PVOID pData = NULL );

public:
CMvElement *      Find5DNodeParentElement( CM5Object * pM5obj );
void              LinkElementTo5DNode();
int               Find5DNodeIdxIn5DScene( CMvElement * pElement );

public:
//传感器方式
virtual void    AttachSensor( iMvSceneCaseSensor * piSensor) { m_piSensor = piSensor; }
```

```
virtual void      DetachSensor() { m_piSensor = NULL; }
iMvSceneCaseSensor * GetSensor(){ return m_piSensor; }

public:
//唤醒一个等待的进程
/* * call the base class method :
* iM5NodeSensor::OnChildAdd -- iM5NodeSensor::OnChildRemove */
void      NotifyElementAttrChanged( CMvElement * pNewElement, CM5Attribute * pAttr );
void      NotifyElementAdd( int nIndex, CMvElement * pNewElement );
void      NotifyElementRemove( int nIndex );
void      NotifyElementActAdd( CMvElement * pElement );
void      NotifyElementActRemove( CMvElement * pElement );

protected:
CMvProject *      m_pParentProject;
CMvMediaTag       m_oMediaTag;
BOOL                    m_bDefName;

M5RCPtr<CM5Scene>         m_pJScene;
M5RCPtr<CM5DataPool>         m_pJDataPool;

CList< M5RCPtr<CMvElement>>        m_lstElement;

protected:
CMvGeoState            m_oGeoState;

public:
iMvSceneCaseSensor *    m_piSensor;
};
```

2.7.1.8 存储分配

动态分配。

2.7.1.9 注释设计

(1)头文件.h文件等进行注释,头文件的注释中应有函数功能简要说明。

(2)元文件头部进行注释,包括主要函数及其功能及修改日志等。

(3)函数头部应进行注释,列出:函数的目的、功能、输入参数、输出参数、返回值、调用关系(函数、表)等。

(4)各分支点处需加注释,switch的各case需加注释。

(5)可以根据自己的习惯,使用中文、英文进行注解,要让别人容易理解。格式可以随意,但要整齐。

2.7.1.10 限制条件

本程序运行于64位Win7系统,要求16G以上内存。

2.7.1.11 测试计划

测试目标:模块可正常运行无严重Bug。

技术要求:

(1)需要4类基础场景文件的存储、加载、另存;

(2)需要测试的场景编辑模块 UI 操作相一致的场景内容的修改,故事版动画编辑;

(3)需要测试的场景播出模块属性简单编辑功能 UI 操作一致的场景内容的修改;

(4)测试渲染的正确性。

设备要求:

根据测试中心现有环境来进行测试,使用一台 HP Z800,其他使用可替代设备,保证 I/O 测试在 HP Z800 设备上测试,其他功能测试在其他设备上测试。

测试结束条件的定义:

(1)该版本模块功能已通过单元测试。

(2)编辑软件和播出软件均通过系统测试。

(3)经与研发人员讨论无影响发布的严重 Bug。

测试相关任务拆分和工作量估计:测试任务和工作量依据研发的开发量而定。

2.7.2 MvPlayProject 子模块

2.7.2.1 程序描述

播出场景工程的读写、编辑。播出调度包括播放顺序调整、播出、暂停、循环播放等针对播出场景的操作。

2.7.2.2 功能

播出场景文件的读、写;

场景播出表修改、删除;

场景转场特技的编辑;

场景播出表打包;

UI 界面操作命令解析;

渲染引擎调度。

2.7.2.3 性能

前景、主场景、背景三个场景播出实时同步。

高清制式下实时播出。

2.7.2.4 输入项

场景工程文件:*.m5v。

操作指令通过调用命令类接口函数输入。

命令类列表如下所示。

CMvCommand:命令类基类

CMvCmdPlayScene:播出场景

CMvCmdPlaySceneRename:播出场景重命名

CMvCmdPlaySceneAdd_ManualList:添加场景到播出表

CMvCmdPlaySceneDel_ManualList:删除播出表中场景

CMvCmdPlaySceneAdd_BGList:添加场景到背景表

CMvCmdPlaySceneDel_BGList:删除背景表中场景

CMvCmdPlaySceneAdd_FGList:添加场景到前景表

CMvCmdPlaySceneDel_FGList:删除前景表中场景

CMvCmdPlaySceneAdd_Packet:添加场景到播出包

CMvCmdPlaySceneDel_Packet:删除播出包中场景

CMvCmdPlaySceneEdit:场景编辑

CMvCmdPlayPacket:播出播出包

CMvCmdPlayPacketAdd:添加场景播出包

CMvCmdPlayPacketDel:删除场景播出包

2.7.2.5 输出项

播出场景工程文件:*.m5p。

场景播出打包视频:*.avi 或者图像序列。

2.7.2.6 算法

Command 的执行:系统目前有两个主要线程:主线程和播出线程。播出线程不停推动每帧的渲染,主线程中生成命令对象,交给 CMvPlayExecuter 执行,CMvPlayExecuter 使用同步锁保证命令在每帧渲染的间隙中执行。这种做法意味着所有命令与当前帧渲染互斥,但命令修改的对象不一定就是当前渲染的数据,低效但简单。

因为命令对象属于工程数据,由 CMvCmdHistory 管理。命令的执行是由 CMvCmdHistory 发起的,并通过 iM5CommandExecuteMethod 接口来做具体的执行,CMvPlayExecuter 实现了该接口。

2.7.2.7 流程逻辑(图 2.29)

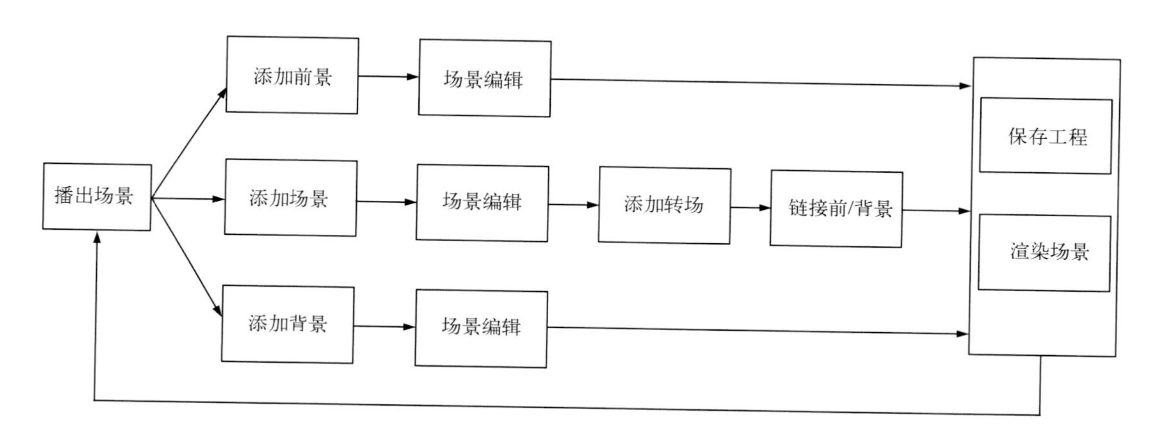

图 2.29 MvPlayProject 子模块的流程逻辑图

2.7.2.8 接口

MvPlayProject 子模块与其他模块和接口的关系如图 2.30 所示。程序代码如下所示。

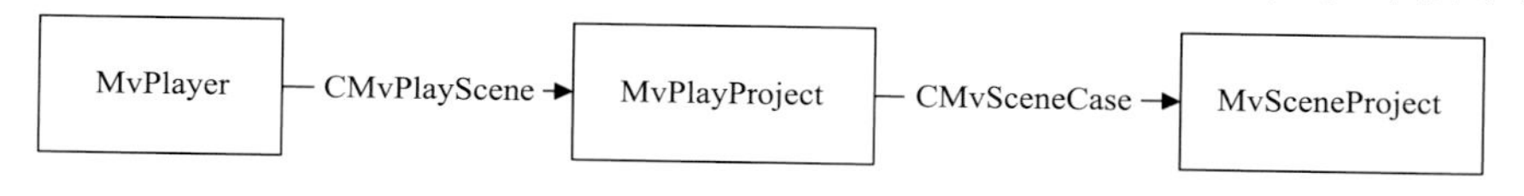

图 2.30 MvPlayProject 子模块与其他模块和接口的关系图

```
class MV_EXT_CLASS CMvPlayScene : public CM5Object
{
DECLARE_SERIAL(CMvPlayScene)

public:
CMvPlayScene();
virtual ~CMvPlayScene();
```

```
virtual void Serialize(CArchive& ar);

BOOL        SaveToFile( CFile * pFile );
BOOL        LoadFromFile( CFile * pFile );

public:
CString     GetName();
void        SetName(CString strName);

void        SetSceneFlag( EMvPlaySceneFlag emSceneFlag, BOOL bSet );
BOOL          GetSceneFlag( EMvPlaySceneFlag emSceneFlag );
void        SetSceneStatus( EMvPlaySceneStatus emSceneStatus, BOOL bSet );
BOOL          GetSceneStatus( EMvPlaySceneStatus emSceneStatus );

CMvSceneTemplate * GetSceneTemplateBG() { return m_pJSceneTemplateBG; };
voidSetSceneTemplateBG(CMvSceneTemplate * pTemplate) { m_pJSceneTemplateBG = pTemplate; };
CMvSceneTemplate * GetSceneTemplateFG() { return m_pJSceneTemplateFG; };
voidSetSceneTemplateFG(CMvSceneTemplate * pTemplate) { m_pJSceneTemplateFG = pTemplate; };
CMvSceneTemplate * GetSceneTemplateOwner() { return m_pJSceneTemplateOwner; };
void        SetSceneTemplateOwner(CMvSceneTemplate * pTemplate) { m_pJSceneTemplateOwner = pTemplate; };

CMvSceneCase * GetSceneCase();
void        SetSceneCase(CMvSceneCase * pSceneCase);

CMvSceneStatePlayer * GetSceneStatePlayer() { return m_pJSceneStatePlayer; };
CMvSceneFreePlayer * GetSceneFreePlayer() { return m_pJSceneFreePlayer; };

void        GetElementIconList(CArray<HBITMAP, HBITMAP>& aIcon);

public:
//
void        ASSERT_SCENE_VALID();
BOOL            IsSceneValid();
BOOL            IsScenePlaying();
BOOL            IsScenePreviewing();
BOOL            HasTransition();

// GPU卡读取场景数据
void        PreloadScene();
void        UnloadScene();

//
void        PlayScene(CMvPlayEngine * pPlayEngine, HWND hNotify, EMvPlayMode emPlayMode, int iPlayLayer);
void        ResumePlay();
void        PausePlay();
void        StopPlay();
```

```
void            PreviewScene(CMvPlayEngine * pPlayEngine, HWND hNotify, EMvPlayMode emPlayMode, int iPreviewLayer);
void            ResumePreview();
void            PausePreview();
void            StopPreview();

Void            CreateStatePlayer();
void            CreateFreePlayer();
void            DeleteStatePlayer();
void            DeleteFreePlayer();

public:
int             GetHandPiecesCount();
BOOL              IsExpand() { return m_bExpand; };
void            SetExpand(BOOL bExpand) { m_bExpand = bExpand; };

DWORD           GetPlayLength();

public:
BOOL            GetUsingSceneLength();
void            SetUsingSceneLength(BOOL bUsing);

CMvTimeSpan GetTimeSpanStart();
void            SetTimeSpanStart(CMvTimeSpan& spanSet);

CMvTimeSpan GetTimeSpanLengthPlay();

CMvTimeSpan GetTimeSpanLengthEvent();
void            SetTimeSpanLengthEvent(CMvTimeSpan& spanSet);

CMvTimeSpan GetTimeSpanLengthInput();
void            SetTimeSpanLengthInput(CMvTimeSpan& spanSet);

EMvSceneState GetSceneState();
void            SetSceneState(EMvSceneState emState);

void            RegisterObserver(iM5Observer * pObserver);
void            RegisterObserver(HWND hWnd);

void            UnRegisterObserver(iM5Observer * pObserver);
void            UnRegisterObserver(HWND hWnd);

void            ResetPlayState();

CString         GetTransitionName(){ return m_strTransitionName; }
float           GetTransitionDur(){ return m_fTransitionDur; }
void            SetTransitionName( CString strTransitionName ){ m_strTransitionName = strTransitionName; }
void            SetTransitionDur( float fTransitionDur ){ m_fTransitionDur = fTransitionDur ; }
//
```

```
public:
CString          m_strName;

DWORD            m_dwFlags;
DWORD            m_dwStatus;

M5RCPtr<CMvSceneCase> m_pJSceneCase;

CString          m_strTransitionName;
float            m_fTransitionDur; //单位:秒

CMvTimeSpan      m_spanStart;
CMvTimeSpan      m_spanLengthInput;
CMvTimeSpan      m_spanLengthEvent;
BOOL             m_bUsingSceneLength;

M5RCPtr<CMvSceneTemplate> m_pJSceneTemplateBG;
M5RCPtr<CMvSceneTemplate> m_pJSceneTemplateFG;
M5RCPtr<CMvSceneTemplate> m_pJSceneTemplateOwner;

public:
BOOL             m_bExpand;
int              m_nStatePlayerRef;
M5RCPtr<CMvSceneStatePlayer> m_pJSceneStatePlayer;// 如果 event 0 缺失,将被定义为 NULL
int              m_nFreePlayerRef;
M5RCPtr<CMvSceneFreePlayer> m_pJSceneFreePlayer;
EMvSceneState    m_emSceneState;
CMvPlayEngine * m_pPlayEngine;
int              m_iPlayLayer;
int              m_iPreviewLayer;
HWND             m_hWndNotify;
EMvPlayMode      m_emPlayMode;
};
```

2.7.2.9 存储分配

动态分配。

2.7.2.10 注释设计

与 2.7.1.9 相同。

2.7.2.11 限制条件

本程序运行于 64 位 Win7 系统,要求 16G 以上内存。

2.7.2.12 测试计划

测试目标:模块可正常运行,无严重 Bug。

技术要求:

(1)播出场景文件的存储、加载、另存;

(2)需要测试的场景编辑模块 UI 操作相一致的场景内容的修改;

(3)需要测试的场景转场特技时长和效果;

(4)需要测试前、主、背三场景同时播出的同步性和正确性。

设备要求:根据测试中心现有环境来进行测试,使用一台 HP Z800,其他使用可替代设备,保证 I/O 测试在 HP Z800 设备上测试,其他功能测试在其他设备上测试。

测试结束条件的定义:

(1)该版本模块功能已通过单元测试。

(2)编辑软件和播出软件均通过系统测试。

(3)经与研发人员讨论无影响发布的严重 Bug。

测试相关任务拆分和工作量估计:测试任务和工作量依据研发的开发量而定。

2.7.3 MvEditor 子模块

2.7.3.1 程序描述

实现可视化场景编辑。

2.7.3.2 功能

主窗口:场景预监。

场景导航窗口:地理信息定位,元素控制器操作。

资源列表:可拖拽业务元素、三维图元、三维物体。

属性编辑窗口:元素属性编辑。

元素表及动画编辑窗口:场景元素列表及动画关键帧编辑。

命令窗口:命令记录。

配置窗口:系统及用户参数设置。

灯光设置:场景灯光属性设置。

菜单:文件操作、编辑操作、视图操作、配置操作、工具选择、帮助。

工具栏:常用操作按钮。

2.7.3.3 性能

所见即所得,UI 操作实时地呈现于主窗口。

2.7.3.4 输入项

键盘、鼠标等外设动作。

2.7.3.5 输出项

根据 2.7.3.4 的输入相应输出。

2.7.3.6 算法

实现修改通知。

意图:所有编辑类型的应用都会面临这个问题,即被编辑的数据与编辑该数据的界面的同步。

做法:采用 Observer(观察者)模式。Observer 模式很简单,观察者将自己注册到目标上,当目标有变化时,观察者就能收到消息,当观察者不再观察时,将自己从目标上注销掉就可以了,而对于目标先失效的情况,我们用另外的方法保证观察者总在目标失效前注销自己。考虑到目标较多而观察者较少,这里采用外部(CMvNotifyCenter)维护目标到观察者的映射,观察者派生自 iMvObserver 接口,由 OnNotify 函数接收通知消息。至于目标的类型 SUBJECT,由于对目标没有什么要求,所以目前 SUBJECT 是 void 类型。CMvNotifyCenter 是单体,观察者通过其 Register 及 DeRegister 方法将自己与目标关联起来,由修改的地方调用其 Broadcast 方法并提供所修改的目标,便可通知到当前所有正在观察该目标的观察者。观察者允许同时观察多个目标,而且基本都会保留目标的指针,所以在收到通知后,只要做指针比较就可知通知的目标,也无须做转型。由于通知是笼统的,出于对性能的考虑,观察者有时需要在收到通知后作具体的更改比较才更新。如果观察者同时也身兼修改的任务,则在修改时不做同步更新,而是修改后发出通知,在收到通知时才更新。观察者维护自己与目标间的关联,必须在切换目标,或者自己失效前,将当前的关联注销。CMvNotifyCenter 有一组宏,在 DEBUG 下可跟踪哪些地方忘了注销(类似 MFC 的内存泄漏跟踪)。

工程下的当前场景,场景下的当前节点,都是焦点的概念,通过提出一个焦点对象,可以让需要监控焦点变化的对象成为观察该焦点对象的观察者,这样实现切换焦点时的通知便成了一件简单的事。

如何保证观察者总在目标失效前注销自己,可以通过观察者的上级,来获得目标失效的时机,然后让其不再观察或者干脆将观察者销毁来实现。

2.7.3.7 流程逻辑(图 2.31)

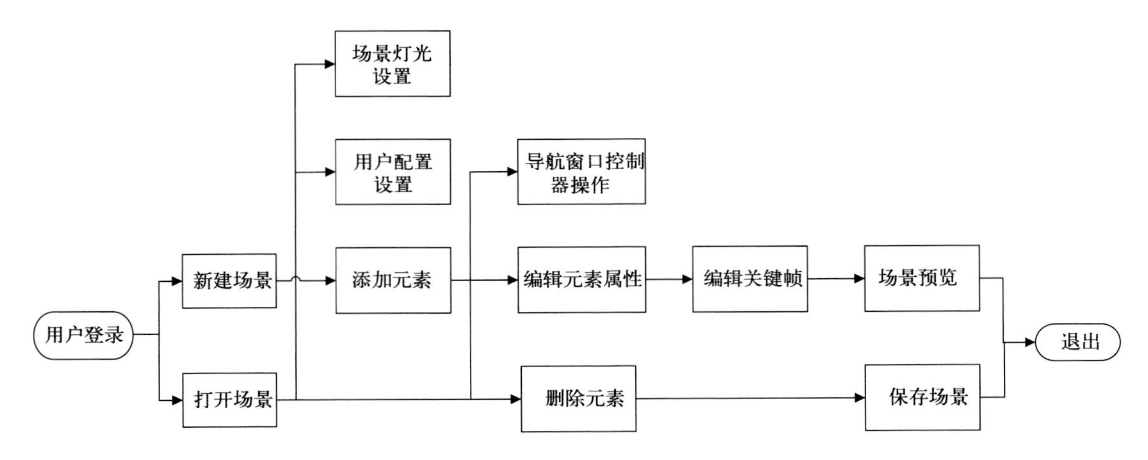

图 2.31 MvEditor 子模块流程逻辑图

2.7.3.8 接口(图 2.32)

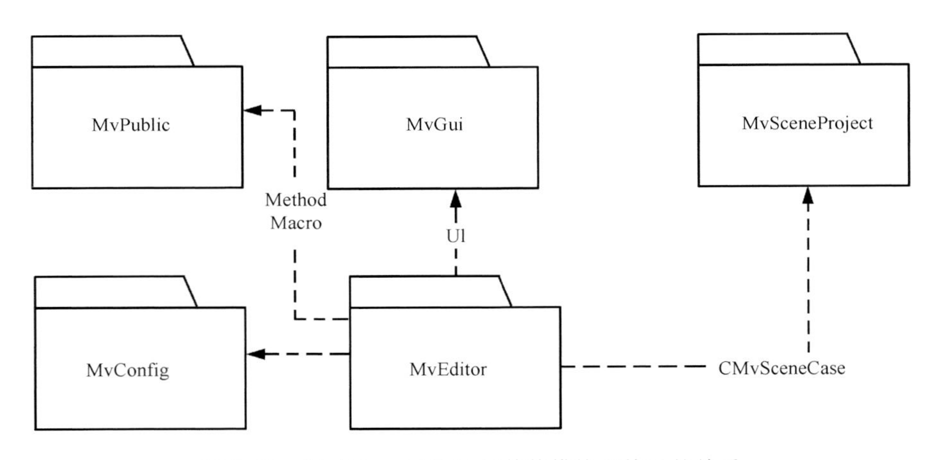

图 2.32 MvEditor 子模块与其他模块和接口的关系

MvPublic 中公用算法、方法和宏定义,连接其动态库后添加头文件直接调用。

MvGui 中公用的控件、对话框等,连接其动态库后添加头文件直接调用。

2.7.3.9 存储分配

主窗口、导航窗口、属性窗口、元素表动画编辑窗口常驻内存。

2.7.3.10　注释设计

与 2.7.1.9 相同。

2.7.3.11　限制条件

本程序运行于 64 位 Win7 系统，要求 16G 以上内存。

2.7.3.12　测试计划

测试目标：模块可正常运行，无严重 Bug。

技术要求：

(1)测试各可编辑控件的输入、极值、响应；

(2)测试导航窗口相机、曲线编辑等控制的可能操作及响应；

(3)测试资源窗口各元素的拖拽响应；

(4)测试元素列表窗口的删除、上下层拖拽；

(5)测试关键帧的可能操作；

(6)测试菜单、工具条的操作；

(7)测试用户配置设置的各项内容；

(8)测试场景灯光调节；

(9)模拟用户的误操作。

设备要求：

根据测试中心现有环境来进行测试，使用一台 HP Z800，其他使用可替代设备，保证 I/O 测试在 HP Z800 设备上测试，其他功能测试在其他设备上测试。

测试结束条件的定义：

(1)该版本模块功能已通过单元测试。

(2)编辑软件和播出软件均通过系统测试。

(3)经与研发人员讨论无影响发布的严重 Bug。

测试相关任务拆分和工作量估计：测试任务和工作量依据研发的开发量而定。

2.7.4　MvPlayer 子模块

2.7.4.1　程序描述

实现可视化场景播出表编辑和播出控制。

2.7.4.2　功能

主窗口：场景预监。

预监窗口：将要播出场景预监。

场景播出表：添加、删除、移动场景，链接前景，链接背景，转场设置，跟播设置。

前景列表：添加、删除前景。

背景列表：添加、删除背景。

属性编辑窗口：场景元素属性简单编辑。

状态窗口：显示播出状态，剩余可调时长。

命令窗口：命令记录。

配置窗口：系统及用户参数设置。

灯光设置：场景灯光属性设置。

菜单：文件操作、编辑操作、视图操作、配置操作、帮助。

工具栏:常用操作按钮。

打包:跟播场景视频或者图像序列打包输出。

交互控制:外设选择、动作跟踪。

2.7.4.3 性能

高标清预览与输出同步。

2.7.4.4 输入项

键盘、鼠标、控制器等外设操作。

```
enum EMvTrackingMode
{
ETracking_Alpha,//键信号
ETracking_Kinect,//Kinect
ETracking_Count//增加其他设备在此处添加
}
```

系统启动时需要选择设备并启动,通过下面的接口函数调用:

```
BOOL  MvTrackingManagerOpen(EMvTrackingMode eTM);
```

系统退出时需要关闭设备,通过下面的接口函数调用:

```
VOID  MvTackingManagerClose();
```

2.7.4.5 输出项

具体操作指令如下所示。

```
PointF * srcPointArray;                //投射到屏幕空间的手部位置坐标
enum EMvTelestItemRevealMode           //呈现方式
{
emTelestItemReveal=0
emTelestItemRevealAll
emTelestItemInterActive
emTelestItemRevealCount
};
enum EMvTelestItemRevealCtrl           //控制呈现
{
emTelestItemEdit= 0
emTelestItemPlay
emTelestItemRevealCtrlCount
};
```

2.7.4.6 算法

跟踪定位算法分为三步。

步骤1:初始定位,十字交叉手型检测。

```
BOOL LockAimByCross();
```

步骤2:运动预测,根据运动的方向和速度判断当前帧手部位置,在局部区域检测手型,丢失时,全局检测。

演播室环境比较简单,采用连续帧间差分法提取运动目标。

$\Delta f(x,y)=|f_{i+1}(x,y)-f_i(x,y)|$

$f_{i+1}(x,y)$、$f_i(x,y)$代表视频图像序列中相邻的两帧图像，位于(x,y)的像素前后帧颜色差分，当差值小于阈值 T 时作为噪声被剔除。阈值 T 过小，将引入大量噪声；阈值 T 过大手指段小目标不被检出。通常，演播室蓝箱/绿箱环境阈值 T 设在 15～20 之间比较合适。

步骤 3：变换空间坐标到屏幕坐标。

```
Vec2t<T>ProjectPointToScreen( const Vec3t<T>& v ) const;
```

2.7.4.7 流程逻辑（图 2.33）

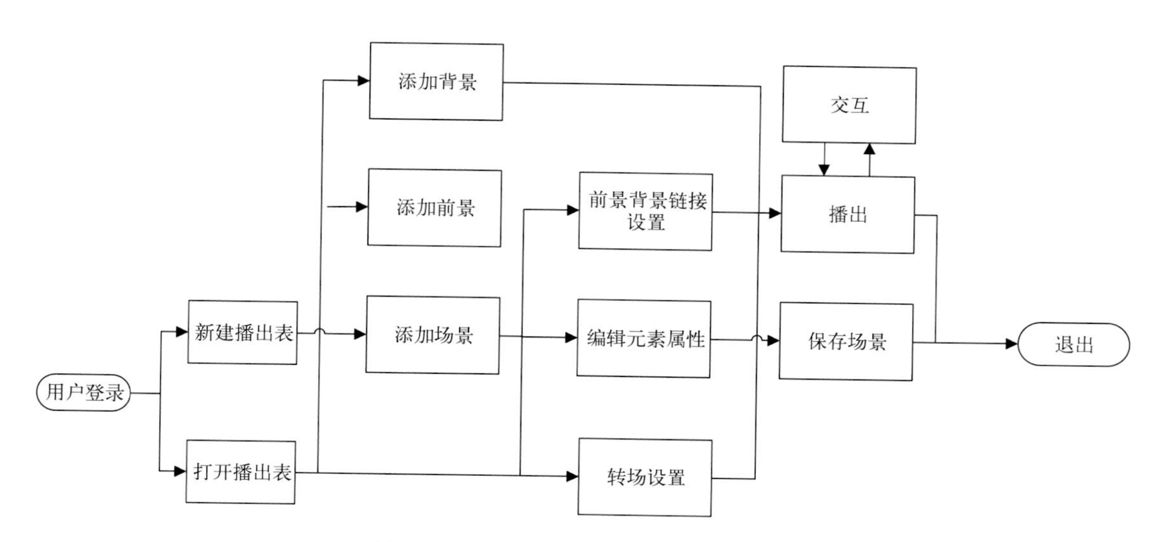

图 2.33 MvPlayer 子模块的流程逻辑图

2.7.4.8 接口（图 2.34）

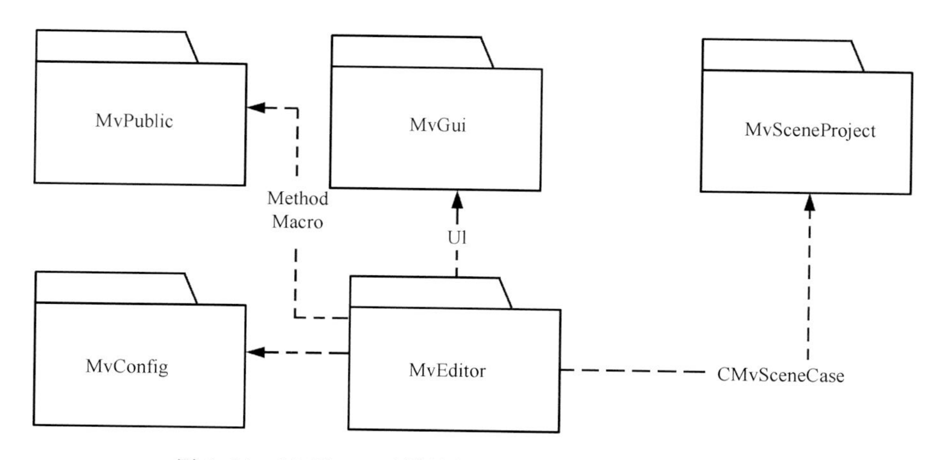

图 2.34 MvPlayer 子模块与其他子模块和接口的关系图

MvPublic 中公用算法、方法和宏定义，连接其动态库后添加头文件直接调用。

MvGui 中公用的控件、对话框等，连接其动态库后添加头文件直接调用。

2.7.4.9 存储分配

主窗口、播出表窗口常驻内存，其他属性窗口、预监窗口动态呼出。

2.7.4.10 注释设计

与 2.7.1.9 相同。

2.7.4.11 限制条件

本程序运行于 64 位 Win7 系统，要求 16G 以上内存。

2.7.4.12 测试计划

测试目标：模块可正常运行，无严重 Bug。

技术要求：

(1)测试各可编辑控件的输入、极值、响应；

(2)测试播出列表添加、删除、移动等操作及响应；

(3)测试播出、暂停、停止等控制；

(4)测试播出工程文件的相关操作；

(5)测试播出状态的交互控制；

(6)测试菜单、工具条的操作；

(7)测试转场、时长调节；

(8)模拟用户播出状态的误操作；

(9)模拟用户编辑状态的误操作。

设备要求：根据测试中心现有环境来进行测试，使用一台 HP Z800，其他使用可替代设备，保证 I/O 测试在 HP Z800 设备上测试，其他功能测试在其他设备上测试。

测试结束条件的定义：

(1)该版本模块功能已通过单元测试。

(2)编辑软件和播出软件均通过系统测试。

(3)经与研发人员讨论无影响发布的严重 Bug。

测试相关任务拆分和工作量估计：测试任务和工作量依据研发的开发量而定。

2.7.5 MvFileManager 子模块

2.7.5.1 程序描述

专业数据进行管理。程序根据输入的地理数据需求范围，动态地选取组装实际使用的 DEM 某层次和区块的数据。

shape 数据的预加载，提供上下游系统绘制边的点数据和用于填充的多边形数据。

2.7.5.2 功能

建立虚拟地球分块、分层存储标准，分块存储索引机制，自动组装合适的 DEM 数据。

预加载矢量地理信息文件，分类管理地理信息，不同地理信息可自由组合。

2.7.5.3 性能

要求在高清模式下流畅播出，快速响应集中调度和人机交互指令，实现不同层次 DEM 数据的平滑过渡切换功能。

要求在高清模式下流畅播出，快速响应集中调度和人机交互指令，实现一组或多组地理信息数据的输出或切换功能。

2.7.5.4 输入项

地理数据经纬度范围：

```
struct sLonLatReg
{
```

```
    double dTopLeftLon;          //[-180,180)
    double dTopLeftLat;          //[90, -90]
    double dRightBottomLon;      //[-180,180)
    double dRightBottomLat;      //[90, -90]
}
```

通常在数字地球场景中相机参数发生变化，调用的频率与输出的制式有关。

地理信息类型：

```
enum EMvShapeFileType
{
EShapeFile_WORLD,            //世界文件
EShapeFile_COUNTRYP,         //国家文件
EShapeFile_COUNTRYL,         //国家文件
EShapeFile_PROVINCEP,        //省文件
EShapeFile_PROVINCEL,        //省文件
EShapeFile_COUNTY,           //县市文件
EShapeFile_RIVER3P,          //三级以下河流文件
EShapeFile_RIVER3L,          //三级以上河流文件
EShapeFile_RIVER4L,          //四级河流文件
EShapeFile_RIVER5L,          //五级河流文件
EShapeFile_RAIL,             //铁路文件
EShapeFile_ROAD,             //道路文件
EShapeFile_CITY,             //城市文件
EShapeFile_NUMS,
EShapeFile_Customize,        //自定义文件
};
```

打开/存储的自定义文件名：

```
CString strCustomFileName;
```

2.7.5.5 输出项

```
struct SMvModelDem
{
short       *pDEMData;        //输出高程数据,DWORD *pImage
int         nWidth;           //输出数据宽,即给出高程数据宽
int         nHeight;
sLonLatReg llReg;             //输出经纬度范围
int         nLayer;           //使用的层次数据,为了方便判断是否更新数据用
double      dCenterX;         //方便用来进行图像混合
double      dCenterY;
}
```

通常在数字地球场景中，渲染引擎每场更新画面时调用，调用的频率与输出的制式有关。

```
class MV_EXT_CLASS CMvShapeIDData : public CObject //辅助信息
{
DECLARE_DYNCREATE(CMvShapeIDData)
```

```
public:
CMvShapeIDData();
virtual ~CMvShapeIDData();

void OnProjectionChange(CMvProjection& oProjection);
void Clear();

public:
SLonLatllCenter;                //中心点经纬度
sLonLatReg   sBoundingRect;     //经纬度
CArray< CObject * >aryObj;      //数据
};
```

存储的自定义文件名：

```
CString strCustomFileName;
```

2.7.5.6 算法

基于四叉树管理纹理特征数据的层次结构，为特征数据预生成静态分块纹理算法。

DEM数据从0级到DEM_LAYER_COUNT级，每一级的所用数据覆盖经度[−180,180]，纬度[90,−90]的全球高程数据。第 i 级中有 $2^i \times 2^i$ 个数据文件，每个数据文件覆盖的经度范围dLonReg[i] = $360/2^i$，纬度范围dLatReg[i] = $180/2^i$。

```
sLonLatReg       sIn_Reg;//输入:需要的数据范围
SMvModelDem      sOut;//输出:
```

步骤1：计算DEM层次 i。

先计算输入需要的地理数据经度范围dLon，纬度范围dLat。

满足一个数据文件覆盖经度和纬度范围都大于需求范围的最小级即为实际应用的DEM层级。

```
sOut.nLayer = 0;
for (int i = 1; i < DEM_LAYER_COUNT;  i++)
{
    if (dLonReg[i] > dLon && dLatReg[i] > dLat)
    {
      sOut.nLayer = i;
      break;
    }
}
```

步骤2：拼接数据块预生成分块纹理。

先计算输入需要的中心点的经纬度，确定第 i 层级中该中心点所在的数据文件。

以此数据文件为中心的3×3个数据文件拼接成一个纹理块。

输出拼接好的纹理块数据及其实际覆盖的经纬度范围。

2.7.5.7 流程逻辑

DEM数据加载流程如图2.35所示。

SHP数据处理流程如图2.36所示。

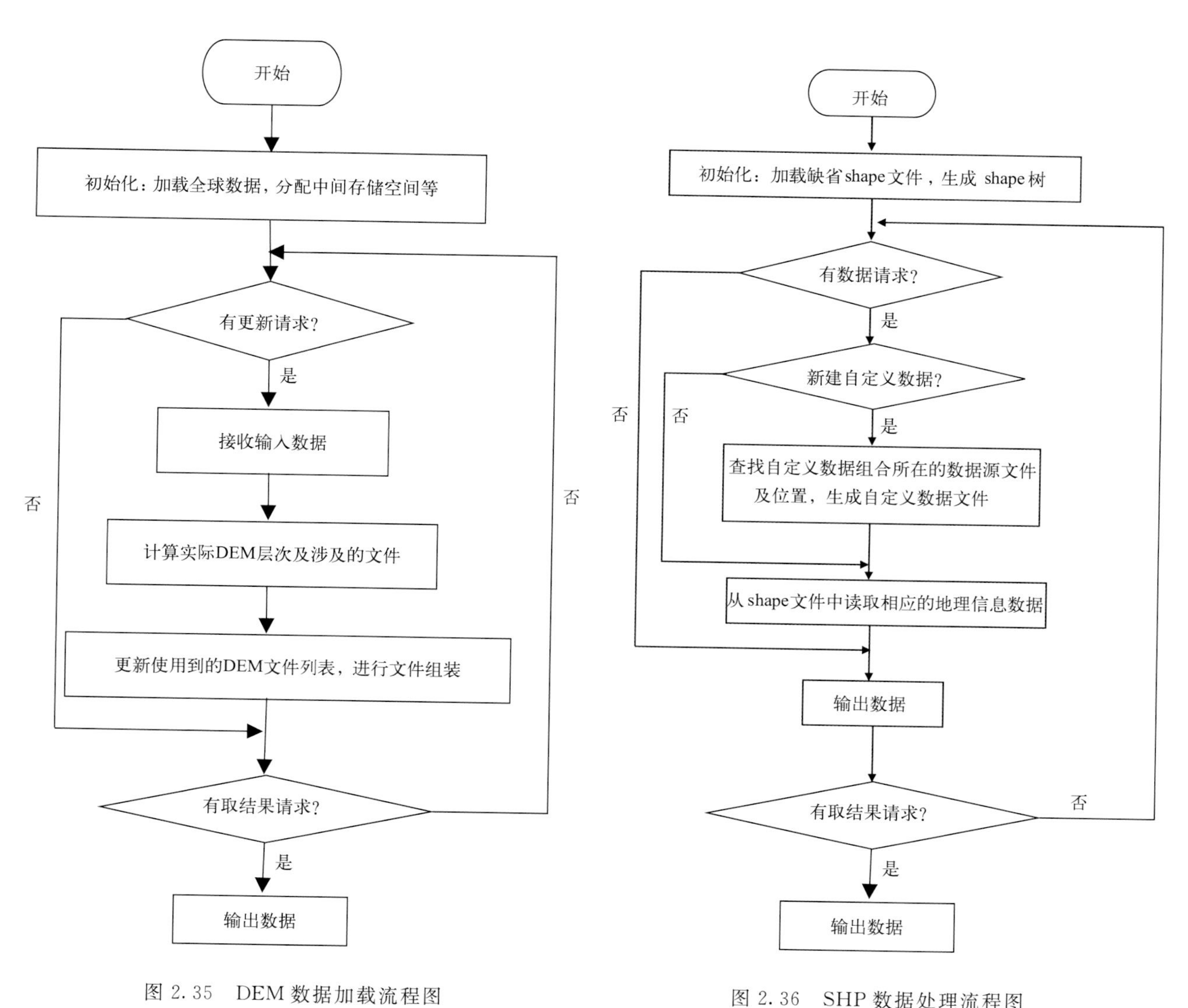

图 2.35 DEM 数据加载流程图

图 2.36 SHP 数据处理流程图

2.7.5.8 接口(图 2.37)

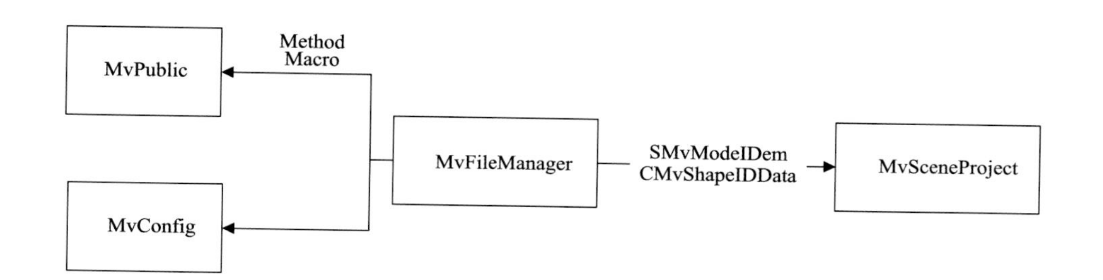

图 2.37 MvFileManager 子模块与其他模块和接口的关系

其他系统需要使用 DEM 数据时，通过接口函数调用：

```
void BuildModelData(const sLonLatReg& sllRegIn, BOOL bMixed = FALSE, BOOL bGlobe = FALSE);
void GetModelData(SMvModelDem& sllRegOut);
```

2.7.5.9 存储分配

全球范围 DEM 数据启动时，常驻内存；非全球地理数据申请，启动时分配固定大小内存用于组装好的局部区域 DEM 数据。DEM 数据存储标准见图 2.38。

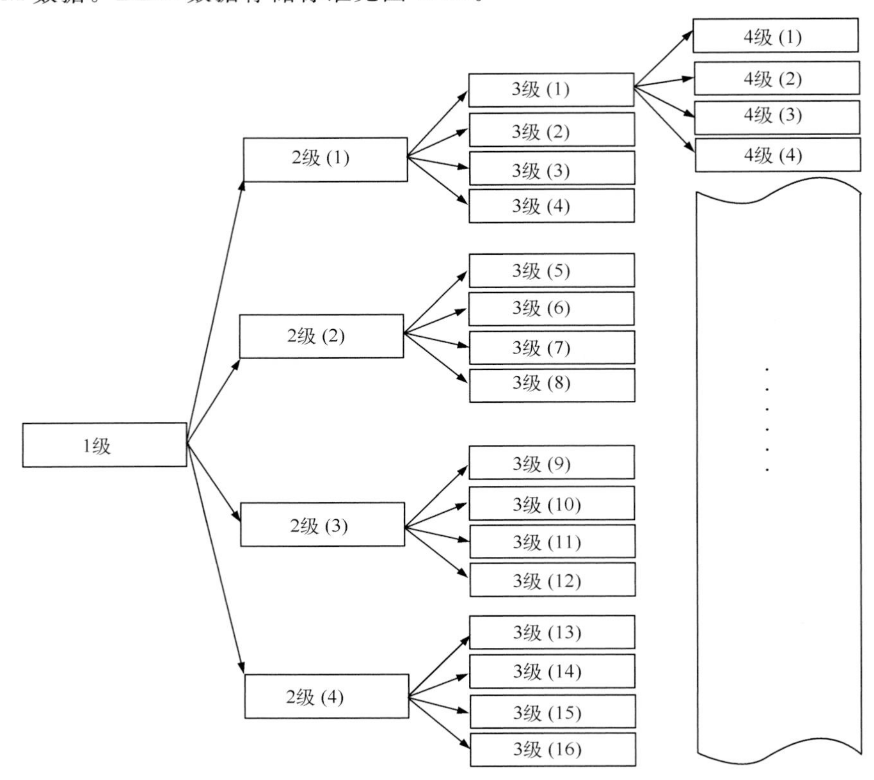

图 2.38 DEM 数据存储标准图

初始化时一次性将缺省 shape 数据加载至内存。

2.7.5.10 注释设计

与 2.7.1.9 相同。

2.7.5.11 限制条件

本程序运行于 64 位 Win7 系统，要求 16G 以上内存。

2.7.5.12 测试计划

测试目标：模块可正常运行，无严重 Bug。

技术要求：

(1)测试地球场景中 DEM 的正确加载；

(2)地球场景纹理随视点距离变化自动更新分辨率；

(3)场景中使用区域边界线，正确填充、描线；

(4)测试场景中使用区域遮罩。

设备要求：根据测试中心现有环境来进行测试，使用一台 HP Z800，其他使用可替代设备，保证 I/O 测试在 HP Z800 设备上测试，其他功能测试在其他设备上测试。

测试结束条件的定义：

(1)该版本模块功能已通过单元测试。

(2)编辑软件和播出软件均通过系统测试。

(3)经与研发人员讨论无影响发布的严重 Bug。

测试相关任务拆分和工作量估计:测试任务和工作量依据研发的开发量而定。

2.7.6 MvPlugIn 子模块

2.7.6.1 程序描述

实现业务插件接口,通过具体业务流程插件实现。

业务流程插件是针对不同气象业务进行的流程包装方式。业务流程插件贯穿制播系统的全部过程,是将专业气象数据转化为可渲染结构描述结点的必需桥梁。

2.7.6.2 功能

标准可扩展的业务流程插件接口;

数字地球:DEM 建模、动态更新地图;

相机:基于经纬度、海拔的位置、姿态等控制;

区域边界:基于 SHP 数据的区域填充、描边;

气团:可曲线编辑气团,纹理颜色可填充;

气流:可曲线编辑气流;

锋线:可曲线编辑锋线;

云图:基于图像序列的云图;

等值面:基于 MICAPS 4 的等值面、线;

D14:基于 MICAPS 14 的图形图像;

点数据:城市天气和指数等预报;

台风:基于 MICAPS 7 的台风;

风场:基于 MICAPS 11 的风场;

辅助层:文字、图片、图像序列等辅助图元;

背景层:图像、视频的满屏图元;

DEV:视频开窗。

2.7.6.3 性能

高标清实时渲染。

点数据自动更新。

2.7.6.4 输入项

```
// Info of the plugins

struct SMexPiPL
{
    DWORD dwType;                        //插件类型
    DWORD dwVersion;                     // 插件版本
    WCHAR wszName[64];                   // 对用户显示的插件名称
    WCHAR wszFolder[64];                 // 用户界面文件夹名称
    WCHAR wszDesc[256];                  // 插件功能描述
    WCHAR wszMatchName[64];              // 与 ID 对应的插件内部名称
    HBITMAP hBitmap;                     // 插件图标
    DWORD dwReserved[4];                 // 预留参数
    BOOL  bShow;
};
```

2.7.6.5 输出项

```
class MEXBASE_EXP CMexSequenceData : public CMexHandleData
{
    DECLARE_SERIAL(CMexSequenceData);

public:
    CMexSequenceData();
    virtual ~CMexSequenceData();

    virtual void Serialize(CArchive& in_ar);
};
```

各插件数据类从 CMexSequenceData 派生，例如：相机。

```
class CMexCameraSeqData : public CMexSequenceData
{
    DECLARE_SERIAL(CMexCameraSeqData);
public:
    CMexCameraSeqData();
    virtual ~CMexCameraSeqData();
    virtual void Serialize(CArchive& in_ar);

public:
    voidSetGeo              State( CMvGeoState * pGeoState, BOOL bUpdateData );
    CMvGeoState *               GetGeoState(){ return m_pGeoState; };

public:
SCamParamInfo        m_sParamInfo;
boolm_bUseCa           mLight;
CMvCamArbData         m_arbKeyCam;

CM5Group *           pMyRoot;

long                 m_lNavigatorCount;
PX_ParamDef * *              m_pParamNavigator;
long            m_lKeyLineCount;
PX_ParamDef * *              m_pParamKeyLine;

public:
BOOL           m_bNeedUpdate;

protected:
CMvGeoState *            m_pGeoState;

public:
CCriticalSection            m_csData;
};
```

2.7.6.6 算法

1. 采用基于规则格网模型(Grid)的数字高程DEM地理数据

采用多细节层次(LOD)的四叉树结构，根据视点距离的远近进行多分辨率动态构网。自适应判断加载视野范围内或即将进入视野的地形分块，同时卸载视野范围外地块相关数据的动态构网。处理流程见图2.39。

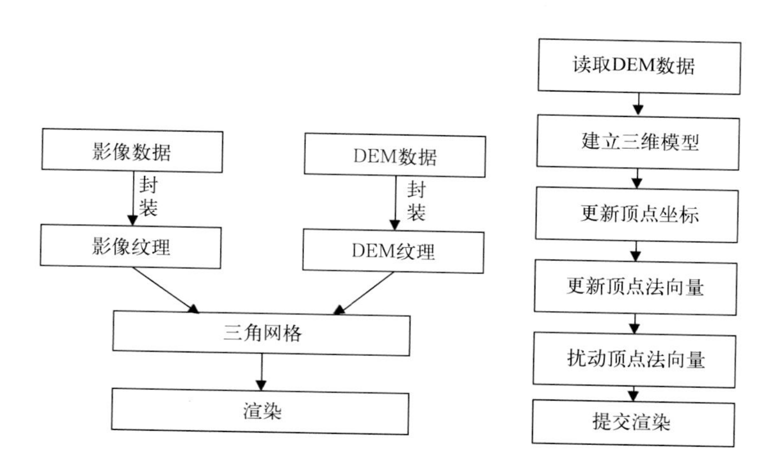

图2.39 数字高程DEM地理数据处理图

采用三维建模的方式来生成插值颜色，可以通过设置灯光颜色和对顶点法线的扰动来模拟光照效果。其中难点在于顶点法向量的处理。此处采用法向量指数增强方式，目的是希望在值较小的地方，增加得较为明显；而在值较大的地方，增加得不那么明显，如图2.40所示。

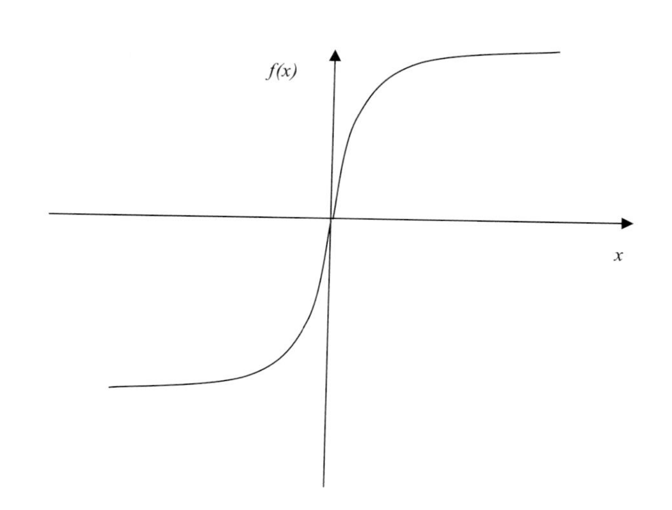

图2.40 法向量指数增强方式示意图

分段指数函数如下：

$$f(x)=\begin{cases}k\times[1-\exp(-x\times d)];(x\geqslant 0)\\-k\times[1-\exp(x\times d)];(x<0)\end{cases} \tag{2.1}$$

当$k=1,d=10$的时候，该函数的函数曲线如图2.41所示。

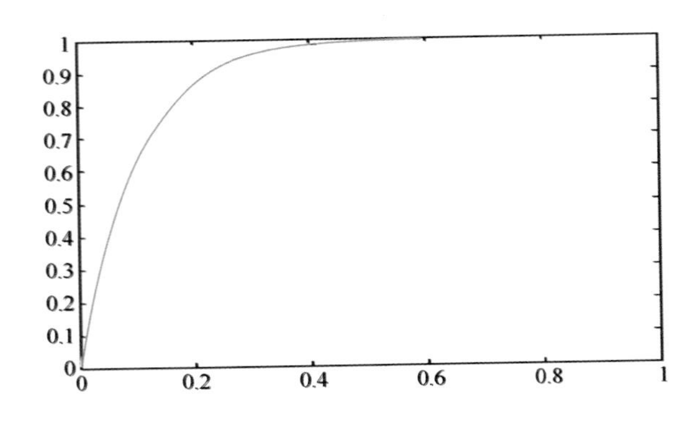

图 2.41　$f(x)=1-\exp(-x\times 10)$的函数曲线图

使用该函数分别对法向量的 x,y 分量增强,渲染结果如图 2.42 所示。

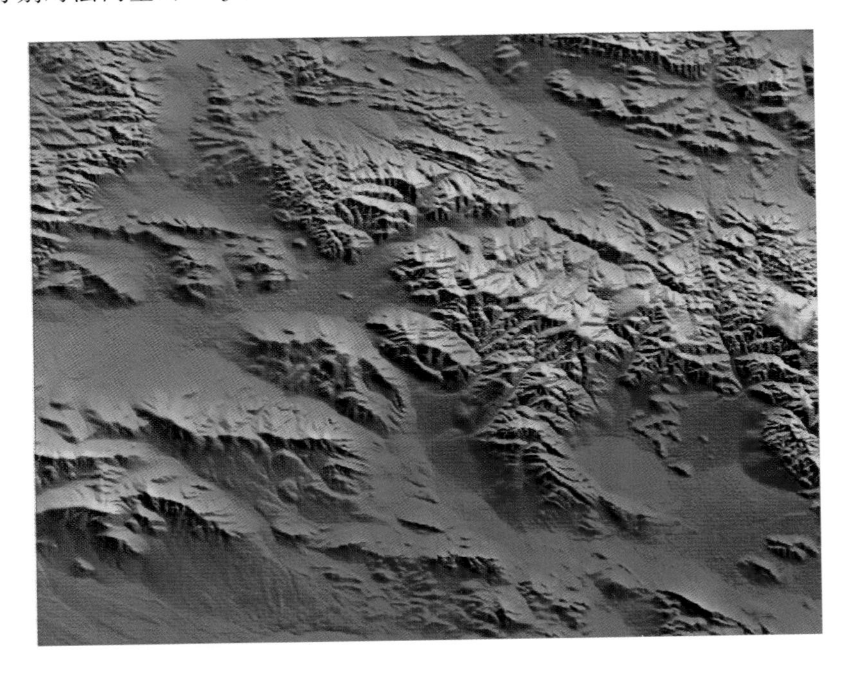

图 2.42　指数函数增强结果图

2. 行政区域绘制

如图 2.43 所示,步骤如下:

(1)读取行政区域矢量数据,解析矢量数据,得到多边形每个点的经纬度坐标。

(2)根据经纬度坐标建立三角网格模型。如图 2.44 所示,如果读入的多边形为左图,则建立的三角网格如右图所示,这样建立的三角网格较为简单。

(3)调用三维渲染引擎,把三角网格渲染成纹理。设置三角网格的颜色为 R=0, G=200, B=200,不透明度为 20%,则渲染的结果如图 2.45 所示。

(4)读取卫星纹理图片(为多个 JPG、PNG 图片)。

(5)组织多个卫星纹理图片为一张纹理图片。组织的结果如图 2.46 所示。

(6)合成。合成的结果如图 2.47 所示。

把合成的图形贴至三维地球模型。

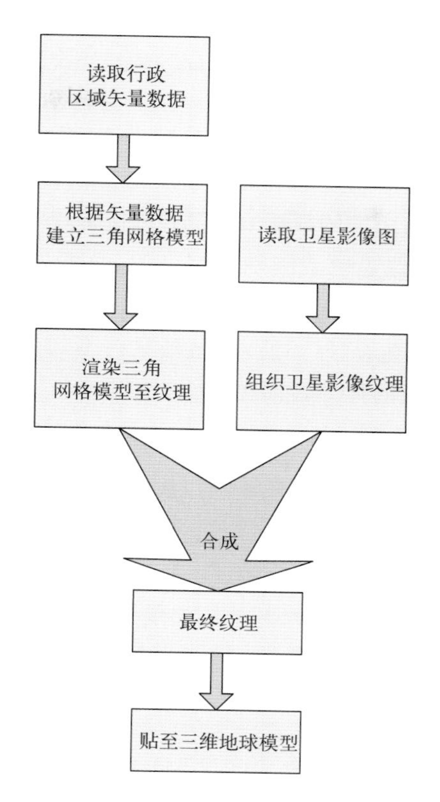

图 2.43 行政区划绘制流程

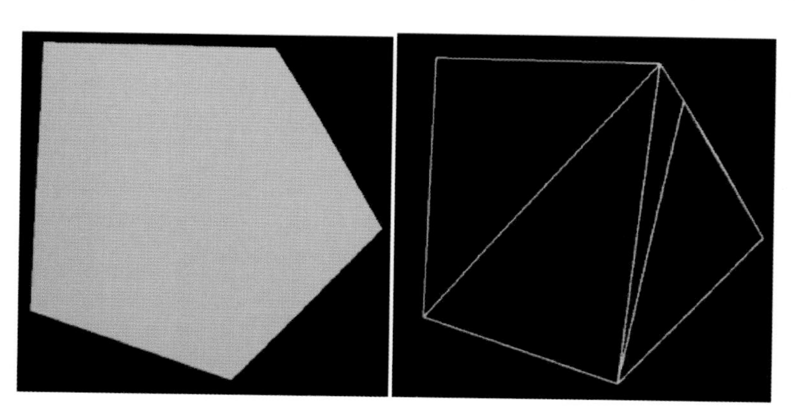

图 2.44 三角网格模型

图 2.45 三角网格渲染

图 2.46 组织后的纹理图片结果

图 2.47 合成的图形

3. 有限视界操作

(1)数据加载,确定数据的经纬度范围。

(2)视界界定,通过视点即相机的位置以及视角的参数来确定屏幕上需要显示的经纬度范围。

(3)数据预测,使在视界范围内最终呈现的气象元素所对应的实际气象数据随着视界的变化而不同。根据视界的经纬度范围从数据中取出相应的数据 $d(d \subseteq D)$,通常视界范围都小于数据的经纬度范围。

对于画面输出分辨率 W×H,考虑亚像素级别的渲染等,数据处理以及图形图像转化的目标固定为2W×2H,可以满足不同视界需求。

当三维地球完全位于视界内,如图 2.48(a)所示,地球只有不到 1/2 的表面在可视区域,如图 2.48(b)所示,相机距离地球越近,在可视区域的地球表面也越少。

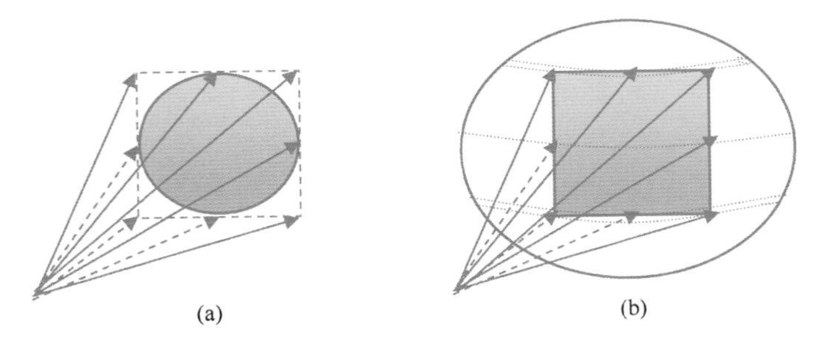

图 2.48 视界示意图

2.7.6.7 流程逻辑

系统依据气象业务元素种类,分别定制不同的图层展示。利用高级着色语言编写顶点处理程序,充分利用图形处理器(Graphic Processing Unit,GPU)的可编程特性,发挥 GPU 浮点数据处理优势,针对不同的气象元素渲染需求定制开发 GPU 特技,实现先进、高效的气象类图文制播流程。

图 2.49 展示气象元素渲染的简化流程。

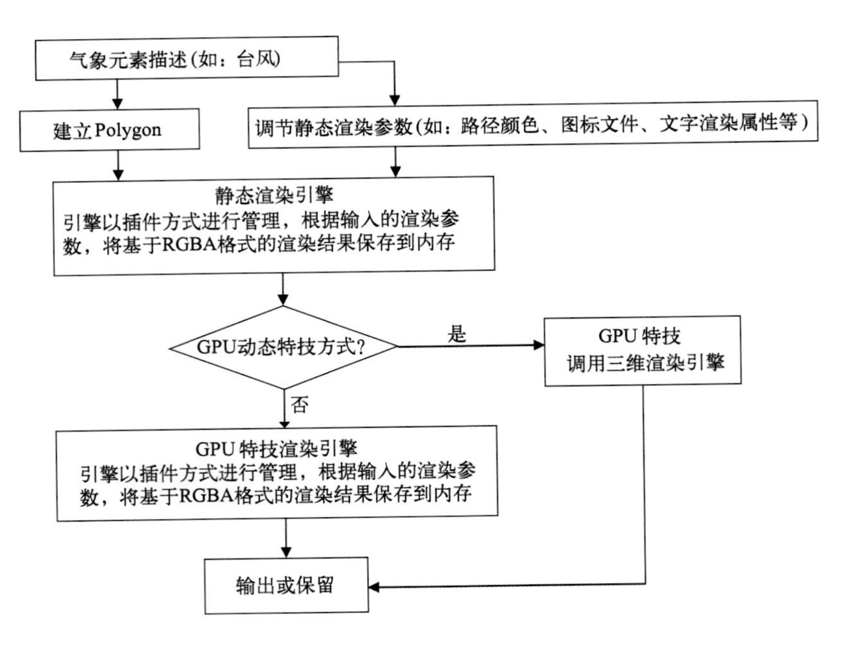

图 2.49 元素渲染简化流程

2.7.6.8 接口

MvPlugln 子模块与其他模块和接口的关系如图 2.50 所示。程序代码如下。

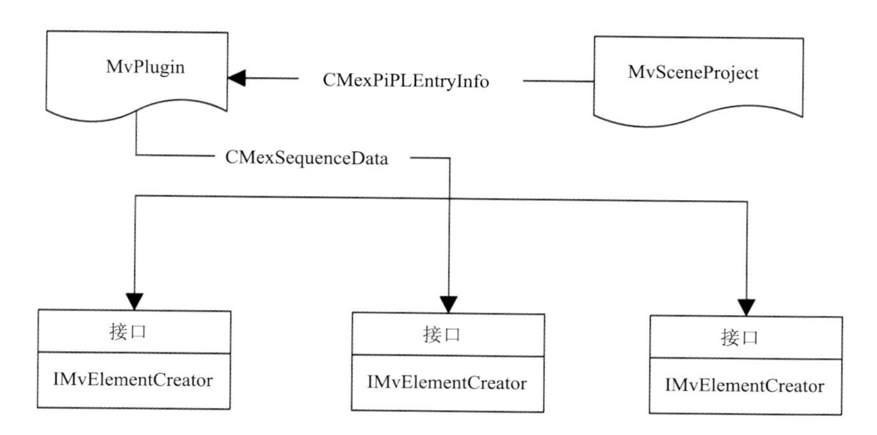

图 2.50 MvPlugln 子模块与其他模块和接口的关系图

```
struct CMexPiPLEntryInfo
{
    CMexPiPLEntryInfo( CREATEENTRYPROC, GETPIPLPROC, MATCHPROC );

    BOOL Match( const SMexPiPL * in_psPiPL ) { return m_pMatch( in_psPiPL );}
    void GetPiPL( SMexPiPL * out_psPiPL ) { return m_pGetPiPL( out_psPiPL );}
    iMexEntry * CreateEntry() { return m_pCreateEntry(); }

    static CMexPiPLEntryInfo * s_first;
    CMexPiPLEntryInfo * m_next;

    CREATEENTRYPROC m_pCreateEntry;
    GETPIPLPROC m_pGetPiPL;
    MATCHPROC m_pMatch;

    static long GetNumberOfInfos();
    static CMexPiPLEntryInfo * GetAt( long id );
};
#pragma once

struct SMvPICreatorData
{
public:
    SMvPICreatorData(){ pData = NULL; emPIDataType = emPIDataNone; };
    EMvPICreatorDataType emPIDataType;
PVOID          pData;
};
class iMvElementCreator : public iM5DObjectCreator
{
public:
```

```
    virtual PX_Err GetNavigatorData(PX_Handle in_hSequenceData, SMexParamSet& out_sParamSet) = 0;

    virtual PX_Err GetKeyLineData(PX_Handle in_hSequenceData, SMexParamSet& out_sParamSet) = 0;
};
```

2.7.6.9 存储分配

动态分配。

2.7.6.10 注释设计

与2.7.1.9相同。

2.7.6.11 限制条件

本程序运行于64位Win7系统,要求16G以上内存。

2.7.6.12 测试计划

测试目标:模块可正常运行,无严重Bug。

技术要求:

(1)编辑系统中业务插件的加载;

(2)逐一测试气团、云图等业务插件的添加、编辑;

(3)逐一测试业务插件工程文件的存取;

(4)逐一测试业务插件的渲染效果;

(5)逐一测试业务插件的渲染效率。

设备要求:

根据测试中心现有环境来进行测试,使用一台HP Z800,其他使用可替代设备,保证I/O测试在HP Z800设备上测试,其他功能测试在其他设备上测试。

测试结束条件的定义:

(1)该版本模块功能已通过单元测试。

(2)编辑软件和播出软件均通过系统测试。

(3)经与研发人员讨论无影响发布的严重Bug。

测试相关任务拆分和工作量估计:测试任务和工作量依据研发的开发量而定。

2.8 数据I/O模块

2.8.1 逻辑结构设计要点(表2.19)

表2.19 逻辑结构设计要点

序号	数据名称	标识符	描述
1	MICAPS第3类数据	Micaps3	通用填图和离散点等值线
2	MICAPS第4类数据	Micaps4	格点数据
3	MICAPS第7类数据	Micaps7	台风路径数据
4	站点预报数据	cf	城市预报点数据

续表

序号	数据名称	标识符	描述
5	MICAPS 第 11 类数据	Micaps11	格点矢量数据
6	MICAPS 第 14 类数据	Micaps14	保存被编辑图形的图元数据
7	卫星云图数据	Satellite	png 云图数据和 vgr 定位数据
8	三维雷达数据	Radar	MICAPS 第 13 类格式雷达拼图数据和雷达基数据，包括 SC/CD 和 SA/B 型
9	GeoTIFF 数据文件	geotiff	处理后得到的数据文件

2.8.2 物理结构设计要点

系统中的数据结构是建立在文件系统基础之上的，利用目录来区分不同的数据来源、要素和层次，即不同的数据来源、要素和层次的数据要放在不同的目录中。同一目录中的数据只能有时次或时效上的不同。其中，MICAPS 第 3、4、7、11、14 类以及雷达数据均以文本形式存取，卫星云图数据以 png 图片形式存取，GeoTIFF 数据以特有编码方式存取。

MICAPS 第 3 类数据格式为通用填图和离散点等值线，此类数据主要用于非规范的站点填图。填图目前是单要素的。除用于填图外，还可根据站点数据用有限元法直接画等值线（只要等值线条数大于 0）。各等值线的值由文件头中的等值线值 1、等值线值 2 决定。在这些等值线值中可选出一个为加粗线值。等值线可以被限制在一个剪切区域内。剪切区域由一个闭合折线定义，该折线构成剪切区域的边缘。这个折线由剪切区域边缘线上的点数及各点的经纬度决定。当填的是地面要素时，文件头中的“层次”变为控制填图格式的标志：

－1 表示填 6 小时降水量，降水量为 0.0 mm 时填 T；当降水量为 0.1～0.9 时填一位小数；当降水量大于 1 时只填整数。

－2 表示填 24 小时降水量，降水量小于 1 mm 时不填；大于等于 1 mm 时只填整数。

－3 表示填温度，只填整数。

MICAPS 第 4 类数据格式为格点数据，此类数据用于画格点数据的等值线，网格可以为经纬度网格，也可以为直角坐标网格。当使用直角坐标网格数据时：

（1）将等值线终止值改为－1（直角坐标在兰勃托投影下）或－2（直角坐标在麦开托投影下）或－3（直角坐标在北半球投影下）。

（2）把网格经度间隔和纬度间隔改为格点数据第一行最后一个点的经纬度。

（3）把起始经度和起始纬度改为格点数据第一行第一个点的经纬度。

（4）把终止经度和终止纬度改为格点数据最后一行最后一个点的经纬度。

MICAPS 第 4 类数据文件可以直接用于填格点值。文件头中可以指定填图方式。指定方法为：

（1）把加粗线值改为－1，表示画等值线同时填图。

（2）改为－2，表示只填图，不画等值线。

MICAPS 第 7 类数据格式为台风路径数据。站点预报数据中 cf 是城市预报点数据，zu 是指数数据，sk 是城市实况数据；目前本系统只转换了 cf 城市预报点数据。

MICAPS 第 11 类数据格式为格点矢量数据，此类数据主要用于画风场的流线。网格可以为经纬度网格，也可以为直角坐标网格。

MICAPS 第 14 类数据格式为保存被编辑图形的图元数据。

卫星云图数据，元数据为 png 云图数据和 vgr 定位数据。

三维雷达数据格式为 MICAPS 13 类格式雷达拼图数据和雷达基数据，包括 SC/CD 和 SA/B 型。

2.8.3 数据结构与程序的关系

GeoTIFF 格式文件，站点预报数据，CINRAD SA/SB 雷达基数，MICAPS 第 3 类、第 4 类、第 7 类、第 11 类、第 14 类数据的文件头、数据格式和例子等详见 2.6.6。

其中，作为闪电定位资料的第 3 类数据：格式与标准离散点格式基本一致，但需要在文件说明字符串中加入“闪电”或“light”字样，站号使用整数即可，站点高度值应为闪电能量值（需要有正负号），原来站点值位置只写“＋”或“－”，例如：

diamond 3 2006 年 7 月 1 日 23 时闪电监测资料

2006 7 1 23 1000

0 0 0 0 1

1198

1	117.3102	33.2339	－125.6	－
2	114.8029	34.6945	－23.1	－
3	112.6116	31.6004	－43.4	－
4	112.91	32.3969	－19.9	－
5	122.8116	32.536	－174	－
6	122.0702	31.5246	－184	－
7	112.5991	31.6001	－39.1	－
8	112.9102	32.4142	－16.1	－
9	112.913	32.4285	－15.7	－
10	112.9032	32.3949	－24.4	－
11	117.2494	38.2568	－126	－
12	119.7265	32.2394	－163.4	－
13	121.5922	32.9145	－119.3	－
14	104.169	29.67	－37.6	－
15	104.169	29.67	－37.6	－
16	102.5816	32.3624	－29.6	－

2.9 系统出错处理设计

2.9.1 出错信息（表 2.20）

表 2.20 常见错误一览表

错误类别	错误	错误信息形式	错误含义	错误处理方法
数据系统错误	共享文件系统错误	界面窗口提示错误信息	文件无法访问	系统记录错误日志，系统管理员检查出错文件系统
	网络通信错误	界面窗口提示错误信息	远程资源或服务无法访问，调用超时等	系统记录错误日志，系统管理员联系网络管理员重启网络设备
用户界面错误	用户输入参数不在合理范围内	界面窗口提示错误信息	输入参数不合理	提示输入错误及重新输入，记录错误日志
	产品制作界面操作无效	界面窗口提示错误信息	所用控件的未知问题	提示操作失败，记录错误日志

续表

错误类别	错误	错误信息形式	错误含义	错误处理方法
任务调度错误	调用产品制作功能出错	界面窗口提示错误信息	调用超时	提示操作失败，记录错误日志
	调用基础类库出错	界面窗口提示错误信息	调用超时	提示操作失败，记录错误日志
业务处理错误	业务数据获取异常	界面窗口提示错误信息	某部件某单元下某对象数据获取异常	提示操作失败，记录错误日志；终止当前操作并释放资源
	业务程序计算异常	界面窗口提示错误信息	某部件某单元下某对象数据处理异常	提示操作失败，记录错误日志；终止当前操作并释放资源
	业务数据存储异常	界面窗口提示错误信息	某部件某单元下某对象数据存储异常	提示操作失败，记录错误日志；终止当前操作并释放资源

2.9.2 补救措施

异常处理流程指当系统程序运行过程中发生异常时，系统对异常的捕获和处理过程，如图 2.51 所示。

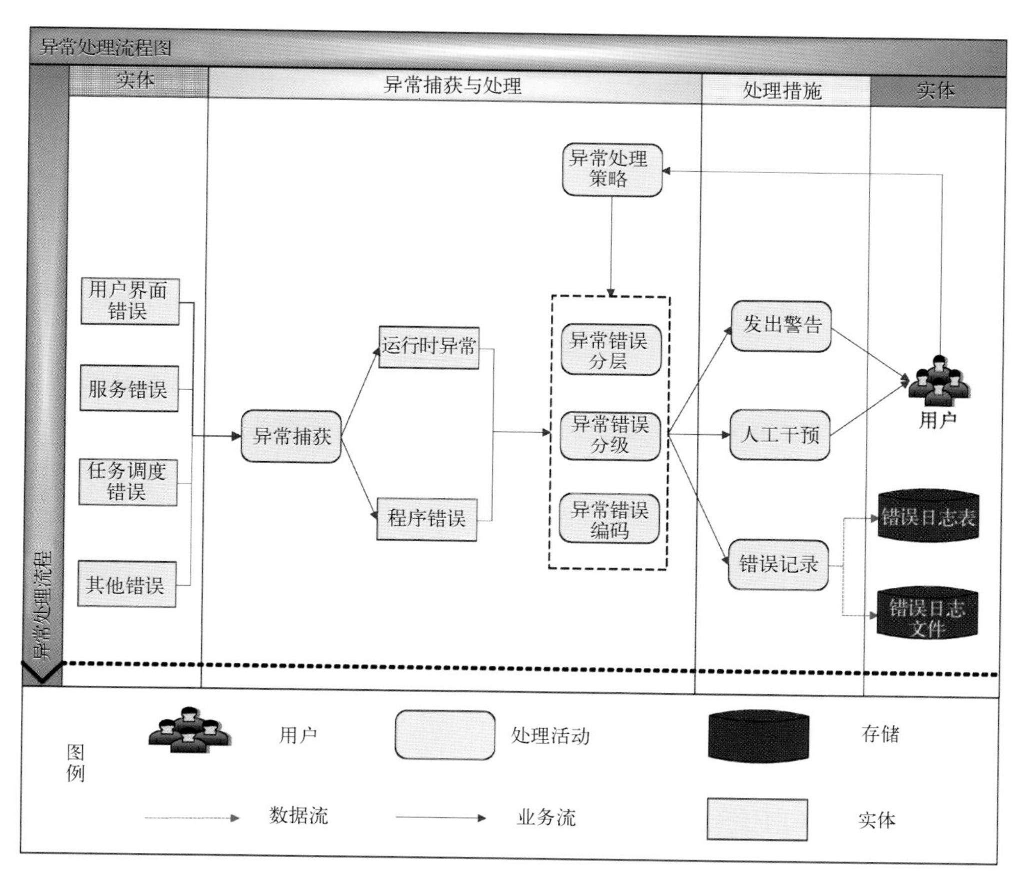

图 2.51 异常处理流程图

系统运行时统一由常用功能基础类库的异常捕获和处理程序捕获异常并进行处理，根据异常错误的类型、异常处理原则，以及异常处理策略对异常信息以警告方式通知用户，某些情况下允许人工干预，并将错误信息记录至相关存储。

异常处理步骤如下：

(1)异常捕获处理程序捕获各种类型的异常。

(2)识别异常是运行时异常，还是程序错误。

(3)根据异常处理策略，获得异常发生所在软件的配置项、部件，以及单元，对异常信息进行严重性分级，并对错误信息进行编码。

(4)根据异常处理策略，对不同级别的异常进行相应的处理，并将错误信息记录至错误日志表或者错误日志文件。

按照错误类型，通常的处理方式见表 2.21。

表 2.21　处理错误方式

错误类型	范围	处理方法
(1)运行时错误	与外部资源交互时发生的错误，如网络、文件系统、数据库、其他业务应用系统等	记录错误日志
		弹出窗口提示错误信息及操作建议
		终止当前操作并释放资源
(2)程序错误	与客户模块交互时不满足前置条件、后置条件发生的错误，如类库被其他程序员调用时参数超出范围等	记录错误日志
		弹出窗口提示错误信息及操作建议
		终止当前操作并释放资源

2.9.3　系统运行维护架构设计

运行和维护架构(简称“运维架构”)的设计主要包括主机、网络、中间件、应用系统等的自动监控、日常维护、事件和问题处理、可用性管理、性能优化、功能完善，力争达到“网络不断、系统不瘫、数据不丢、性能效率提高、系统持续改进、提供优质服务”。这套运维架构，以为业务部门提供高质量 IT 服务为中心，以规范化流程为依据，以 IT 资产全生命周期为基础，结合实际需求，按照易部署、易维护、易管理原则，充分利用先进的信息技术提高信息部门的管理和运维水平，降低运维成本，提高客户满意度和工作效率。通过这套运行和维护管理体系，进行系统的持续改进，从而达到为业务系统正常运行提供有力的支撑，不断提高系统的可用性，提高信息系统运行效率，不断完善系统功能，从而更好地满足业务要求。

2.10　接口设计

2.10.1　用户接口

本系统主要用户包括系统管理员、普通用户等。这些用户通过在系统界面对任务进行相应的新增或配置，有选择地启动用户想要的任务。

2.10.2　外部接口

气象数据处理系统通过对数据下载，分类整理气象业务数据格式、类型，制定并输出一套气象影视图形图像制作播出系统平台所需的气象数据格式。

2.10.3 内部接口

FTP数据下载模块将从FTP服务器上下载的数据文件通过文件系统接口保存到文件存储区；进程管理模块通过进程通信接口对守护进程、数据备份进程和数据处理进程进行开关操作；文件夹监视模块监视FTP下载模块的数据保存路径，通过文件系统接口来获取新增的雷达数据文件，并通过文件系统接口将数据传递给数据备份和数据处理模块进行相应的处理；数据备份模块通过文件系统接口获取通过文件夹监视模块监听到的文件，对该文件进行备份操作；数据处理模块通过文件系统接口获取通过文件夹监视模块监听到的文件，对该文件进行转换处理。

第3章　系统功能模块介绍

3.1　系统概述

天目三维气象影视制播系统 V1.0，主要包括以下模块。

(1)Solution — MvPlugIn，所有的气象业务元素工程

气象业务元素由多个插件实现，均为 iMvElementCreator 类。这类插件意味着有参数界面，参数可以做动画。

(2)Solution — MvMeteor，场景编辑、播出等功能模块

各个模块的功能分别如下。

MvConfig：辅助库，系统配置管理。

MvEditor：场景编辑。

MvFileManager：DEM、SHP 等专业数据管理。

MvPackage：辅助库，素材打包。

MvPlayer：播出工程编辑。

MvPlayProject：播出工程。

MvPublic：辅助库，系统公用类库。

MvSceneProject：场景工程。

MvGui：图形界面。

(3)底层库

MexBase：iMvElementCreator 类插件的辅助框架。

N3Dbase：三维引擎基础。

N3DApp：GLRenderDevice 的实现。

N3DSg：三维引擎。

N3DOglHelper：辅助库。

各个模块及主要接口的依赖关系见 2.1.2 节中的图 2.9。

3.2　主要功能和性能

三维气象影视制播系统将气象数据信息实时转化为图文、视频、动画内容，提供和主持人交互的在线点评功能，面向收看电视气象节目的观众群进行展示播出。本系统可直接用于气象直播或录播节目的演播室中。

本系统主要功能包括以下七项。

(1)管理文件：数据服务器业务数据文件、本地地理信息数据、气象图标等。

(2)解析数据：点数据预报气象编码、气象服务指数预报等。

(3)元素绘制：地形地貌仿真渲染、行政区域及交通路线绘制、雷达静态图绘制等。

(4)三维场景:三维气象地球建模、三维可视化地图渲染、三维图文播出、三维特技渲染等。

(5)集中调度:业务层按场景分类编辑、按业务分层渲染混合、按控制指令响应播出等。

(6)人机交互:受指令控制进行场景切换、受指令控制进行场景内容变化、受指令控制进行镜头摇移等。

(7)实时播出:能在高清模式下流畅播出,并快速响应集中调度和人机交互指令,自然流畅地切换场景或突出内容。

完成的气象影视图形图像制作播出示范软件系统填补了国内同行业技术空白。系统配置场景标准模板库以及丰富的图片库、模型库,用于快速建立场景,实现节目包装设计与气象数据内容分离,降低设计制作成本,通过场景模拟气象数据内容的自动更新,实现气象影视产品自动化生产。该系统功能如下。

3.2.1　可扩展气象数据的三维化展示

针对性地开发气象业务插件,实现对 MICAPS 气象数据的三维可视化建模,以及在三维气象地球模型上的展现。已实现气团、云图、色斑图、等值线、等值面、动态天气符号(点数据)、MICAPS 第 14 类数据、锋线、气流、台风、风场等业务内容的支持,如图 3.1 的雨区图和图 3.2 的变温图所示。

图 3.1　雨区

图 3.2　变温图

3.2.2 强大的三维渲染播出

本系统基于三维核心的图形图像处理渲染引擎及实时渲染播出算法，具有强大的三维渲染播出功能。

系统能够逼真地描绘出物体的凹凸贴图、片段光照、纹理材质、高光反射等细腻真实的效果，系统出色的质感、光感、动感和实时渲染能力为节目制作质量的提升奠定了良好的技术基础，提供对图文和视频高清晰、高画质的渲染效果。

在保证三维图形质量的前提下，系统以极高的效率保证渲染的实时性，无须预先渲染，完全满足外部实时控制的需要。通过渲染引擎与 I/O 的精确配合，系统完整支持各种高清、标清画面的实时输出，信号符合广播级视频输出指标，如图 3.3 的渲染效果图所示。

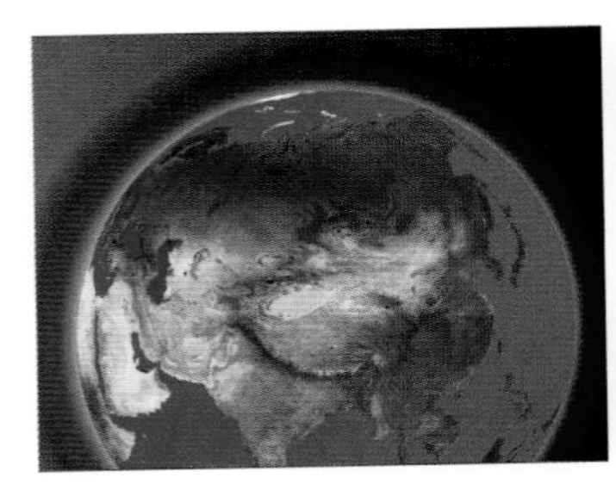
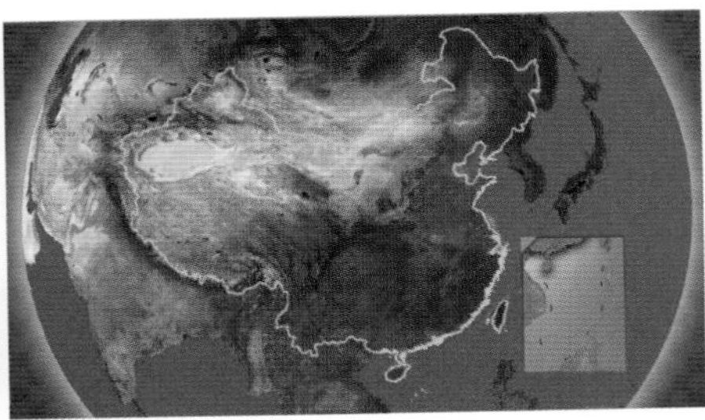
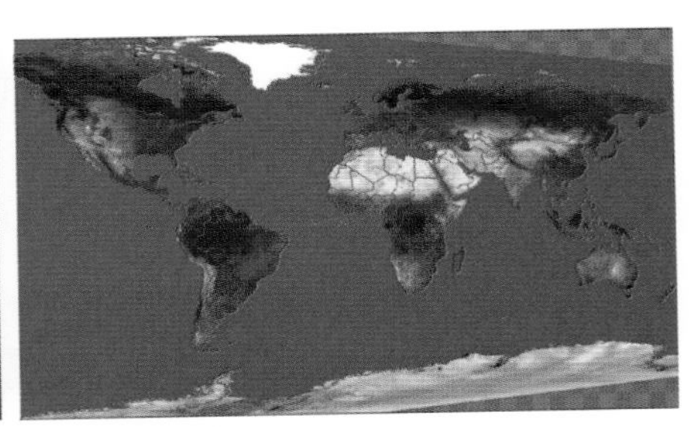

图 3.3　渲染效果图

3.2.3 三维场景、字幕与视频高效无缝结合

系统在全三维空间中，不仅高效处理三维物体渲染，同时以各种纹理贴图方式处理字幕、图像、图像动画序列、输入活动视频和视频文件回放内容，使它们作为三维场景中的纹理贴图无缝融入其中。系统支持 1 路视频输入的 DVE 实时开窗功能，满足有视频开窗需求的节目的使用。

每个场景是均为独立的三维空间，拥有自己独立的三维灯光系统和三维投影摄像机体系。系统支持多个场景同时叠加输出，为多播出任务同时执行或者插播功能提供了完整支持，如图 3.4 所示的 24 小时天气预报图。系统支持第三方三维软件的模型和动作的导入。

图 3.4　24 小时天气预报图

3.2.4 主持人视频动作跟踪识别与交互

通过先进的摄像机视频动作捕捉系统分析主持人身体动作，通过计算机系统运算实现主持人与气象影视图形图像制作播出系统场景的交互。实现对摄像机视频信号实时分析算法，通过分析得到主持人手势信息，根据主持人手势实现对场景及场景中元素的控制。

3.2.5 实时数据修改能力

气象场景播出的内容包括字幕内容、图像内容、物体位置、大小、姿态、色彩等，均可根据外部数据进行实时改变，能够完成由外部数据驱动的复杂场景画面的变化播出，如图3.5的云图所示。

图3.5 云图

3.2.6 实时回放

系统支持多种格式视频文件和图像文件序列的实时回放。系统支持将场景动画输出成为各种视频文件或者图像文件序列，以便后期制作应用及与其他系统的衔接。

3.2.7 全流程控制

系统采用制作与播出模块分离并配合的方案，便于节目安全制作和快捷播出。

系统配置场景标准模板库以及丰富的图片库、模型库，用于快速建立场景，实现节目包装设计与气象数据内容分离，降低设计制作成本，通过场景模板气象数据内容的自动更新，实现气象影视产品自动化生产。

气象影视图形图像制作播出示范系统实现了以气象产品影视展现为核心，结合数据加工、地理信息处理及三维实时渲染技术，满足气象影视三维图形图像产品的实时渲染、加工、制作、播出，并可实现主持人视频动作跟踪识别，完成课题预定目标与任务。

3.3 基本流程

三维气象影视制播系统结构分为数据层、调度层、业务层三大功能模块，同时使用业务流程插件按统一接口与功能模块进行交互，完成每类气象元素的制播业务流程，如图3.6所示。

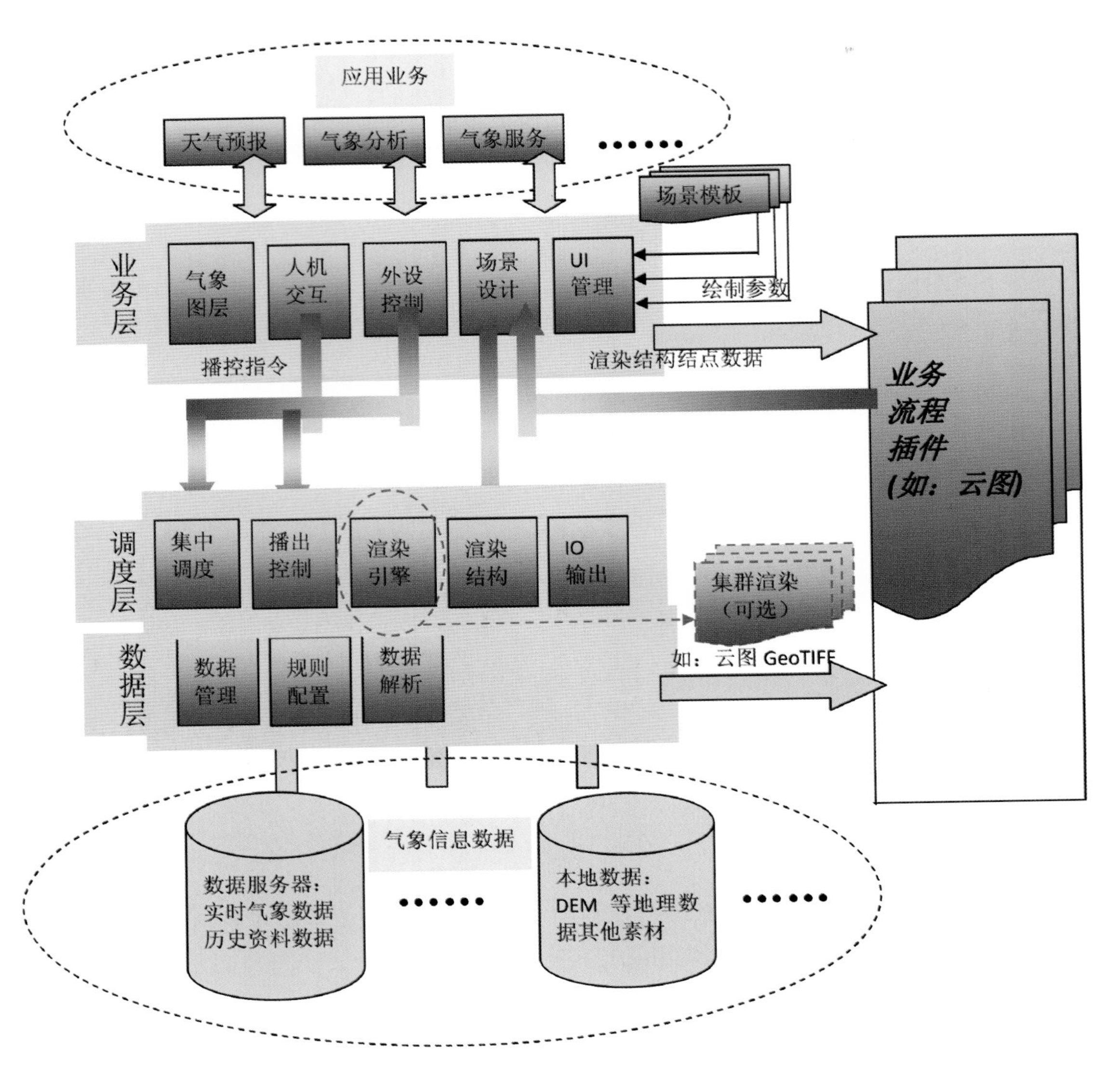

图 3.6 业务流程图

3.3.1 系统数据层

数据层包括图 3.7 中的三个部分，用于管理数据文件。数据文件包括位于数据服务器上的业务数据文件和位于本地磁盘的地理信息数据、配色、气象图标及其他资源文件。同时，可依据配置规则进行数据解析，将文件中数据整理为规定格式，以提供给业务流程插件使用。

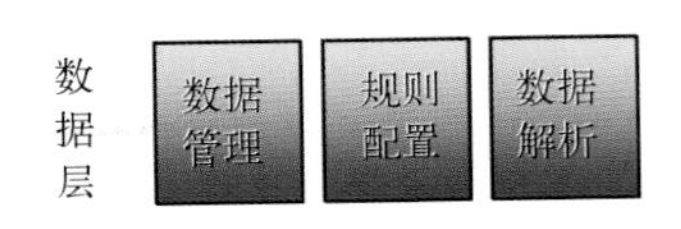

图 3.7 数据层流程图

3.3.2 系统调度层

调度层包括图 3.8 中的 5 个部分，用于维护高效高质量的 GPU 渲染引擎，接收并管理业务流程插件输出的渲染结构结点，建立基于三维的渲染结构树进行画面渲染，接受播出指令控制做到实时播出及人机互动，并实时将气象图文及视频画面通过IO模块输出。

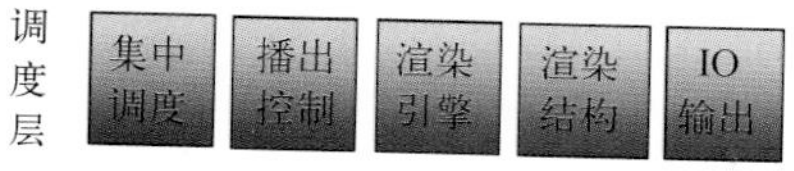

调度层　集中调度　播出控制　渲染引擎　渲染结构　IO输出

图3.8　调度层流程图

(1)集中调度

调度层将管理一套综合调度逻辑，协调渲染结构推动到渲染引擎，同时响应播出控制指令实时输出的协调工作。依据内存调度、多线程调度的核心技术，可以在总体播出窗口中，同时播出定制场景、动态背景、气象图层、摄像机参数等，任务之间的物理区域可以重叠。通过自定义快捷键，可以对每种任务的播出进行独立控制，从而灵活、快速地完成播出对象的定位、修改、预监和播出。流程如图3.9所示。

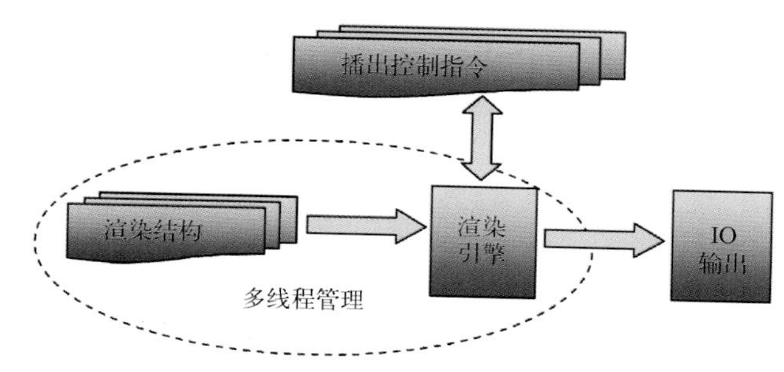

图3.9　调度流程图

(2)渲染引擎

三维气象影视制播系统三维渲染引擎的渲染核心基于计算机图形卡的GPU技术实现，保证系统能够逼真地描绘出物体细腻真实的效果，系统出色的质感、光感、动感和实时渲染能力为节目制作质量的提升奠定了良好的技术基础，提供对图文和视频高清晰、高画质的渲染效果。同时，系统以极高的效率保证渲染的实时性，不需要预先渲染，完全满足外部实时控制的需要。通过渲染引擎与I/O的精确配合，系统完整支持各种高清、标清画面的实时渲染和输出。

为了提升效率，减轻客户端的设备负担，可将基于服务器的集群渲染作为可选技术方案。

集群渲染是新图文系统网络化的另外一个标志性方向。在复杂度高的场景渲染时，纹理、实时光效、多层带Alpha混合、全景反走样是非常耗费系统资源的，而这些因素又是提供高质量渲染效果的必要条件，特别是在高清模式输出时尤其如此。解决上述瓶颈的方案之一就是通过1000M网络进行集群渲染，其需要解决的关键问题在于：

①自动/半自动在多个渲染通道之间分配渲染任务，使得每个渲染通道的工作量尽可能均衡，这样才能最大程度利用系统的渲染能力。渲染任务的分配可以有两种方式，一是分割渲染窗口，每一个渲染通道只需要更新最终渲染窗口的$1/n$(n为通道数)的像素内容，以加速渲染和数据传输；二是分层渲染，将整个渲染场景分成前后不相干的n个渲染图层，每一个通道只需要一个图层数据和$1/n$的渲染工作量，从而可以提高渲染速度。

②多个渲染通道间的同步工作，在同步状态下，各个渲染通道可以同时完成渲染任务，最大限度地减少多个渲染结果合成时需要等待的时间。在现有的硬件条件下，3Dlabs公司的Wildcat Realizm系列和Wildcat 4系列三维专业图形加速卡都提供Genlock和帧同步功能，NVIDIA公司的NVIDIA Quadro FX400G三维专业图形加速卡也提供同样的功能，这些加速卡的同步操作都可以利用OpenGL扩展API

的调用实现。因此，多个渲染通道间的同步是有可靠实现方案的，如图 3.10 所示。

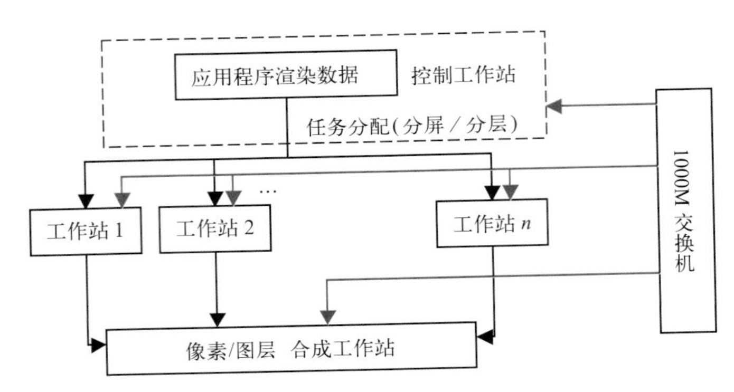

图 3.10 群集渲染过程

(3) I/O 输出

在计算机平台性能得到保障的前提下，高性能 PCI-E 图形加速卡和专用高标清图文视频硬件显得尤其重要。实际采用 Matrox MIO 视频套卡。

工作原理如图 3.11 所示。

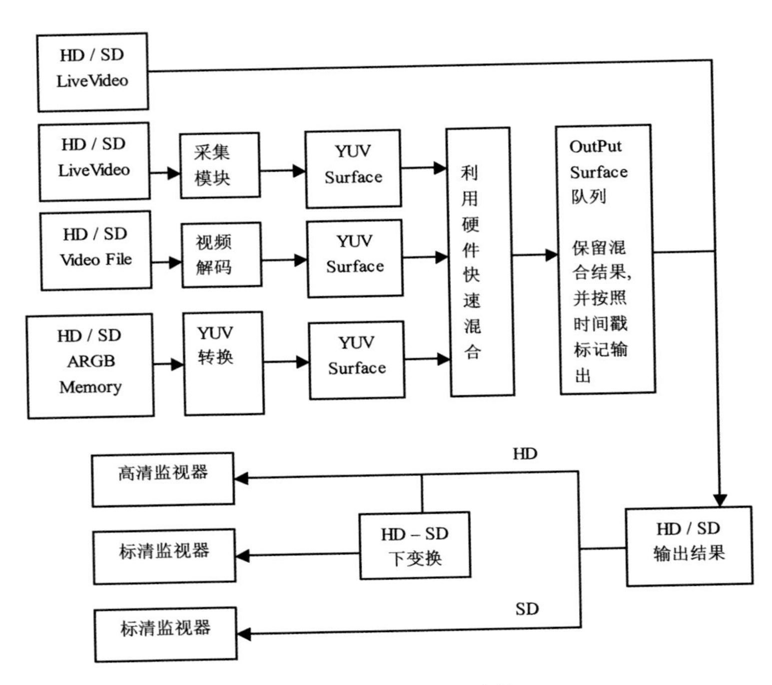

图 3.11 I/O 输出过程

(4)播出控制

根据实际节目应用，调度层会响应调度指令进行相应的播出控制。

①播出停止：可选择场景进行播出或停止，播出方式依据场景设定的模式，可采用时间线播出、分步播出、延时播出或控制点播出。

②图层控制：可选择一个或多个图层进行单独或同时渲染播出，也可针对指定图层进行单独控制渲染。

③参数控制：针对气象图层中的参数进行单独结点控制，例如：可以控制摄像机摇移。

④外部控制：提供自定义控制协议，本版本实现 PC 控制，将来可实现 iPad、手机等外部设备控制。

3.3.3 系统业务层

系统业务层流程包括气象图层管理、场景设计、UI管理、人机交互、外设控制五个部分如图3.12所示。

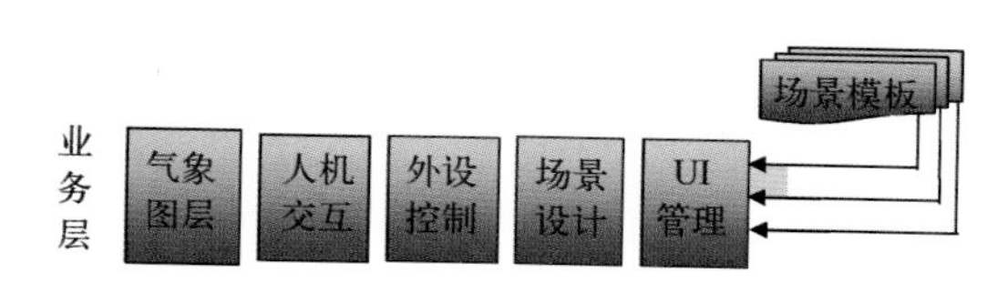

图3.12 业务层流程图

(1)气象图层管理

系统依据气象业务元素种类,分别定制不同的图层展示。如:24/48/... 小时天气趋势预报,三维动感云图,雨区、雪区、雾区,降水实况,温度实况,台风路径及形势曲线(包括冷锋、暖锋、准静止锋、锢囚锋、箭头等)。

气象图层所需要推送到"逻辑层渲染结构模块"的渲染结构点其实由业务流程插件生成,因此,"业务层气象图层模块"仅用于业务流程插件管理,不具备解析数据、生成渲染结构点的能力。

(2)场景设计

①场景元素介绍

场景由元素组成,元素内包含多个图元,各图元的三维空间坐标决定图元间的空间关系。各元素基本层次关系见表3.1。

表3.1 元素层次关系表

背景 background	图像image、动画movie、视频 video、高分辨(ZoomIn)图
地理/地图 geog/map	地球\版块\区域\地图
	地图—海岸线、国界、省界、行政区边界、长江、黄河、主要湖泊边界 shp(GIS)、经纬线
业务元素 business	气团、云图等
辅助层 assist	经纬度相关或者无关的2D—3D图元,如地球上的建筑、地图上的旗帜图标
摄像机 camera	经纬度相关/不相关
前景 foreground	Logo、clock等与摄像机无关的最上层元素
互动 telestration	交互控制启动时交互元素才受控显示
工具 tool	map tool(palm\zoom\home\box zoom\IDData\rule),区别于小手的一种交互模式

②场景动画制作

场景动画制作的功能范围包括:完成动画的编辑,关键帧的编辑和动画的驱动,制作流程如图3.13所示。

(a)首先根据场景元素判断指定属性是否能做动画;

(b)如是,给该属性添加动画,否则返回;

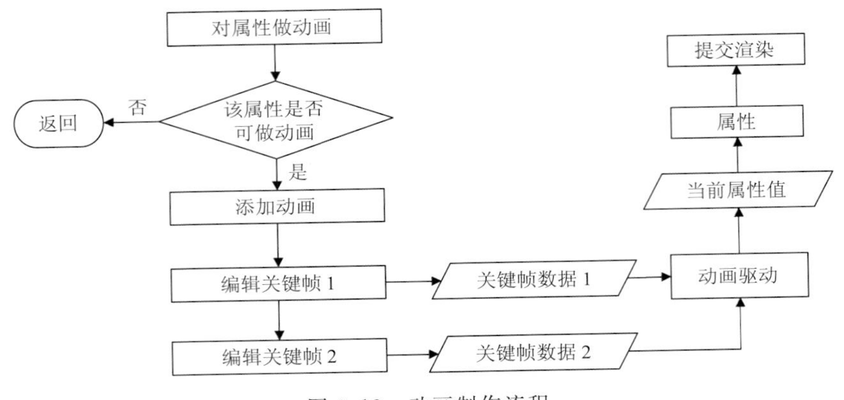

图 3.13　动画制作流程

(c)对动画添加多个关键帧，设置关键帧数据，并设定关键帧之间的插值方式；

(d)根据关键帧数据和插值方式来计算当前时间点的属性值；

(e)把计算得到的属性值赋给属性；

(f)提交调度层进行渲染。

(3)UI 管理

UI 采用统一入坞方式进行管理。

• 多个浮动窗口通过自身的 PanelDock 管理的一个或者多个工作面板 WorkPanel 构成。

• 工作面板是用户真正操作的界面；浮动窗口及其 Dock 是承载面板的载体。

• 每类浮动窗口可以承载一种或者几种同类的面板的一个到多个实例；浮动窗口中通过 Dock 提供的 Tab 切换自身承载的面板。

• 用户通过拖拽可以把一个面板从其浮动窗口中拉出，放到一个已经存在的、可以接受该面板的浮动窗口中，也可以投放到“空地”从而自动产生一个与原浮动窗口同类的浮动窗口。

场景编辑主界面：主要包括属性(Property)窗口、主视图(MainView)窗口、元素(Element)及动画窗口、命令窗口等功能窗口。场景编辑主界面如图 3.14 所示。

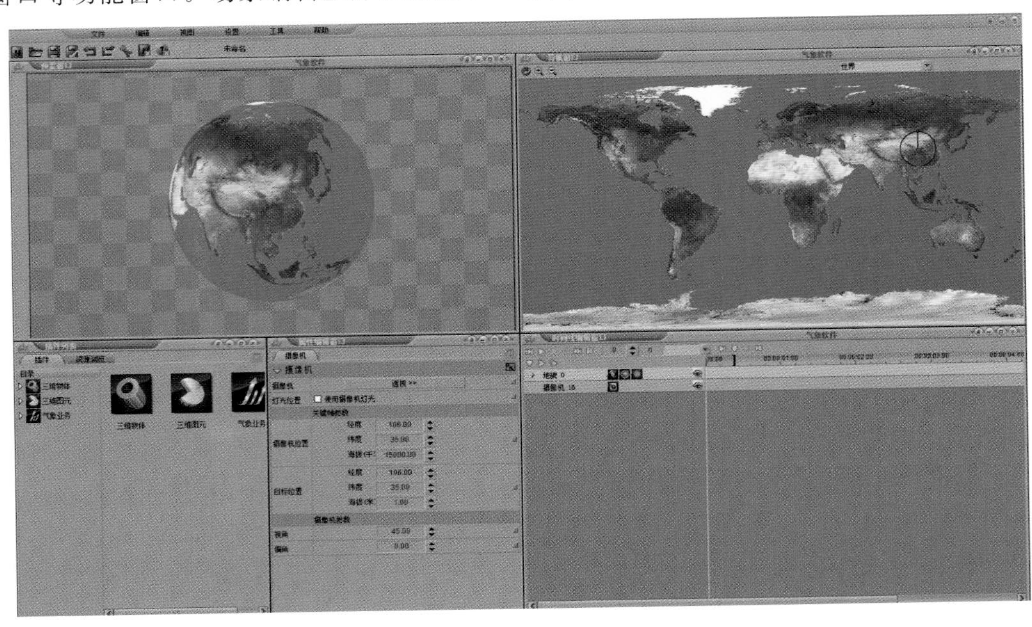

图 3.14　场景编辑主界面

播出控制主界面：分为播出列表、预监窗口、数据流替换窗口、状态监控窗口。播出控制主界面如图 3.15 所示。

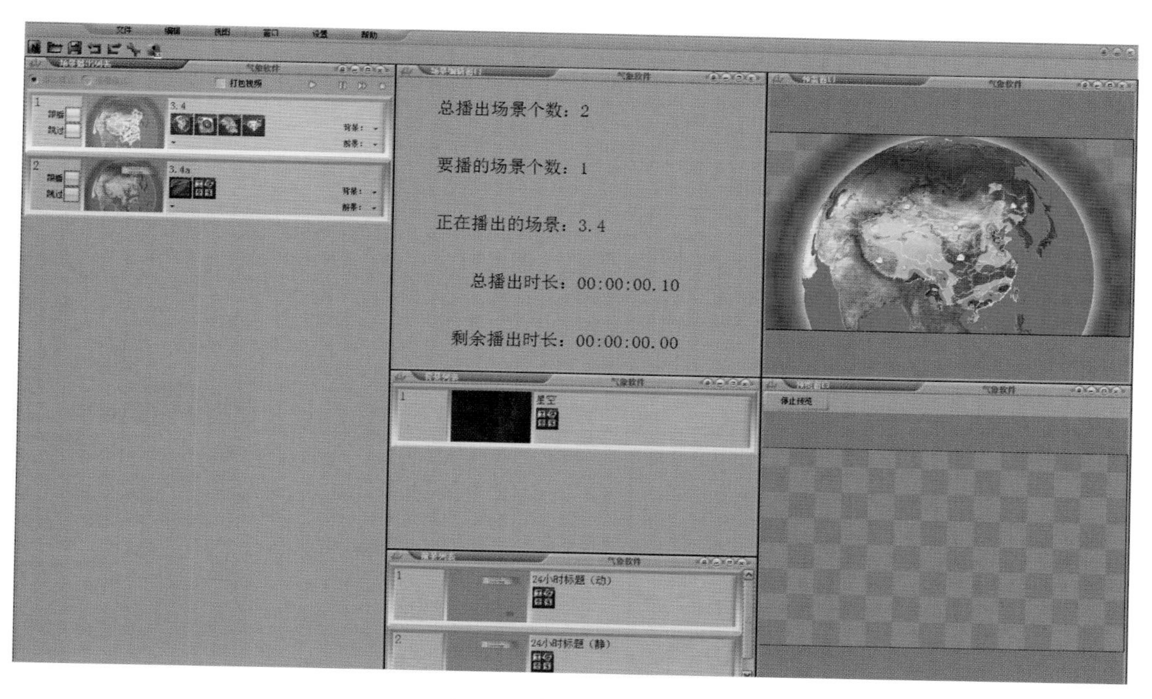

图 3.15　播出控制主界面

3.3.4　业务流程插件

（1）插件功能介绍

业务流程插件是针对不同气象业务进行的流程包装方式，是气象制播系统的核心模块。实际上，业务流程插件贯穿气象节目制播的全部过程，与数据层、业务层直接发生联系，是将专业气象数据转化为可渲染结构描述结点的必需桥梁，如图 3.16 所示。

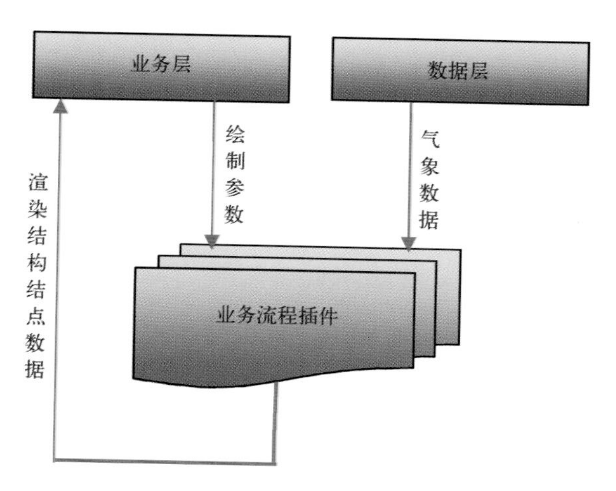

图 3.16　业务流程插件

（2）业务插件种类

业务插件的种类就是业务元素的种类，包括表 3.2 中的元素。

表 3.2　插件种类

业务元素	渲染图元	数据	示意图
气团	曲面|色、图、图序	手绘封闭曲线	
锋	带状曲面|色、图	手绘路径	
气流	带状曲面|色、图、图序	手绘路径	
点数据	文字、图标 | 图、图序	预报、实况、指数数据统一格式	
等值面	曲面、曲线	MICAPS 4	
	色、图	色表	
diamond14	曲线、曲面、文字、图标	MICAPS 14	
	色、图、图序	素材映射表	
云图、雷达图	图序	tiff	
台风	曲线、曲面、文字、图标|色、图、图序	MICAPS 7	
飓风			
风场	曲线簇	MICAPS 11	
闪电	图序	tiff	

(3)业务流程插件模块划分(以三维数字地球为例)

①数据预处理模块

数字预处理模块包含原始数据源采集、数据分析与封装两部分功能,该模块与系统数据层交互。同时,在预处理过程中,根据业务模块传递的绘制参数,可进行删除、优化等处理,以减少数据存储、传递、应用效率等负担。

各个业务流程插件需要采集的数据是不同的,因此数据预处理所涉及的技术也不同,此处以"三维数字地球"为例进行有代表性的描述。

a. 原始数据源采集

以"三维数字地球"为例,需要的原始数据包括栅格高程数据、矢量地形数据、卫星影像数据。

原始高程数据:来源于 NASA 面向公众提供的全球 3 弧秒(90 米)的 SRTM3 数据。这些数据已经经过数据校正等处理,它们以经纬度的栅格方式进行存储。

原始矢量地形数据:原始矢量地形数据中国部分主要来源于中国地质调查局对外公布的全国 1∶400 万地形数据库,它包含铁路、公路、水域、境界、居民地等信息。而全球数据仅仅包含境界等数据。

原始卫星影像数据:原始卫星影像数据主要来源于两个方面,一个是 NASA 对外公布的十二月份的全球卫星影像数据;另一个是来源于 Google 的影像数据,它分为地图、地形和卫星三种影像形式。

b. 数据分析并封装

以"三维数字地球"为例,需要进行分析并封装的数据同样包括:栅格高程数据、矢量地形数据、卫星影像数据。

高程数据处理:进行原始 SRTM 数据和高程数据结构定义的读取,将 SRTM 转换为高程数据结构。为了提高建模效率,将这部分数据预处理为金字塔模型的分层分块结构。

矢量地形数据处理:进行矢量地形数据文件的读取,构建境界结构树,进行居民地、境界的自动显示分级处理,以及铁路、公路、水域的分级等多形式处理等。

卫星影像数据处理:进行影像数据的读取,将其组织为模型需要的分层分块金字塔结构模型,进行影像数据配准、影像数据投影模式分析及转换等预处理工作。

②绘制参数预处理模块

为了提升后面的数字建模效率,业务流程插件接受业务层传来的绘制参数后,需要进行相应的准备工作。下面以"三维数字地球"为例说明。

a. 摄像机控制:更新当前投影模式参数,依据当前投影变换,把当前摄像机的位置转换为经纬度及高度。

b. 矢量数据更新:依据当前投影变换,更新矢量数据的空间位置。

c. 关联物体空间位置更新模块:预测当前屏幕的经纬度范围,找到当前屏幕经纬度范围内所有关联物体,依据当前投影变换,更新关联物体绘制参数。

③数字建模模块

数字建模就是依据预处理的气象数据和绘制参数,进行该业务元素的建模工作,最终生成符合渲染引擎的渲染结构结点数据,交付业务层统一组织渲染播出。下面以"三维数字地球"为例,说明图 3.17 中的流程。

a. 建立指定精度的三角网格;

b. 把 DEM 数据封装成 DEM 纹理;

c. 把影像数据封装成影像纹理;

d. 把 DEM 纹理、影像纹理加载到三角网格之上;

e. 根据 DEM 纹理来更新三角网格的位置;

f. 根据影像数据来确定当前点的颜色。

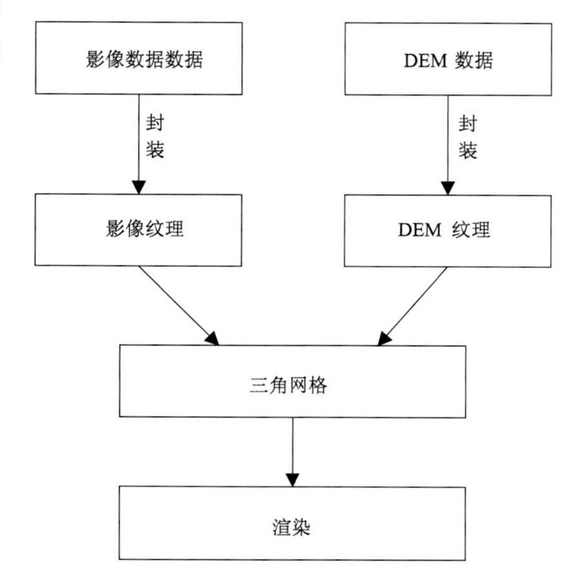

图 3.17 数字建模流程

第 4 章　关键技术及其实现

4.1　气象影视应用的气象业务数据预处理技术

气象业务数据的预处理方法是基于时间序列的气象插值算法。时间序列是一种将具有统计指标的数值按时间顺序排列形成的数列。时间序列气象插值算法就是通过编制和统计分析气象站点时间序列，根据序列反映出来的统计规律或线性趋势预测下一时刻的站点气象数值。因为在气象数据插值研究中我们不仅关心序列形态，很多与气象相关的行业更关心气象实时数据，即序列某时刻值的大小。

改进的时空插值算法研究如下：

$$X=\langle x_0,x_1,\cdots,x_i,\cdots,x_n\rangle \tag{4.1}$$

式中，x_i 表示采样时刻 i 的气象数据，x_0 至 x_n 是一个采样间隔为 $\Delta t=x_i-x_{i-1}$ 的时间序列。首先对原始序列 X 进行处理，找出区间隔离特征点，把相邻区间隔离特征点相连组成一个个子区间，然后提取出每个子区间的斜率、均值及区间长度。区间特征点有三种情况：第 1 种为时间序列的起点和终点；第 2 种为时间序列的极值点；第 3 种为某点前后线段的斜率差大于一定阈值。以下是该算法的重要点的确定方法及插值原理。

极值点的确定：对于时间序列 X，如果 X 满足条件

$$x_q\leqslant x_{q+1}\leqslant\cdots\leqslant x_i\text{，且 }x_i\geqslant x_{i+1}\geqslant\cdots\geqslant x_r(1\leqslant q\leqslant i\leqslant r\leqslant n) \tag{4.2}$$

或者满足

$$x_q\geqslant x_{q+1}\geqslant\cdots\geqslant x_i\text{，且 }x_i\leqslant x_{i+1}\leqslant\cdots\leqslant x_r(1\leqslant q\leqslant i\leqslant r\leqslant n) \tag{4.3}$$

即时间序列 X 的单调性在时刻 i 发生变化，则 x_i 就被认为是序列 X 的极值点。

斜率差 Δk 的确定：当时间序列没有明显趋势的变化时，可以用斜率差 Δk 来反映序列的转折情况。如图 4.1 所示，当两条线段相交时，Δk 越大这两条相邻线段的趋势相差越大，其中①线段表示当 $\Delta k=0$ 时，两条线段 L_1，L_2 在一条直线上；②③表明在 $\Delta k\neq 0$ 且单调性不变时线段中间有弯折。此时的拐点由斜率阈值来确定是否为区间特征点。因为是用气温进行验证，此处选取斜率阈值为 $\Delta k=0.5$。

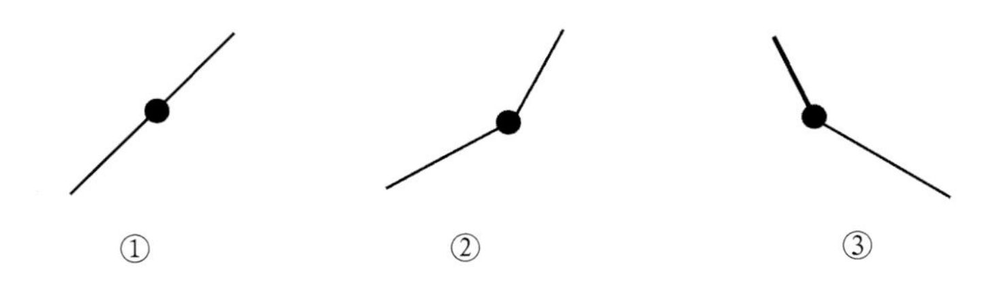

图 4.1　斜率差示意图

t 时刻缺失数据站点气象要素预测：时间序列插值法通过对序列 X 的一次顺序扫描可以求出序列特征点，然后在此基础上计算出区间中各段的斜率、区间长度、均值等特征，最后可以拟合出该线段的线性函数 $Z(t)$，则时刻 t 的气象要素值就可以通过线性函数预测出来，即为 $Z(t)$。

$$Z(t)=\begin{cases}k\underline{t}z\times\Delta x+X(t), & \Delta k>0.5\\ k(t)\times\Delta x+X(t), & \Delta k\leqslant 0.5\end{cases} \tag{4.4}$$

式中，$k(t)$为时刻 t 的斜率数列，Δk 为斜率差，$k\underline{t}z=\frac{1}{m}\sum_{i=1}^{m}k$，$m$ 为 t 时刻所在区间长度。

加入空间插值模型：单独的空间插值方法和单独的时间序列方法都没能周全地考虑气象观测值的时空特征，在修补不规则数据集和填补实时缺失数据时精确度还不够。这里将时间序列模型加入到空间插值的公式，如式(4.5)所示：

$$Z=\omega\times Z_p+(1-\omega)\times Z_t+q \tag{4.5}$$

式中，q 为常数项，ω 为空间插值估算值的系数，将空间插值估算值 Z_p 和时间插值估算值 Z_t 代入到式(4.5)，采用最小二乘法解出最优的系数 ω。

为提高插值精度，可将空间插值和时间插值结合于一体，改进后的插值算法流程如图 4.2 所示。

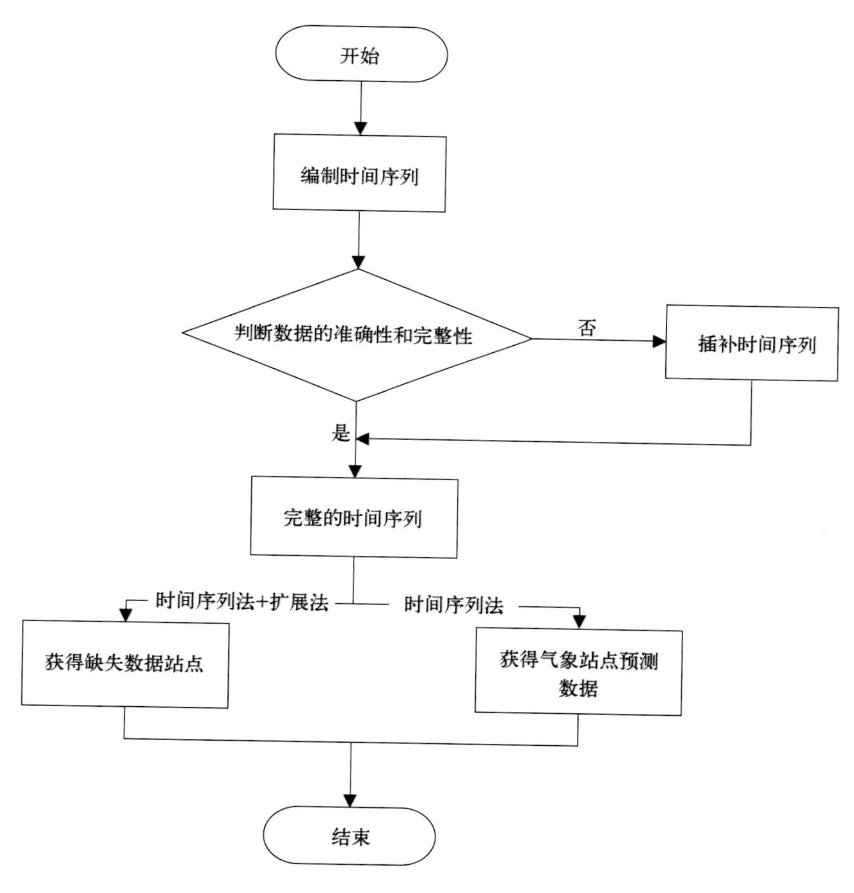

图 4.2 时空插值流程图

主要步骤介绍如下：

(1)编制时间序列

收集气象资料，为每一个气象站点编制一个时长为一年的时间序列。共计 914 个时间序列可供分析验证。

(2)插补时间序列

由于研究还处于起始阶段，会遇到原始数据缺失的问题，这里选用临近点插值的方式进行初步解决，即把空缺值或奇异值用空间插值的方式，利用临近站点的气象值进行插补，使之成为一个完整的时间序列。

(3)建立时间序列插值模型

为解决传统时空插值只能用于过去缺失数据的填补，不能针对实时数据缺失进行预测的问题，本节建立时间序列插值模型。

$$Z_p = \sum_{i=1}^{m} \frac{Z_i}{d_i^n} / \sum_{i=1}^{m} \frac{1}{d_i^n} \tag{4.6}$$

$$Z_t = Z(t) \tag{4.7}$$

$$Z = \omega \times Z_p + (1-\omega) \times Z_t + q \tag{4.8}$$

其中，Z_p 为 t 时刻空间插值结果，Z_t 为 t 时刻缺失数据站点时间序列法插值结果，Z 为 t 时刻基于时间序列的时空混合插值结果。

(4)模型预测

根据实际需求利用时间序列插值模型进行气象站点的实时数据修补或站点的气象预测，可以为许多对实时气象数据敏感的部门提供更为精确的实时插值数据；其次也为气象站点提供完备的时间序列数据，为后来的气象统计和数据建模省去了数据预处理步骤。

4.2 数字高程模型(DEM)地理信息数据三维可视化地图渲染算法

数字高程模型(DEM)是一定范围内规则格网点的平面坐标(X,Y)及其高程(Z)的数据集，主要是描述区域地貌形态的空间分布，通过等高线或相似立体模型进行数据采集(包括采样和量测)，然后进行数据内插而形成的。

DEM是对地貌形态的虚拟表示，可派生出等高线、坡度图等信息，也可与数字正射影像(Digital Orthophoto Map，简称DOM)或其他专题数据叠加，用于与地形相关的分析应用，同时还是制作DOM的基础数据。它是用一组有序数值阵列形式表示地面高程的一种实体地面模型，是数字地形模型(Digital Terrain Model，简称DTM)的一个分支。一般认为，DTM是描述包括高程在内的各种地貌因子，如坡度、坡向、坡度变化率等因子在内的线性和非线性组合的空间分布，其中DEM是零阶单纯的单项数字地貌模型，其他如坡度、坡向及坡度变化率等地貌特性可在DEM的基础上派生。DTM的另外两个分支是各种非地貌特性的以矩阵形式表示的数字模型，包括自然地理要素以及与地面有关的社会经济及人文要素，如土壤类型、土地利用类型、岩层深度、地价、商业优势区等等。实际上DTM是栅格数据模型的一种。它与图像的栅格表示形式的区别主要是：图像是用一个点代表整个像元的属性，而在DTM中，格网的点只表示点的属性，点与点之间的属性可以通过内插计算获得。

建立DEM的方法有多种。根据数据源及采集方式分为：①直接从地面测量，例如用GPS、全站仪、野外测量等；②根据航空或航天影像，通过摄影测量途径获取，如立体坐标仪观测及空三加密法、解析测图、数字摄影测量等；③从现有地形图上采集，如格网读点法、数字化仪手扶跟踪及扫描仪半自动采集，然后通过内插生成DEM等方法。DEM内插方法很多，主要有分块内插、部分内插和单点移面内插三种。目前常用的算法是通过等高线和高程点建立不规则的三角网(Triangular Irregular Network，简称TIN)。然后在TIN的基础上通过线性和双线性内插建立DEM。

系统还采用多细节层次(LOD)的四叉树结构，根据视点距离的远近进行多分辨率动态构网。自适应判断加载视野范围内或即将进入视野的地形分块，同时卸载视野范围外地块相关数据的动态构网。在渲染每一帧图像前，先通过视点的位置以及视角的参数来确定屏幕上需要显示的经纬度范围，从而确定所需要读取的数据的级别及范围。这样读数据的时候，只读取需要使用的数据，大大减少了读入的数据量。同理，在建模的时候，只建视野范围内的模型，使得不同视角下场景渲染的负担基本保持不变，从而保证了渲染的效率。

系统实现了对沙漠、高原、山脉、森林、草原、河流、湖泊、国界省界等行政区划、交通线路等地理信息的二维矢量特征投影到三维表面的覆盖算法，不同分辨率地块缝隙的缝合算法，特效处理技术等。渲染效果如图 4.3 所示。

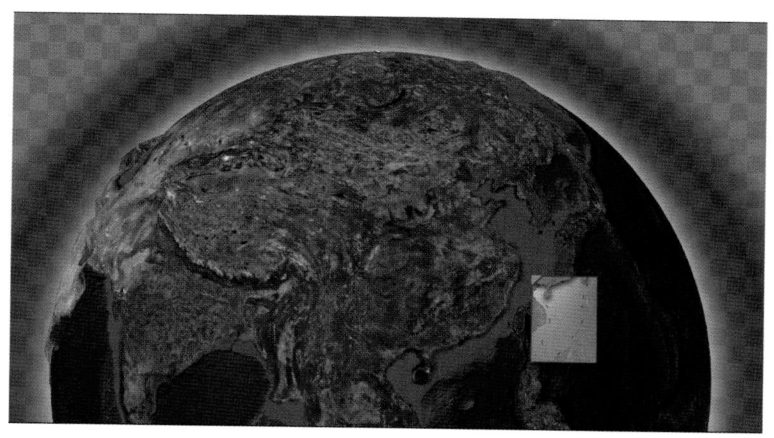

图 4.3　地图渲染图

系统采用高配置系统，实现 GPU 应用开发。分块的地形、纹理和特征数据同时被加载到 GPU 着色器，利用高级着色语言编写顶点处理程序，充分利用 GPU 的可编程特性，发挥 GPU 浮点数据处理的优势。

4.3　多分辨率图层分层分块存储、快速索引与图像数据缓存相关算法

地理信息数据精度越高数据量越大，海量数据 DEM 数据，基于 GPU 的分层分块的地形渲染算法对地形数据的组织的依赖性越强。

系统建立虚拟地球分块、分层存储标准，分块存储索引机制。即以数据块为单元对顶点数据进行连续存储。同一等级地形块的内部顶点存储在同一个连续数据单元，在数据预处理阶段确定对应的顶点索引缓存。

系统利用视棱台裁剪技术根据视点对场景进行空间分割，进行数据需求预测。基于四叉树管理纹理特征数据的层次结构，为特征数据预生成静态分块纹理的方案。采用后台线程进行数据读取等多线程处理技术。

4.3.1　多分辨率图层分层存储

分层存储管理(Hierarchical Storage Management，HSM)是一种让数据在不同存储层次间进行迁移管理的技术，形式如图 4.4 所示。分层存储管理的出现使得在提供所需性能的同时，节约更多的成本。在所有数据中，访问频率较高的数据存放于高性能的存储层，而其他大部分数据存放于性能较低但是容量大且价格低廉的存储层，用户不需要知道数据存放在哪里，系统会自动检索出数据。从存储介质的物理结构来看，分层存储管理最初主要是在硬盘和磁带之间进行数据的迁移；SATA(Serial Advanced Technology Attachment)磁盘的出现促成了典型的三层分层存储管理系统，数据从高速的光纤存储区域网迁移向便宜但是容量很大的 SATA 磁盘阵列，最后从 SATA 磁盘移向磁带；存储分层管理的最新的发展是硬盘和闪存的结合，充分利用闪存超出硬盘 30 倍的速率以及硬盘相对低廉的价格优势。

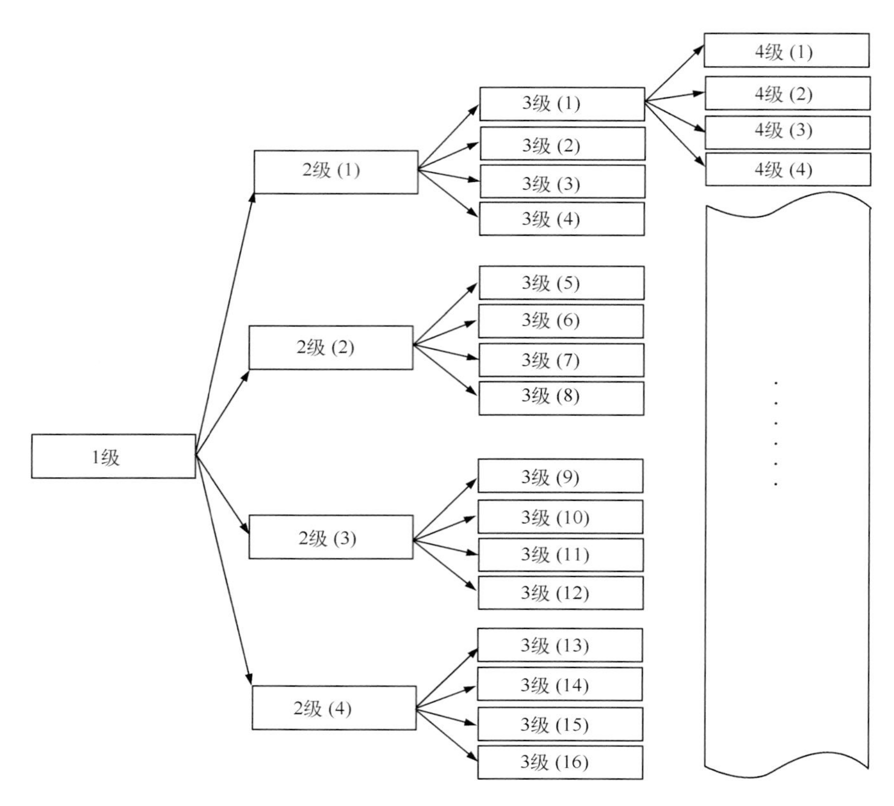

图 4.4　分层存储

在分层存储结构中，通常可以分为在线存储、近线存储和离线存储。

(1)在线存储：指存储设备和所存储的数据时刻保持“在线”状态，可供用户随意读取，满足计算平台对数据访问的速度要求，就像 PC 机中常用的磁盘存储模式一样。一般在线存储设备为固态硬盘、磁盘和磁盘阵列等存储设备，价格相对昂贵，但性能较好。

(2)近线存储：是随着客户存储环境的细化所提出的一个概念，所谓的近线存储，外延相对较广泛，主要定位于客户在线存储和离线存储之间的应用。就是指将那些并不是经常用到，或者说数据的访问量并不大的数据存放在性能较低的存储设备上。但同时对这些设备的要求是寻址迅速、传输率高。因此，近线存储对性能要求相对来说并不高，但又要求相对较好的访问性能。同时多数情况下由于不常用的数据要占总数据量的比较大的比重，这就要求近线存储设备需要容量相对较大。

(3)离线存储：是对在线存储数据的备份，以防范可能发生的数据灾难。离线存储介质上的数据在读写时是顺序进行的。当需要读取数据时，需要把磁带卷到头，再进行定位。当需要对已写入的数据进行修改时，所有的数据都需要全部进行改写。因此，离线存储的访问速度慢、效率低。离线存储的典型产品是磁带库，价格相对低廉。

分级存储的最终目标是将性能最优但是价格昂贵的设备提供给最重要、最紧急的请求，而将不常访问的文件放在容量较大但是速度较慢的设备上，从而用较低的系统代价获得所需的外部性能。自动分层存储技术是在分层存储技术的思想上，加强了存储系统的透明化，减少人为干涉，实现数据自动迁移、获取的技术。

4.3.2　多分辨率图层分块存储

根据滑动窗口数据硬件电路特点，本节提出了一种基于分块的分层存储结构，将存储器访问与计算过程分离，以实现存储器访问与计算执行并行操作，隐藏存储延迟；同时，基于分层存储结构提出了一种数组在片内 RAM 中分块存储的方法，有效实现滑动窗口中数据重用，减少存储器访问次数，提高硬件电路的执行性能。

滑动窗口是基于数组的一类循环操作，窗口在循环迭代过程中按一定的步长和顺序在数组上移动，其窗口大小固定且包含一次循环迭代中所需数组元素的数据集。对于绝大多数滑动窗口操作，其输入数组与输出数组相互独立，迭代过程中没有循环依赖关系。

针对窗口操作的特点，硬件语言自动转换过程中编译器对循环进行一些限制，需要满足以下几个条件：

(1)条件 1，循环计数器只能在循环执行过程中改变；

(2)条件 2，循环增量和循环边界值在循环执行过程中固定；

(3)条件 3，窗口大小固定，并与窗口位置和迭代次数无关。

对于给定的窗口应用程序，滑动窗口模型包括以下三个要素。

窗口大小：W_sl 为窗口长度，表示每次循环迭代操作中数组列数；W_sw 为窗口宽度，表示窗口操作中数组行数。

窗口位置：采用窗口最右上角元素在数组中的位置表示，窗口其他元素位置可以通过窗口位置计算得到。W_px 为窗口在数组中所处行号；W_py 为窗口在数组中所处列号。

移动步长：每次循环迭代窗口滑动的长度。W_tr 为水平滑动步长，表示窗口在内层循环中每次迭代移动列数；W_tl 为垂直滑动步长，表示窗口在外层循环中每次迭代移动行数。

本节主要针对二维数组的滑动窗口操作(一维数组可以看成行数为 1 的特殊二维数组，多维数组可以当成多个二维数组处理)。图 4.5 为 3×3 滑动窗口模型示例。其中，水平滑动步长与垂直滑动步长都为 1。可以看到窗口滑动过程中，数组中有大量数据会被重复使用，图中灰色区域为窗口 2 重用窗口 1 的数据。为了有效重用这些数据，本节提出了一种分层硬件存储结构，以减少存储器访问，加快窗口滑动。

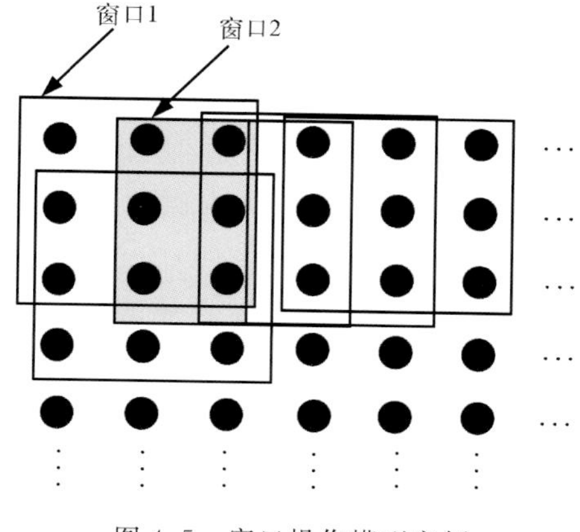

图 4.5 窗口操作模型实例

针对滑动窗口操作的特点，结合可重构计算的硬件结构，将滑动窗口电路的硬件存储结构划分为三个存储层次，如图 4.6 所示。

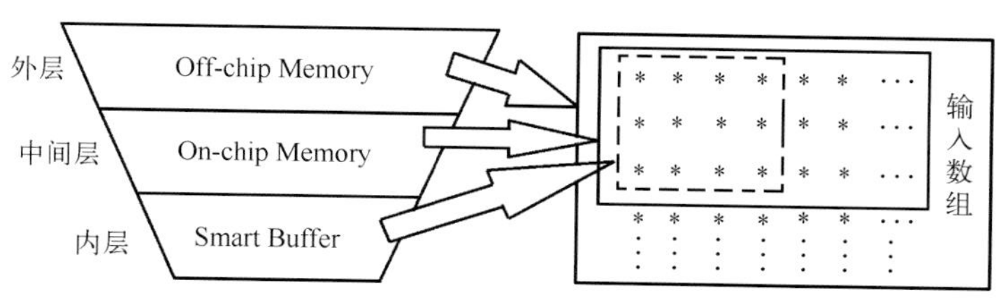

图 4.6 分层存储结构模型图

其中，最外层为片外存储器（Off－chip Memory），存储滑动窗口应用处理的所有输入数据和输出结果。中间层为片内存储器（On－chip Memory），由多块片内 RAM 暂存器（RAM Block）组成，采用双端口 RAM 并行数据读写，其中一个端口用于从片外存储器中读入数据，另一个端口用于向寄存器写入数据。RAM 暂存器数据位宽为数组元素位数，大小为数组列宽的整数倍。内层为灵活缓冲器（Smart Buffer），由多个寄存器组成，存储当前窗口处理数据，主要完成下列任务：

（1）缓存 RAM 存储器的输入数据流；

（2）当窗口数据有效时，向数据路径中输入有效窗口；

（3）利用缓存器清除无效数据。

Smart Buffer 与滑动窗口的行数相同，其列数必须满足以下两个条件：

$$SM\_col\_num \quad mod \quad MEM\_wordlength = 0 \tag{4.9}$$

$$SM\_col\_num > SM\_col\_num + W\_sl \tag{4.10}$$

式中，SM_col_num 为 Smart Buffer 的列数；$MEM\_wordlength$ 为存储器中存储单元存储数据个数。式（4.9）保证了输入数据直接存储到 Smart Buffer 中的捆绑寄存器，主要是针对存储带宽大于数据位宽的情况；式（4.10）保证新的输入数据不会覆盖 Buffer 中的有效数据。

三层硬件存储结构使得滑动窗口操作过程中存储模块与计算模块分离，不仅简化了生成的硬件电路复杂度，而且通过计算和存储并行执行，缩短了程序运行时间。同时，通过设置 Smart Buffer，使数据重用成为可能。

数据路径（DataPath）是高级语言向硬件语言自动转换中生成的计算执行部分，在编译过程中通过循环展开、指令并行、数据流水等优化技术来加速数据路径的执行。当前，数据路径的吞吐量已经成为限制数据路径性能提升的关键因素。

滑动窗口应用中的数组元素都是按线性方式存储在 RAM 存储器中，因此，在窗口滑动过程中，数组元素都以一定顺序读取并且输出给数据路径。围绕提高数据路径吞吐量，本节提出将多个数据封装成单个数据包来增加数据路径的吞吐率的方法，但是该方法受存储带宽和窗口数据位宽的限制，性能提升有限。又提出的普通数据重用方法，控制简单，但是不能处理层外数据重用。针对以上方法的不足，本节提出了数组分块存储的数据重用方法。该方法的基本思想是：将滑动窗口中循环外层迭代处理数组的相关行（列）交叉存储在多个 RAM 存储器中，使得各个 RAM 存储的读写都相对独立，这样就可以在同一时间内读取数组中多行（列）数据，加速数据路径流水。图 4.7(a) 为普通数据重用方式，将滑动窗口操作的数组数据都存储在同一 RAM 暂存器中，通过 Smart Buffer 存储数据的局部性来重用数据。其中窗口 1 为外层循环迭代中第一个滑动窗口，由于某一时刻只能从一个存储器读取一个数据，窗口 1 从开始读取数据直到窗口有效至少需要经过 9 个 RAM 读写时钟周期，两次窗口有效间隔至少需要 3 个 RAM 读写时钟周期。这样如果数据路径每个时钟周期接收一个有效的数据窗口，则 RAM 数据读出过程将会导致数据路径执行过程中出现大量的空闲等待周期。

对于图 4.7(a) 中的 3 ×3 滑动窗口采用数组分块存储后如图 4.7(b) 所示。数组中相邻 3 行的元素分别存储在 3 个 RAM 存储器中，这样外层循环每次迭代中的第 1 个滑动窗口，从开始读入数据到窗口有效只需要 3 个 RAM 读写时钟周期，相邻两次窗口有效的时间为 1 个 RAM 读取时钟周期，这样数据路径就可以全流水执行。数组分块存储能够并行多块 RAM 存储器访问，加快窗口滑动，减少数据路径空闲时钟周期。同时，数组分块存储还能重用外层循环的数据，提高数据重用率，减少存储器访问次数。

分块存储数据重用方法硬件执行过程如图 4.8 所示，首先在地址生成器的控制下，将片外存储器取出的数据存储到 RAM 块中，同时从 RAM 正确地址将数据读入 Smart Buffer 中；然后在 Smart Buffer 控制器有效控制下将 Smart Buffer 中窗口数据输出到数据路径中；最后，当数据路径执行完毕，将数据结果传回片外存储器中。分块存储方法在实现中包括两个主要模块：地址生成器模块（Address Generator）和

Smart Buffer 控制模块(Smart Buffer Controller)。

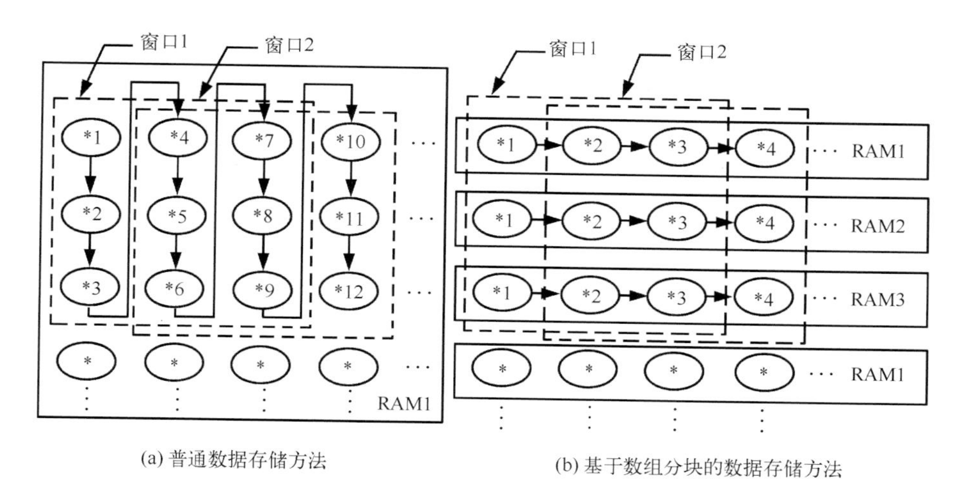

图 4.7 两种数据重用方法示意图

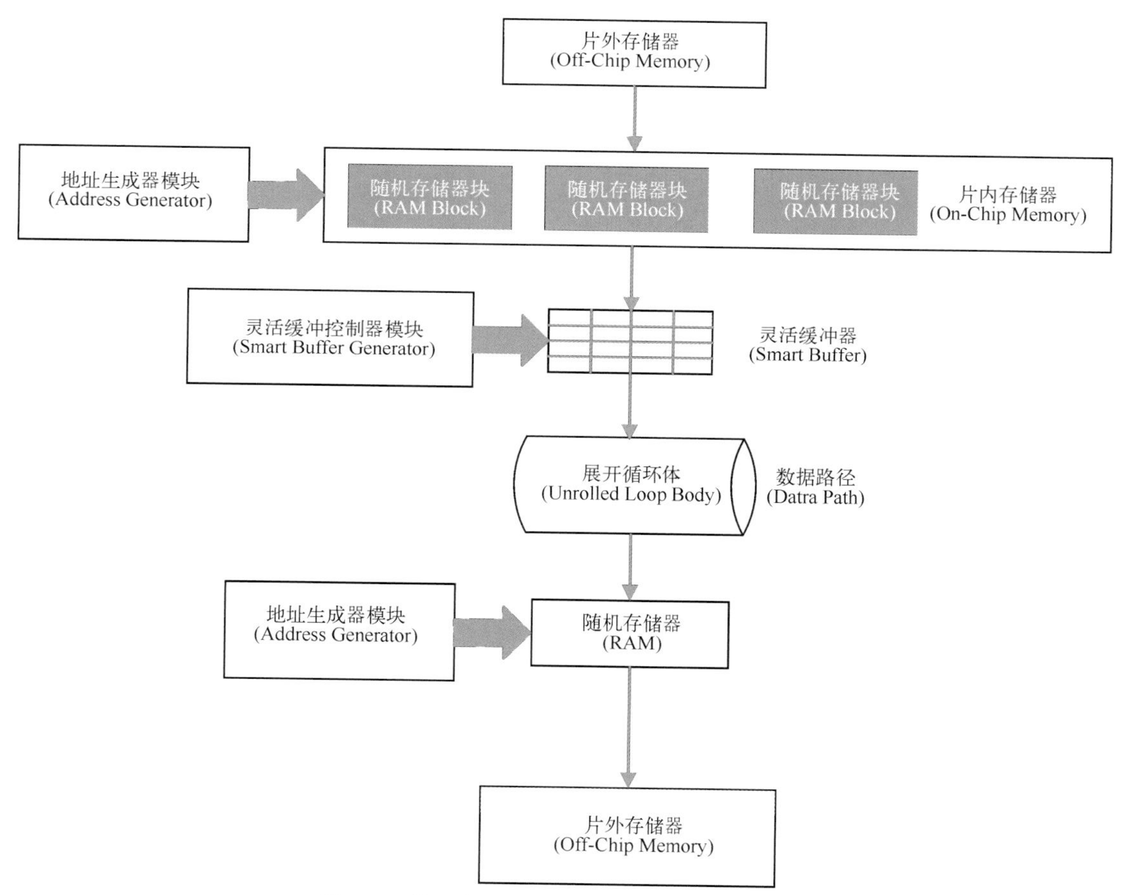

图 4.8 分块存储数据重用方法硬件执行过程

(1)地址生成器模块

将片上 RAM 存储块与片外存储器和 Smart Buffer 有机联系起来,控制片外存储系统中数据按次序轮流写入不同的 RAM 中,并从正确的地址中向 Smart Buffer 读出有效数据。地址生成器采用参数化的 VHDL 有限状态机表示,它包括写入地址生成模块和读出地址生成模块。

①写入地址生成模块

写入地址生成模块主要完成两个工作：一是选择输入数据所写入的 RAM 存储块号。地址生成器通过存储块选择器(Mw_sel)来确定当前数组行写入的 RAM 块号。Mw_sel 是一个循环移位寄存器，位宽为自动生成 RAM 的块数，每位对应一个 RAM 块。在传输过程中，控制数组行传输到有效的 RAM 块中，每次数据传输只有一个 RAM 块有效。某行写入完毕后，Mw_sel 移位寄存器左移，开始下一个 RAM 块数据写入。当最后一个 RAM 块写入完毕，重新写入块号为 1 的 RAM 中。二是产生存储器块的写入地址。加载地址由两个计数器构成，行号计数器(Mw_rcnt)记录 RAM 块中存储数据所在数组行号；列号计数器(Mw_rcnt)记录当前行已经传输数组元素个数。每传输一个数据列号计数器加 1，当列号数器等于数组的列宽，则行号计数器加 1。

写入地址生成模块包括以下三个状态。

(a)空闲状态(Mw_Idle)：可重构部件初始化时默认在该状态，当片外存储器存储数组数据全部传输完毕也进入该状态。在该状态下初始化各寄存器，并等待片外存储器启动数据传输。

(b)准备状态(Mw_Ready)：选择正确的写入 RAM 块，并做好传输前的相关准备工作。

(c)写入状态(Mw_Wrin)：生成 RAM 存储块写入地址，将数据写入到 RAM 块中。

②读出地址生成模块

Smart Buffer 中寄存器按存储数据所在行不同可以划分为若干寄存器组，这些寄存器组在一次外层循环迭代过程中读入数据所在的 RAM 块都是固定的，在外层循环迭代过程中根据窗口步长轮流从不同的 RAM 块中读入数据。读出地址生成模块中，每个 RAM 存储块也采用计数器来记录读入数据在 RAM 块中的位置。列计数器 Mr_lcnt 记录 RAM 块读出数据在某行中的位置；行基地址 Mr_baseaddr 记录 RAM 块中读取数据所在的行地址，也是外层循环迭代每次在 RAM 中读取数据的起始地址。当读到 RAM 中最后一个地址时，列基地址从 0 重新开始。在生成的模块中，设置行重传状态寄存器 Retr_reg 来记录 RAM 中无效数组行号，当无效的数组行数达到规定的行数时，将 ram_wr_avial(标记 RAM 存储块有空闲空间可以写入)设置为有效，启动 RAM 数据加载过程。根据 RAM 存储块的控制操作，RAM 数据读出过程包含三个状态。

(a)空闲状态(Mw_Idle)：默认处于此状态，在此状态下，将各种状态寄存器值设为初始值。

(b)准备状态(Mw_Ready)：将 RAM 存储器块与 Smart Buffer 中行寄存器组对应，并计算各 RAM 存储块中读取数据的起始地址。

(c)传输状态(Mw_Wrin)：生成 RAM 存储块读出地址，控制 RAM 块中数据读取。

(2)Smart Buffer 控制模块

Smart Buffer 控制模块也是一个有限状态机，包括三个功能：一是将 RAM 中数据按顺序写入空闲寄存器中；二是当滑动窗口有效时，向数据路径输入处理数据；三是有效管理 Smart Buffer 中数据窗口滑动。生成的状态机包括四个状态。

(a)空闲状态(Mw_Idle)：将 Smart Buffer 控制寄存器和状态寄存器设置为默认值。

(b)准备状态(Mw_Ready)：在外层循环迭代中重新设置滑动窗口的窗口集合和空闲集合。

(c)初始状态(Sb_Init)：接收每次外层循环迭代的第一个窗口数据。

(d)输出状态(Sb_Output)：接收 RAM 传输数据，并在滑动窗口有效后，将 Smart Buffer 准备好的窗口数据输出到数据路径。

Smart Buffer 采用窗口集合(wind_set)和空闲集合(free_set)来管理数据存取。初始时空闲集合包括 Smart Buffer 全部寄存器；当某寄存器写入数据后，将该寄存器从空闲集合中取出，不再接收 RAM 中数据；当寄存器中数据无效时，再次将该寄存器加入到空闲集合。窗口集合包括数据路径接收数据所在的寄存器，当窗口集合中所有寄存器数据都有效时，则向数据路径输出窗口数据。每次成功输出窗口数据后，按顺序重新设置窗口集合。

4.3.3　快速索引

对于图像的像素值修改等操作处理来说，关键在于获取指定区域中的金字塔最底层的数据。而对于图像的显示来说，关键在于快速获取指定区域中的指定金字塔层中的图像数据。由此可见，建立图像数据块的快速索引机制是非常重要的。而其关键是快速确定给定的区域所包含的图像数据块和根据缩放比例快速确定所需的数据在哪个图像金字塔层中。

若分层数据以2倍率抽取，则采用四叉树的结构建立索引是一种合理的方案。四叉树结构被广泛用于图像处理、图像压缩、图像检索、空间索引、图形处理等应用领域。虽然四叉树的结构简单，访问速度也快，但是在四叉树结构中由于每个节点都要存储四个子节点的指针，因此对存储空间的需求也会随着节点数的增加而迅速增加。为了节省存储空间，同时也为了能够更快和更简单地访问数据块，这里采用数组来模拟四叉树结构。

数组是一种最简单的数据结构，其访问速度也是最快的。由于不同的图像的大小可能是不同的，因此无法用定长数组来处理，只能用变长数组来处理。虽然标准C不支持变长数组，但是，C++的标准模板库(STL)提供了用于变长数组的vector类，MFC也提供了类似的CArray类。为了建立索引，需要建立一个存储数据块在文件中的位置偏移量的一维数组，数组的序号就是图像数据块的索引号。图像数据块矩阵的编排方式与图像矩阵的编排方式相同，都采用从左到右，从上到下的方式编排。数组中先存储最底层的图像数据块，然后再存储上一层的图像数据块，直到将所有金字塔层的图像数据块都存储完为止，如图4.9所示。

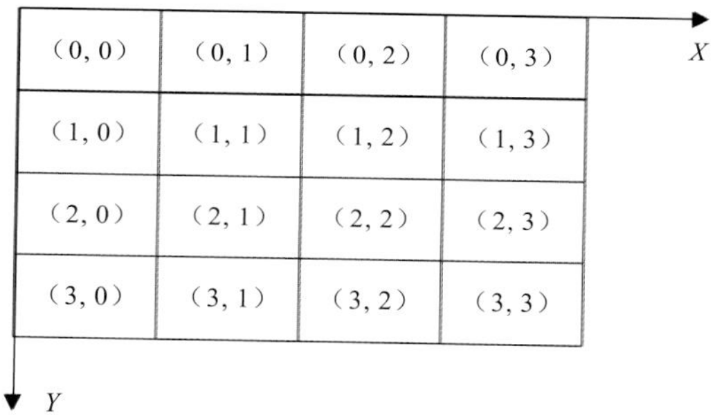

(0,0)	(0,1)	(0,2)	(0,3)
(1,0)	(1,1)	(1,2)	(1,3)
(2,0)	(2,1)	(2,2)	(2,3)
(3,0)	(3,1)	(3,2)	(3,3)

X

Y

图4.9　图像数据块与图像矩阵的编排方式

假设图像的宽高分别为 $nWidth$ 和 $nHeight$，图像数据分块的大小为 $nTileSize * nTileSize$，对于某一指定的像素点(x,y)，假设像素点坐标都是从0开始的，水平方向与垂直方向的数据块的块号也都从0开始。则可导出以下公式。

水平方向块号：$nTx=\lfloor x/nTileSize \rfloor$ (4.11)

垂直方向块号：$nTy=\lfloor y/nTileSize \rfloor$ (4.12)

水平方向的总块数为：$nH=\left\lfloor \frac{(nWidth+nTileSize-1)}{nTileSize} \right\rfloor$ (4.13)

垂直方向的总块数为：$nV=\left\lfloor \frac{(nWidth+nTileSize-1)}{nTileSize} \right\rfloor$ (4.14)

上式中的$\lfloor \cdot \rfloor$含义为向下取整数。

每一层图像数据的总分块数为：$nTn=nH \times nV$ (4.15)

只要知道最底层图像数据的宽度和高度，就可以算出各个图像层数据块的水平分块数和垂直分块数，进而得到各个图像层数据块的总数。为方便使用这些数据，再建立一个数组存储各图像层中的图像数据的水平和垂直分块数。此数组从 0 开始存储从最底层开始的图像层数据的分块数。假设第 l 层图像的水平与垂直分块数为 nH_l 和 nV_l，则第 l 层的像素点(x,y)的索引号为：

$$nIdx = nTy \times nH_l + nTx + \sum_{i=1}^{l}(nH_{(i-1)} \times nV_{(i-1)}) \tag{4.16}$$

对于最底层的图像层数据，也就是第 0 层，上式中的最后一项将不参与运算，最后一项将只从第一层开始参加运算。

假定知道了第 l 层的某一个图像块(nTx,nTy)，则其在上一层$(l+1)$中的父图像块为$(nTx/2,nTy/2)$，在下一层$(l-1)$中的四个子图像数据块分别为$(2nTx,2nTy)$、$(2nTx+1,2nTy)$、$(2nTx,2nTy+1)$和$(2nTx+1,2nTy+1)$。由于图像数据块是以矩阵方式排列，因此，图像数据块间的拓扑关系也很容易确定。与此图像数据块邻接的同一层中的图像块为$(nTx-1,nTy)$、$(nTx+1,nTy)$、$(nTx,nTy+1)$、$(nTx,nTy-1)$、$(nTx+1,nTy+1)$、$(nTx+1,nTy-1)$、$(nTx-1,nTy+1)$和$(nTx-1,nTy-1)$。

4.3.4 图像数据缓存算法

在客户端内存和显存中分别设置数据缓存区，利用显存中的数据完成地块的初始化绘制，并支撑客户在一定范围内的漫游活动。在客户漫游过程中，根据数据预取策略，向服务端请求新的地形数据并存储在客户端内存中，当漫游超出规定范围需要更新显存数据时，将相应内存中数据传到显存，完成地形绘制。这样就降低了绘制对网络的依赖，提高了绘制的实时性。实现过程中首先将地形数据进行分块，并规定视野范围小于一个地块。这样，数据在显卡中的存储与更新的具体过程为：视野最多与四个地块相交，在显卡存储区设置四个地块大小的缓存区，然后在这个缓冲区的中心构造多分辨率地形嵌套模型，如图 4.10 所示，四块数据为显卡内部缓存，中心灰度部分为构造的多分辨率地形嵌套模型的大小，视点的中心为显卡缓存的中心，多分辨率地形采用坐标索引的形式定位到地形的高程值，通过纹理采样的方法获取每一个像素点的高程值，构造三维地形。由于视野范围内的多分辨率地形比缓存数据小很多，所以，当视点移动时，并不需要更新显卡缓存的数据，而是在缓存中移动顶点索引，修改获取地形高程值的采样坐标即可。

缓存内的数据可以保证视点在一定范围内移动，当视点将要移出缓存数据时，此处采用移除部分无效数据，将视点后移，有效数据后移，然后更新部分新数据的局部更新策略，这样可以保证一次更新缓存的一部分数据，保证视点在一定时间内移动不需要更新数据，可以自由漫游。而数据更新可以采取一定的预取策略，保证在需要更新时，数据已经传输到本地内存。这样，整个漫游系统将不再受制于地形规模的增加，这是一种与地形规模无关的大规模地形实时绘制模型。

具体更新过程如下：显存中四个地块分别为 ABCD，如图 4.11 所示，当视点向右移动时，根据数据的传输策略，从服务器端传输数据块 D 和数据块 B 坐标向右的两块地形，并存储在本地内存，更新时把内存数据调入显卡缓存，然后把视点向漫游的反方向移动半个缓存区大小的距离，把视点所在的地块向相反的方向移动。如图 4.12 所示，把 BD 数据块的数据移动到 AC 的位置，把视点也移动到 AC 区域块内，这样保证漫游者看到的地形没有变化；然后把要更新的地形数据填充到 BD 的缓存位置，视点就可以继续向前漫游了。由于在更新前数据已经传输到本地内存，所以可以进行实时绘制。为保证更新地块时相应地块的数据已经存储在本地内存，在服务器端首先将地形数据分块。为节省存储空间同时减少网络传输需要的时间，将分块后的数据进行小波变换，然后用 SPIHT 算法对小波系数进行压缩，生成渐进码流存储在后台数据库。SPIHT 不仅将地形压缩成低码率的数据，而且由于生成的码流可以在任意位置截断，所以适用于数据的流式传输。在实现的过程中，为了方便对地形数据的精度进行控制，我们将各地块的码流数据分为 N 层，第 1 层为概貌数据，第 N 层为最精细的数据。在地形漫游过程中，根据视点的高度和移动的方向、速度等因素，将相应地块的相应细节层次的码流数据以一定的传输策略逐步传输到客户端。当地块更新时，所需地块数据已经存储在本地内存中，先对地形数据进行 SPIHT 解码，将解码后数据以二维纹理的形式传入显卡缓存区，最后在 GPU 中对数据进行小波逆变换，并构造多分辨率地形完成地形绘制。这样的数据组织方式和绘制方法不受地形规模的约束，同时能保证绘制的实时性。

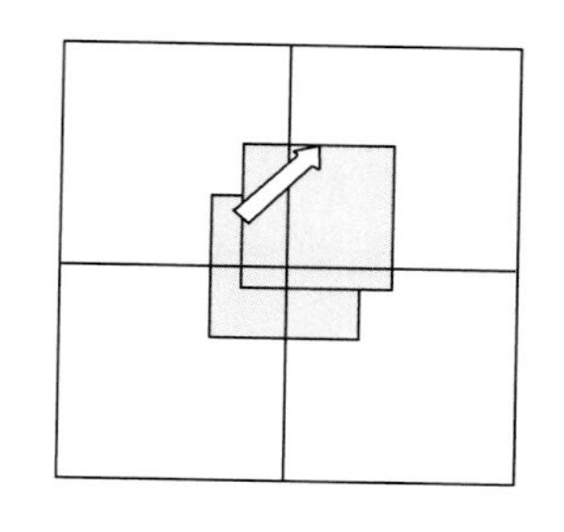

图 4.10　分块缓存嵌套模型

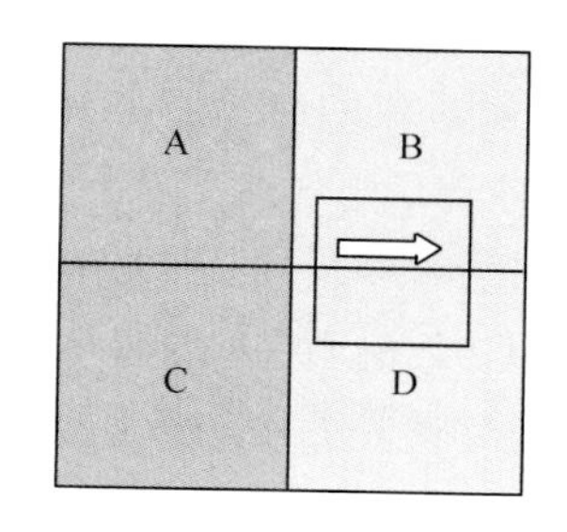

图 4.11　数据更新前缓存模型

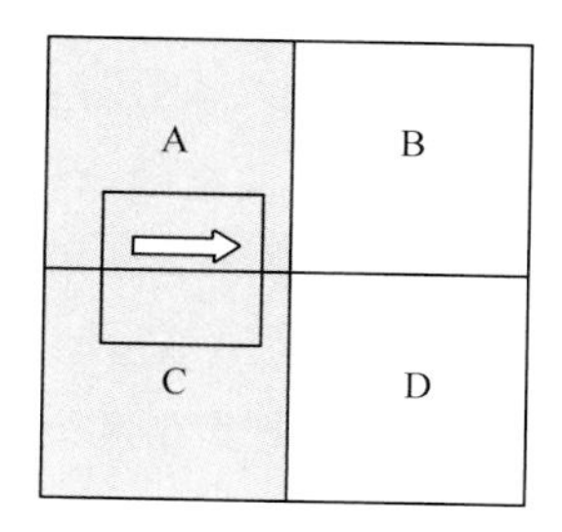

图 4.12　数据更新后缓存地形

4.4　三维地形地貌仿真渲染技术

地图渲染的目标是一块地址连续的内存块，我们称之为渲染缓存。该内存块可以是用户申请，也可以通过图形设备接口 GDI＋的 Image 或 Bitmap 对象申请，然后将该内存块以引用方式附加给渲染器。地图的渲染流程就是通过投影变换和坐标转换将地图数据的地理坐标从地图坐标系转换到设备坐标系后绘制到渲染缓存的过程，在进行图形绘制时，根据控制参数选择相应的图形库绘制图形要素，最后将渲染缓存输出为图片文件或者直接粘贴显示到屏幕，其具体流程如图 4.13 所示。

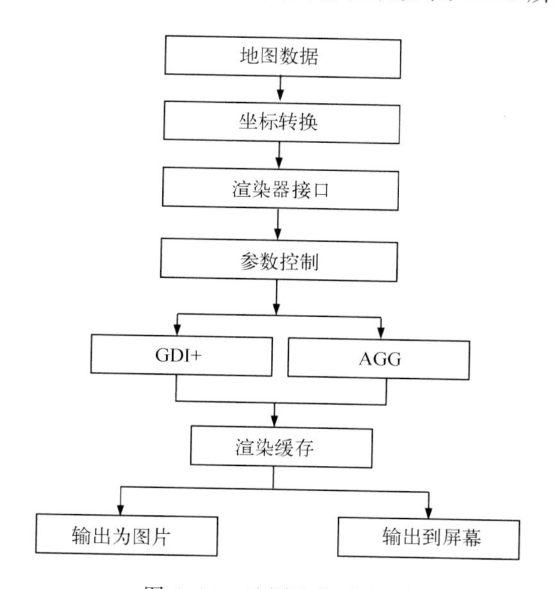

图 4.13　地图渲染流程图

地图数据分矢量和栅格两种，矢量数据分为点、线、面和注记要素集，栅格数据主要是遥感影像数据，它们均带有渲染样式。渲染样式决定着该要素集的渲染效果，通过设置渲染样式的参数，渲染引擎选择相应的图形库进行图形绘制。一幅地图是由多个图层（带有样式的要素集）垂直叠加而成，因此针对不同的要素集或者专题地图，每一类要素集均有其特有的渲染样式。如绘制文字（注记要素集），如果选择高质量反锯齿效果，则渲染引擎选择 AGG 图形库进行绘制；相反，如果想快速清晰（不反锯齿）绘制文字，渲染引擎将选择 GDI＋图形库进行绘制。另外，在地图绘制过程中，首先通过空间过滤器选择与视野范围相交的要素，然后再绘制单个图形。如在视野范围内则直接绘制；如与视野范围相交，则先对其进行裁剪再进行绘制，这样几乎就不需要调用图形库 API 裁剪功能，而且在减少传输数据数量的同时也减少了最终光栅化的顶点数量，从而提高了渲染效率。

地图的绘制要素主要包括矢量图形、图像和文字三类对象，它们分别由图形库中不同的组件完成绘制。一个完整的图形库一般均提供以上三类对象的绘制服务，但是不同图形库对以上三类对象的绘制质量和效率各有优劣，即一个图形库很难同时满足电子地图的高质量和实时渲染的要求。另外，不同用途的地图对以上三类要素的渲染质量和样式也不尽相同，如文字的绘制可能要求不反走样，而基础图形则要求反走样等。本系统综合二维图形库 GDI＋和 AGG 的诸多特点以及网络地图应用本身的绘制要求，力求设计的渲染引擎能够在渲染效率和渲染质量上做到最优化配置，并针对不同的要素自动选择不同的图形库进行渲染，同时也允许加入条件参数对要素的渲染过程进行控制。基于以上对地图渲染引擎的要求，地图渲染引擎设计目标设定为：①二维矢量图形渲染要求高质量、高效率；②图像渲染要求在不对图像做特殊操作的情况下高效率；③文字渲染要求可以根据参数设置渲染引擎自动选择图形库渲染文字，以满足不同的文字渲染效果需求。

为了满足提出的设计目标，系统设计出分层体系的地图渲染引擎，体系结构包括渲染要素、坐标转换器、地图渲染引擎接口、基础图形库接口和基于各图形库实现基础图形库接口的驱动等五层，见图 4.14。

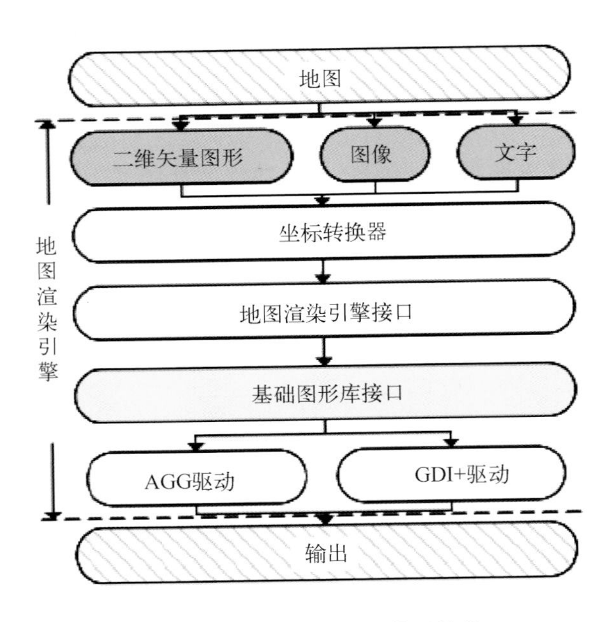

图 4.14　地图渲染引擎体系结构

渲染要素层包括二维矢量图形、图像和文字三部分，其中二维矢量图形包括直线、折线、矩形、椭圆、圆弧、扇形、贝塞尔曲线和多边形等；图像提供对多种格式，如 BMP、JPG、PNG 等图像文件的读取、显示、操作和保存等功能；文字主要关注对文本的字体、大小、样式、反锯齿以及放射变换等渲染效果的控制和操作。坐标转换器层主要包括投影变换器、坐标仿射转换器、轮廓生成器、特殊标记（如箭头、箭尾）生成器和虚线生成器等。地图渲染引擎接口层为地图渲染主对象，它负责地图渲染流程以及参数控制。基础图形库接口层主要提供地理对象 IGeometry 和显示符号 ISymbol 的绘制接口以及绘制参数控制，内部并不实现具体的绘制。图形库驱动层实现基础图形库的所有接口，基于相应的图形库实现要素的绘制，包含 AGG 驱动和 GDI＋驱动两个子对象。

地图渲染引擎的关键对象结构设计如图 4.15 所示，在此没有列出与主要对象相关的 IMap、ISymbol、IGeometry 等对象，下面介绍各对象的主要作用及其相互关系。

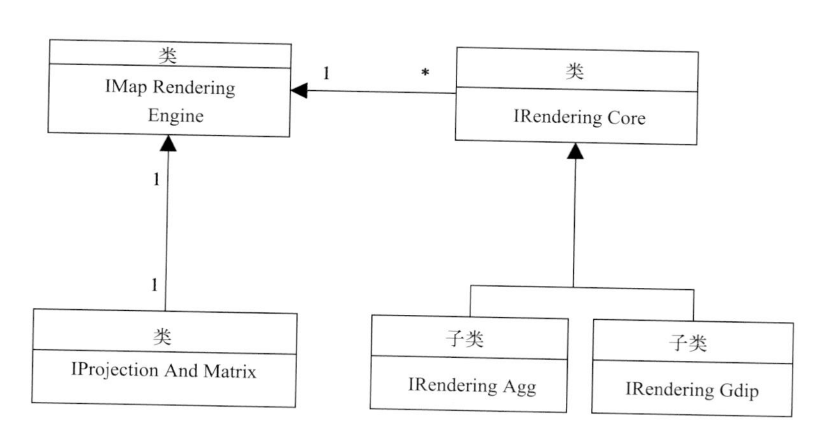

图 4.15 主要对象类图

（1）IRendering Core 类为虚基类。主要包括矢量图形、图像和文字三类渲染要素的绘制接口，其子类实现这些接口，并完成三类要素的绘制。它有 IRendering Agg 和 IRendering Gdip 两个子类，IRendering Agg 类封装 AGG 图形库实现所有接口，IRendering Gdip 类封装 GDI＋图形库实现所有接口。

（2）IProjection And Matrix 类主要用于投影转换、坐标系转换和线型生成。其中投影转换主要负责将地理数据投影转换到地图投影，其具体转换细节在此不做讨论，下面主要介绍坐标系转换和线型生成。

地图一般都有单位、比例尺的概念，对于单位，一般使用千米、米、经纬度等来表示，在将地图绘制到设备时，就要根据单位和比例尺进行坐标转换。在此，将带有单位、比例尺和投影信息的坐标系称为地理坐标系（World Coordinates System，简称 WCS）。而在计算机图形学中，坐标系又有三类：世界坐标系、页面坐标系和设备坐标系。在进行图形绘制时，图形库要对坐标进行从世界坐标系转换到页面坐标系，然后再从页面坐标系转换到设备坐标系两个步骤。可见，地图渲染需要经过三次坐标系转换，为了提高效率和地图绘制精度，在整个地图渲染过程中保持世界坐标系和设备坐标系一致，并且将地图坐标系和设备坐标系的缩放以及偏移记录在类中，在渲染时直接将坐标从地理坐标系转换到设备坐标系。另外，在图形绘制时，渲染引擎需要支持一些特殊的线型，这些线型由线型生成器完成，主要包括轮廓生成器、特殊标记生成器和虚线生成器等。要求提取 AGG 图形库中提供的虚线、箭头线等生成器，并根据实际需要扩展点画线、字符线等特殊线型生成器，所有线型生成器均采用双精度类型数据，以保证地图渲染时的高精度和质量要求。

（3）IMap Rendering Engine 类负责地图渲染，其关联一个 IMap 对象，包含一个 IProjection And Matrix 对象和多个 IRendering Core 子类对象。在渲染地图时，根据图层绘制参数，IMap Rendering Engine 将选择不同的 IRendering Core 子类对象完成图层绘制，如要绘制高质量反锯齿文字，引擎将自动选择 IRendering Agg 对象绘制文字，而要快速绘制不反锯齿的文字，引擎则选择 IRendering Gdip 对象绘制文字。同样，其他渲染要素也分别有各自的控制参数，引擎根据不同的参数自动选择相应的 IRendering Core 子对象完成绘制。而地图渲染效率和质量控制参数均存储在 IMap 对象中，用户可以通过相应的配图工具方便地设置图层渲染参数。

4.5 通过高度数据渲染颜色技术

由于地球影像不全，而根据全球 90 米分辨率的 DEM 数据以及局部地区更高精度的 DEM 数据，可以想办法利用 DEM 数据来插值出地表的颜色。

传统的方法为使用图像处理的方法，即通过颜色插值表来计算每个点的颜色，然后利用相邻点的高度建立光照模型来对该点的颜色做光照处理。这样做的弊端是处理速度很低，生成一帧高清的图像通常需要1秒钟以上。

采用基于规则格网模型(Grid)的数字高程DEM地理数据的技术详见2.7.6.6。

4.6 行政区域绘制技术

传统的行政区域的绘制方式为有两种：

(1)使用GDI/GDI+来画行政区域。由于GDI/GDI+都是使用CPU来绘图的，经过测试，在本系统硬件条件下，只绘制高精度的中华人民共和国行政区域，需要的时间要在2秒钟左右，这种速度根本无法满足要求。

(2)建立与地表高度一致的三角网格模型。其缺点是三角网格与DEM数据的高度要实时匹配，因为建立的模型是三维模型，当DEM数据更新后，模型需要实时地更新，对每个DEM三角网格，都需要与之对应的行政区域的三角网格，这种做法对系统显卡和CPU性能要求太高，而且容易出现更新不同步等问题(如山脉穿过行政区域)。

采用的方案和实施步骤详见2.7.6.6。

4.7 气象数据三维化展示技术

研究常用气象数据在三维气象地球模型上的展现，实现动态天气符号、等值线、等值面、流线、卫星云图、雷达图静态图形及动态视频产品合成输出。

采用统一的数据接口实现气象数据与渲染数据相分离。全面梳理气象业务专业数据，制定数据解析方案和参数配置方案，制定业务数据到图文设备可渲染数据的统一转换方案。不同的气象数据有不同的处理方法，采用多源数据融合、数据时空插值、气象规律插值、气象图形格式转换等算法和技术将气象数据进行处理。

将处理好的数据进行图形图像转化，转换成线、三角面片、文字、纹理等基本渲染要素。比如，通过数值一颜色映射生成纹理，或者根据处理后数据直接三维建模等。这一步所进行的操作仅限于视界范围，而不需要针对全数据经纬度范围，有效减少了构建的三角面片/顶点数。其中，有限视界操作的介绍详见2.7.6.6。气象类图文制播流程介绍详见2.7.6.7。

4.8 基于计算机图形卡的GPU技术实现的三维渲染引擎

面向气象节目的气象元素三维展示，渲染技术是整个系统的核心技术。三维场景渲染和高质量字幕渲染的完全融合，并且支持丰富的动态效果是研发的方向和目标。

为气象节目制作和包装提供质感亮丽自然、动感柔和强劲的全三维空间效果，关键的技术是实现字幕、视频与三维场景的无缝结合。

系统的核心三维渲染引擎选择基于OpenGL构建，其渲染流程如图4.16所示。

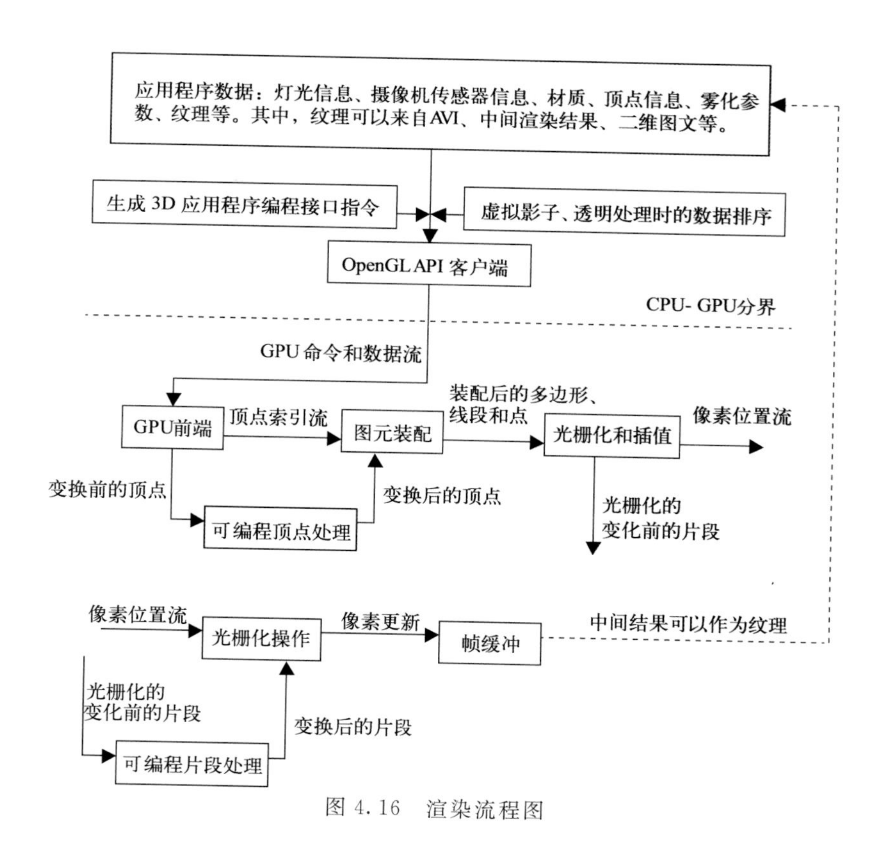

图 4.16 渲染流程图

4.9 一体化架构技术

整个系统需要完成对数据预处理、地形地貌仿真渲染、气象影视产品制作。由于设计功能齐备而庞大，其软件主体的结构对于软件能否顺利实现、实现后能否稳定运行以及随后的产品化过程非常重要。

解决的办法是对主要功能环节进行一体化的架构设计，将软件主体设计和开发成一个框架型结构，而场景管理(包括界面和渲染)、场景元素、特技和场景整体合成等功能模块都开发成软件插件形式而被这个主体调用。这样做将有利于研发任务分配、过程控制、各部件调试，也有利于面向不同应用的产品定制和裁减。

设计标准化开放接口，针对每种业务流程定制插件，实现插拔式软件架构。使用业务流程插件按统一接口与功能模块进行交互，操作逻辑与气象业务流程一致，完成每类气象元素的制播业务流程。

4.10 多场景分层叠加播出

支持多个场景同时叠加输出，为多播出任务同时执行或者插播功能提供了完整的支持。每个场景是一个独立的三维空间，拥有自己独立的三维灯光系统和三维投影的摄像机体系。

系统的主要技术目的是要逐帧/场渲染随时间而动态变化的气象影视场景。每一帧/场的最终场景可由字幕场景和三维气象场景以及视频画面按照图像像素算法(比如 Alpha 通道透明定义)按照前后叠加关系混合而成。图 4.17 所示是一个简单的三层场景合成的例子。

需要指出的是，在三维场景中，任何三维物体都将可以用一个字幕场景或者视频场景的画面作为它的贴图，字幕、视频可以完全融合在三维场景的空间中，从而实现字幕和三维场景的无缝结合。

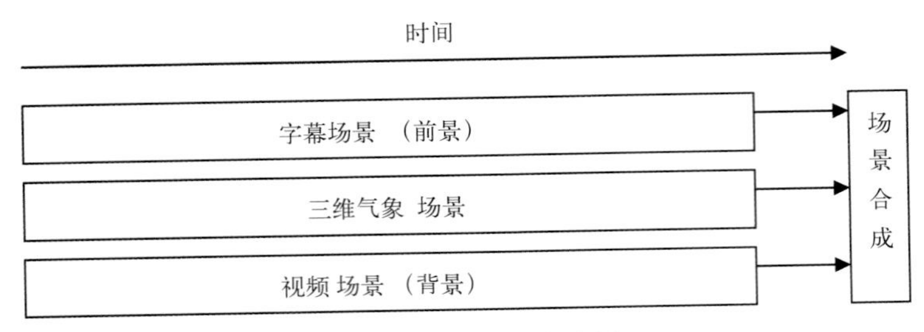

图 4.17　场景合成图

4.11　高质量 HD/SD 实时三维渲染

基于计算机图形卡的 GPU 技术实现的三维渲染引擎，硬件平台需包括：

(1)高性能计算机系统；

(2)高性能 PCI-E 图形加速卡；

(3)专用高标清图文视频硬件。

在计算机平台性能得到保障的前提下，高性能 PCI-E 图形加速卡和专用高标清图文视频硬件显得尤其重要。我们采用基于 PCI-E 图形加速卡和 Matrox MIO 视频套卡的结构。Matrox X. MIO5000 板卡性能稳定可靠，各项性能指标均通过了国家新闻出版广电总局计量中心的严格测试，完全符合广播级应用要求，完全符合 7×24 小时的安全稳定的应用。图 4.18 是 Matrox MIO 视频套卡的工作流程图。

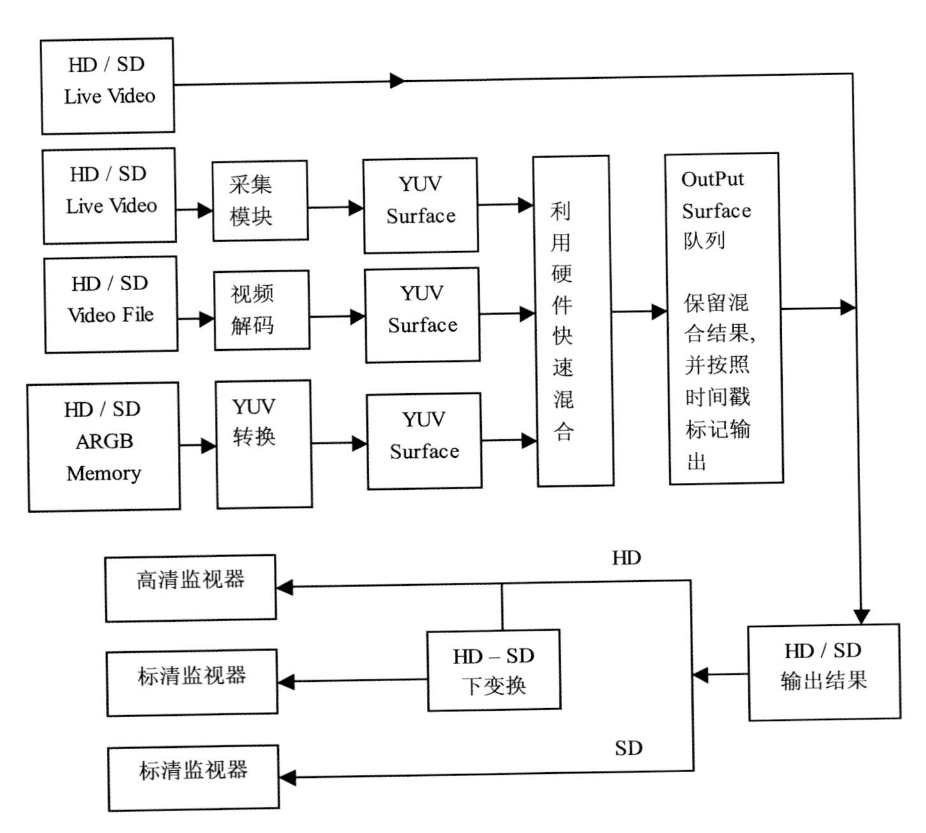

图 4.18　Matrox MIO 视频套卡工作流程图

基于MIO结构的基本构想是利用CPU和PCI-E图形卡进行高速渲染，然后把渲染完成的结果通过MIO卡输出，MIO可以同时支持标清和高清画面的输出，如图4.19所示。

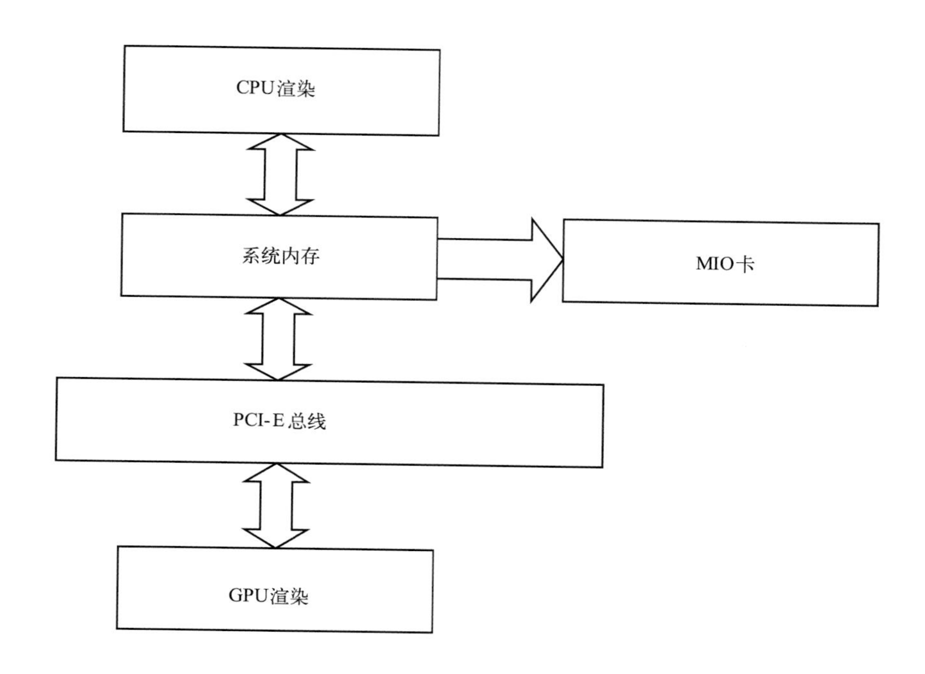

图4.19 渲染输出图

4.12 主持人动作跟踪与交互技术

通过先进的摄像机视频动作捕捉系统分析主持人身体动作，通过计算机系统运算实现主持人与气象影视图形图像制作播出系统场景的交互，是三维气象影视制作播出系统实际应用的重要形式之一。核心技术是基于视觉的运动指尖检测、跟踪。

检测的第一步是运动前景分离。在虚拟演播室环境，采用抠像技术实现。抠像算法包括优化的降噪工具、自动去除色彩溢出、边缘融合、先进的颗粒去除方式、半透明处理功能、自动提取边缘和边缘颜色替换、Alpha通道膨胀和收缩功能等。

检测的第二步是手部区域检测。通过形态学滤波，对抠像图像后的二值化图像进行腐蚀、膨胀处理，得到多个连通域，通过连通域分析判断确定手部区域。

检测的第三步是指尖检测。采用计算轮廓凸包以及轮廓缺陷的方法，计算最远端指尖位置，从而使系统不必要求主持人严格执行单指操作。通过kalman滤波，用前帧指尖位置预测下一指尖位置，并得到最优值，从而实现指尖点的平滑跟踪。结合遥控器、手持设备等外设获取主持人的指令，从而实现主持人控制场景切换以及与场景内容的交互。

流程见图4.20。

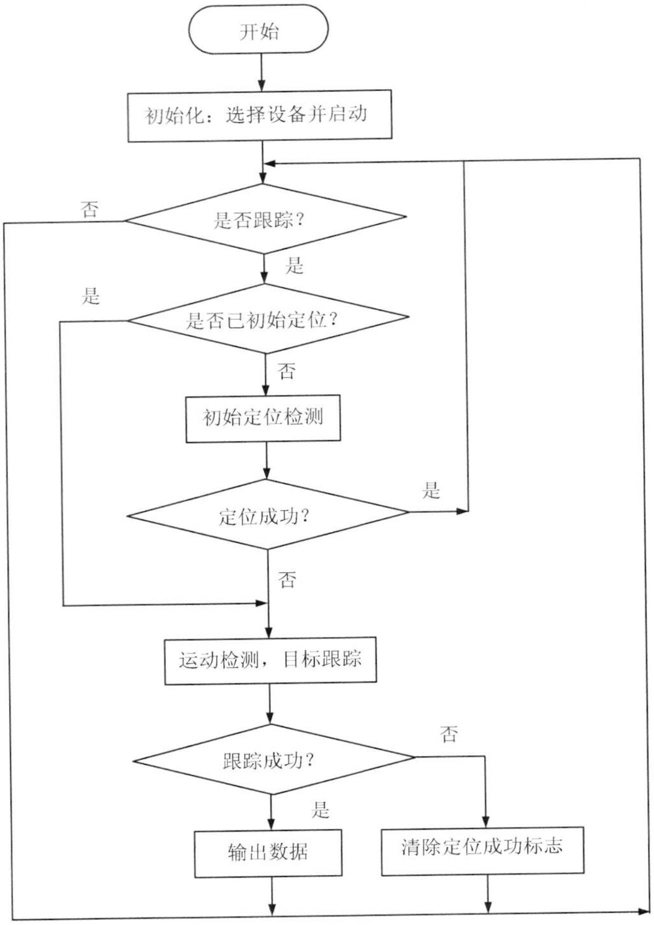

图 4.20　交互流程图

4.13　多通道、高精度抠像合成技术

系统采用“超级色键”作为实时多通道色键器，抠像模块由十几套前后呼应、彼此关联的抠像算法组成，包括优化的降噪工具、自动去除色彩溢出、边缘融合、先进的颗粒去除方式、半透明处理功能、自动提取边缘和边缘颜色替换、Alpha 通道膨胀和收缩功能等。属目前行业内一流的色键技术和色键处理技术，采用多种参数控制来产生自然的边缘，实现自然过渡。能实现对阴影、头发丝、透明体和烟雾的细腻处理，使合成效果非常真实，保证抠像结果的细腻、平滑、完美。

虚拟演播室系统采用当今世界一流的色键技术和色键处理技术，采用线性处理技术和多种参数控制来产生自然的边缘，实现自然过渡。能实现对阴影、头发丝、透明体和烟雾的细腻处理，使合成效果非常真实。

MONARCH VIRTUOSO 真三维无轨虚拟演播室系统，采用目前最新国际顶级的高清色键抠像技术，可实现头发丝、半透明物体、阴影等画面的精细抠像处理合成，使人或物体的边缘更加自然。系统可同时分别对两路高清视频信号进行色键处理；并且，每路输入信号单独配置的色键器提供了两种不同级别的颜色设定，可有效去除背景上的阴影，无颜色溢出或空间影响，可使主持人很好地和虚拟背景结合在一起。每个色键器都拥有强大的色键参数，能保证在不移动真实摄像机的状态下实现前景主持人和虚拟背景的同步推拉及切换特效，制作出各种华丽的效果。如图 4.21 所示。

图 4.21 抠像效果图

4.14 气象影视应用的气象业务数据的预处理方法

系统针对空间插值算法进行了改进研究，加入了时间序列后的时空混合插值，更加符合气象要素的时空特性，从源头上解决了由于各种不可抗力因素（如仪器故障、传输线路故障等）造成的气象站点实时数据缺失。

基于时间序列模型时空插值算法，可以既考虑空间因素的影响又同时考虑时间因素对气象数据的影响，避免了空间插值的单一性。

4.15 三维地形地貌仿真渲染技术

系统提出基于 GDI+和 AGG 双计算机图形库开发混合图形库模式的地质灾害地图渲染引擎的设计方案。根据地图渲染流程和 AGG 图形库设计理念，设计了该地图渲染引擎的分层体系架构，并且在实现中通过提高地图坐标转换效率、允许用户灵活配置渲染参数来控制各类地理要素的渲染效果，通过硬拷贝技术提高图像渲染效率等技术来满足地质灾害领域的快速、高质量渲染地质灾害图的需求。

4.16 多分辨率图层分层分块存储及快速检索、图像数据缓存算法

系统实现了针对三维气象数据在不同存储层次间进行迁移管理的分层存储管理 HSM（Hierarchical storage management）技术。系统根据滑动窗口数据硬件电路特点，设计了一种基于分块的分层存储结构，将存储器访问与计算过程分离，以实现存储器访问与计算执行并行操作，隐藏存储延迟；同时，基于分层存储结构提出了一种数组在片内 RAM 中分块存储的方法，有效实现滑动窗口中的数据重用，减少存储器访问次数，提高硬件电路的执行性能。系统还实现了快速索引和气象数据缓存技术，有效地提高了系统的实时性。

4.17 气象数据与三维气象地球的图像合成

系统针对三维气象的图像的生成与三维地球的合成，对现有的经典前沿的纹理映射算法进行了研究和实验，包括正向纹理映射法，反向纹理映射法，两步纹理映射法，基于平面、球面、圆柱面的纹理映射法等。分析各种方法存在的缺陷和问题，对比其纹理映射的效果，研究出适合气象数据与三维气象地球的图像合成的纹理映射算法，通过扩展数据的色彩映射区间、丰富不同数据类型的数值一颜色映射表、不同类型数据差异化的叠加模式数据等，从细节、色彩、空间感等多方面提供给用户更好的三维真实感效果。

第 5 章 系统安装与初始化

5.1 安装前系统准备

5.1.1 BIOS 设置

主机配置：
CPU：双 Intel XEON E5620（四核）
内存：4G DDR3
系统硬盘：500G SATA
素材硬盘：300G SAS
显卡：高端显卡
光驱：DVD－ROM
显示器：22 寸宽屏液晶
机箱：5U 工控机箱
视音频硬件：
Matrox X. MIO2/5000 广播级高清图像卡。
公司出厂的天目系统，统一是按 F10 进入 BIOS。
启动操作系统后，按 F10 键进入 BIOS(BIOS 版本：01. 06)。
(1) Storage Options→SATA Emulation→RAID＋AHCI。
(2)Storage→Boot Order，启动设置中将系统启动设为：Optical Drive（光驱启动），Hard Drive(硬盘启动)。
(3)Power→Thermal，设置机箱风扇转速，按右方向键调节，按 F10 键保存退出。(用户需求中：默认调到最大)

5.1.2 硬盘分区、初始化

(1)硬盘分区
推荐分区方式：C 盘：60GB；D 盘：100GB；F 盘：310GB；E 盘：做带区的素材盘。
(2)计算机名称
根据实际情况确定，此处为“华风”。
(3)用户设置
在计算机管理→本地用户和组→用户里，只保留 Administrator、Guest 用户，删除安装时创建的用户。
(4)窗口界面设置
进入 Administrator 用户后，在开始里的计算机上点击鼠标右键→属性→高级系统设置→性能设置→选择调整为最佳性能→点击确定。

(5)电源的性能设置

①开始→控制面板→选择查看方式→大图标。

②选择电源选项→选中高性能→更改计划设置→“关闭显示器”设为从不,“使计算机进入睡眠状态”设为从不。

③点击保存修改。

④点击更改高级电源设置:硬盘→“在此时间后关闭硬盘”设为从不,点击确定退出。

⑤选择 Windows Update→更改设置→“重要更新选择”设为从不检查更新、取消“以接收重要更新的相同方式为我提供推荐的更新”“允许所有用户在此计算机上安装更新”的选择。

5.1.3 安装显卡驱动

安装显卡驱动根据图 5.1—图 5.7 的步骤来操作实现。

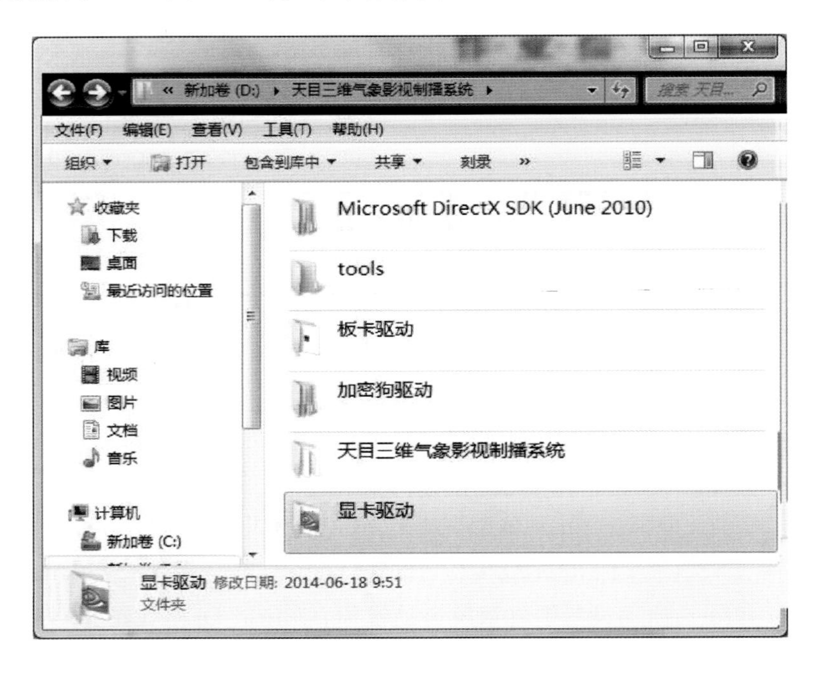

图 5.1 选择显卡驱动

选择“显卡驱动”并打开。

图 5.2 安装显卡驱动

双击“310. 90-desktop-win8-win7-winvista-64bit-international-whql. exe”开始安装。

请注意,Geforce GTX 的显卡与 Quadro 的显卡驱动都能装上,虽有区别,但不容易区分,不要装错。

选择【OK】继续安装。

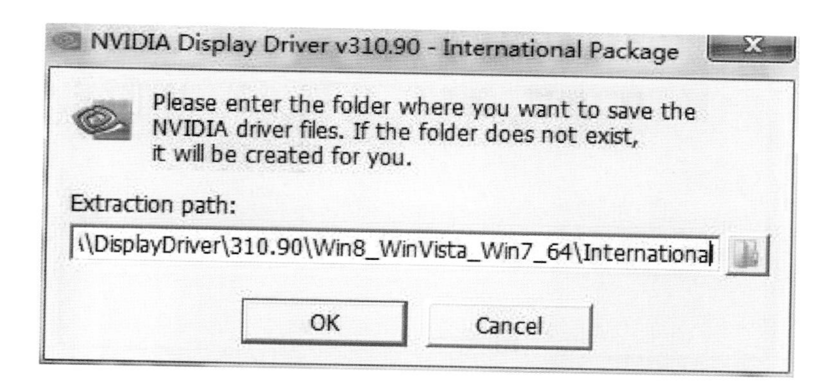

图 5.3　安装目录

选择【同意并继续】继续安装。

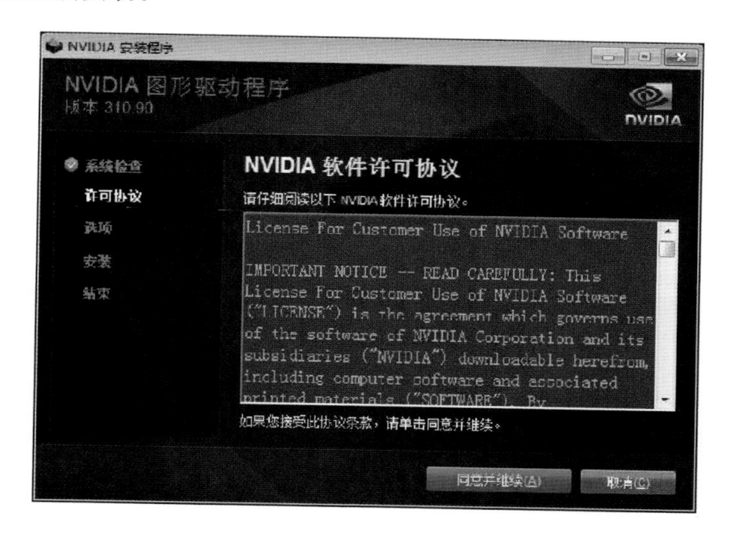

图 5.4　安装许可协议

选择【下一步】继续安装。

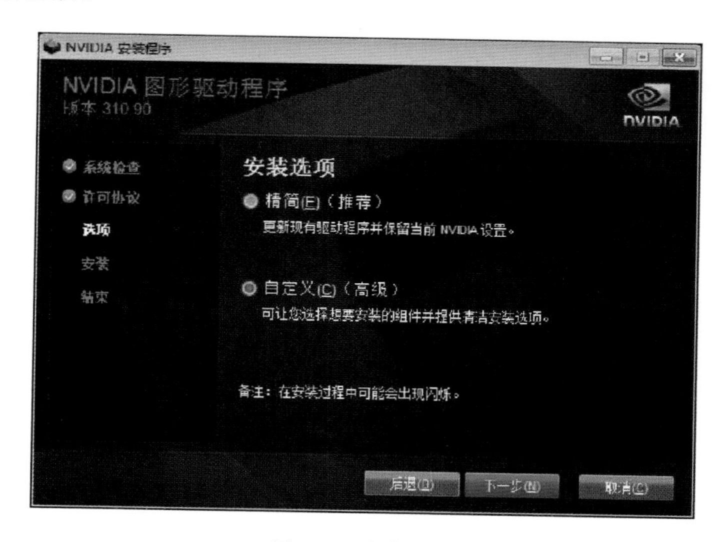

图 5.5　安装选项

选择【下一步】继续安装。

图 5.6　自定义安装选项

等待安装结束,点击关闭,完成显卡驱动程序安装。

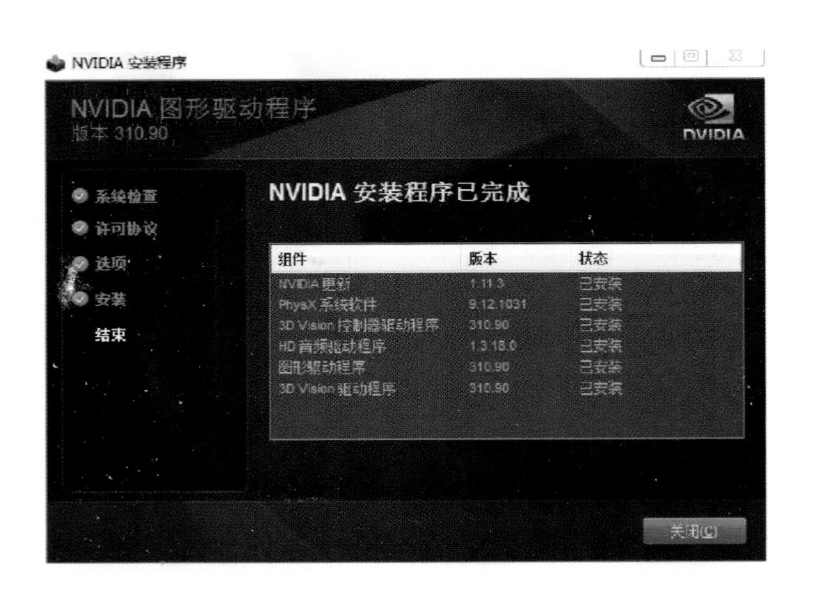

图 5.7　安装完成界面

5.1.4　安装板卡驱动

安装板卡驱动按照图 5.8—图 5.17 的步骤操作实现。

选择“板卡驱动”,并双击打开。

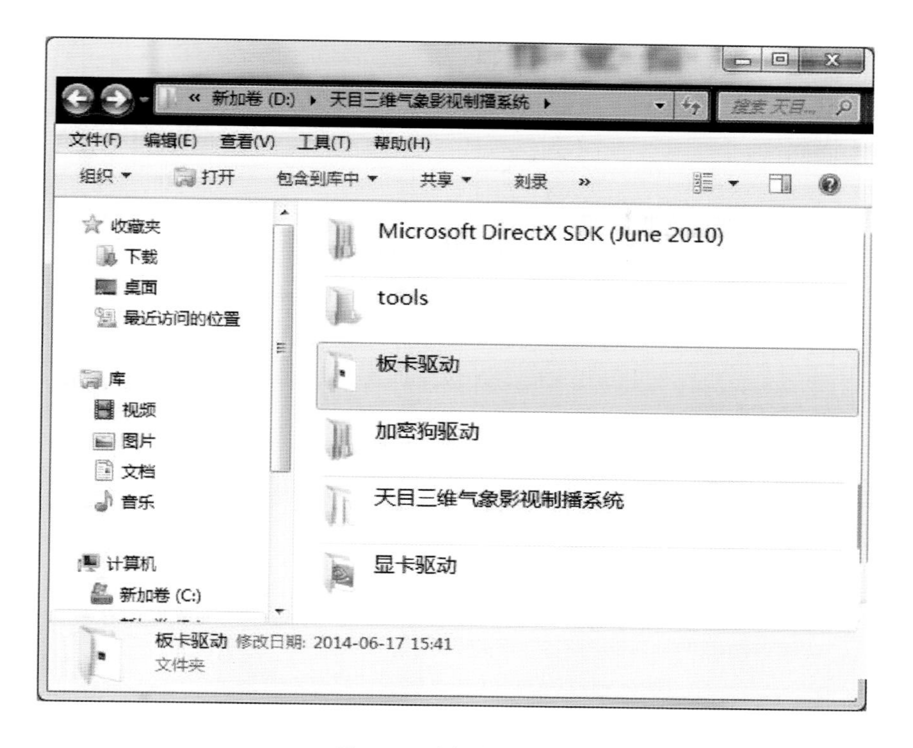

图 5.8　选择板块驱动

运行"DSXutils",进入安装界面。点击"Next"按钮。

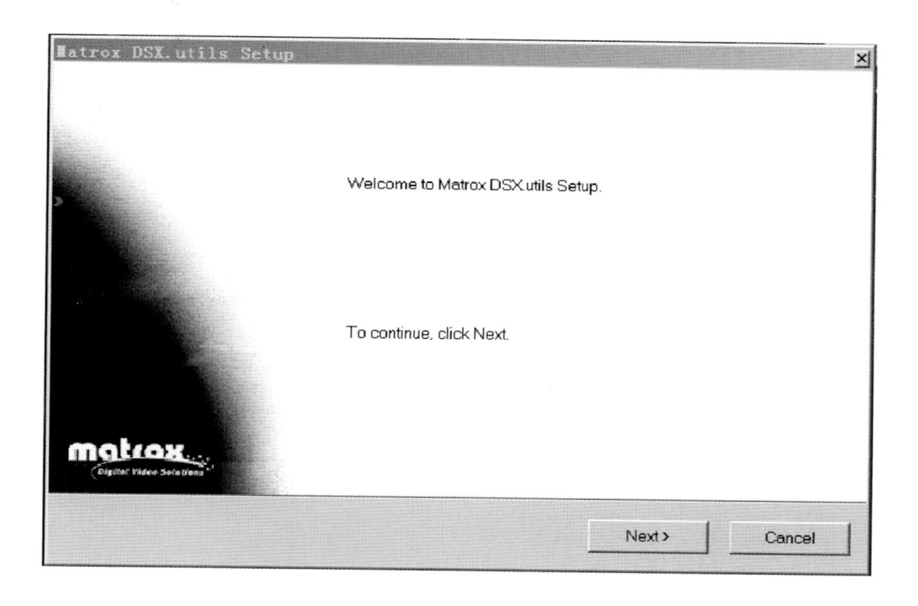

图 5.9　安装板卡驱动

点击"Yes"按钮,同意安装协议。

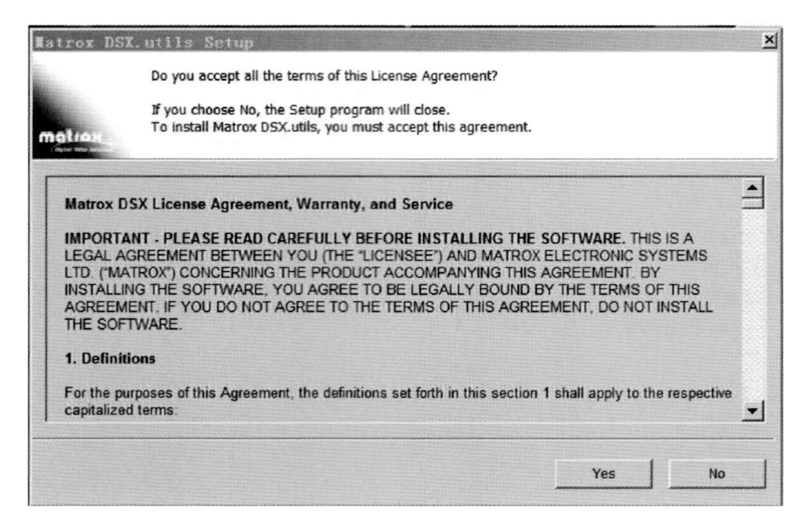
Matrox DSX.utils Setup

Do you accept all the terms of this License Agreement?

If you choose No, the Setup program will close.
To install Matrox DSX.utils, you must accept this agreement.

Matrox DSX License Agreement, Warranty, and Service

IMPORTANT - PLEASE READ CAREFULLY BEFORE INSTALLING THE SOFTWARE. THIS IS A LEGAL AGREEMENT BETWEEN YOU (THE "LICENSEE") AND MATROX ELECTRONIC SYSTEMS LTD. ("MATROX") CONCERNING THE PRODUCT ACCOMPANYING THIS AGREEMENT. BY INSTALLING THE SOFTWARE, YOU AGREE TO BE LEGALLY BOUND BY THE TERMS OF THIS AGREEMENT. IF YOU DO NOT AGREE TO THE TERMS OF THIS AGREEMENT, DO NOT INSTALL THE SOFTWARE.

1. Definitions

For the purposes of this Agreement, the definitions set forth in this section 1 shall apply to the respective capitalized terms:

图 5.10　安装协议

选择默认安装目录并点击“Next”按钮。

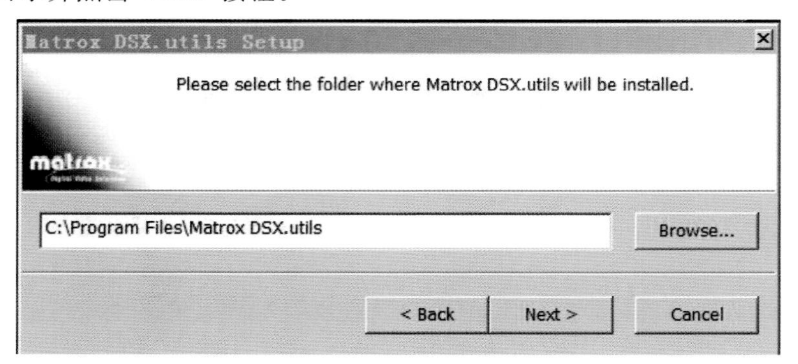

图 5.11　选择安装目录

陆续点击图 5.12 中的两个“Next”按钮。

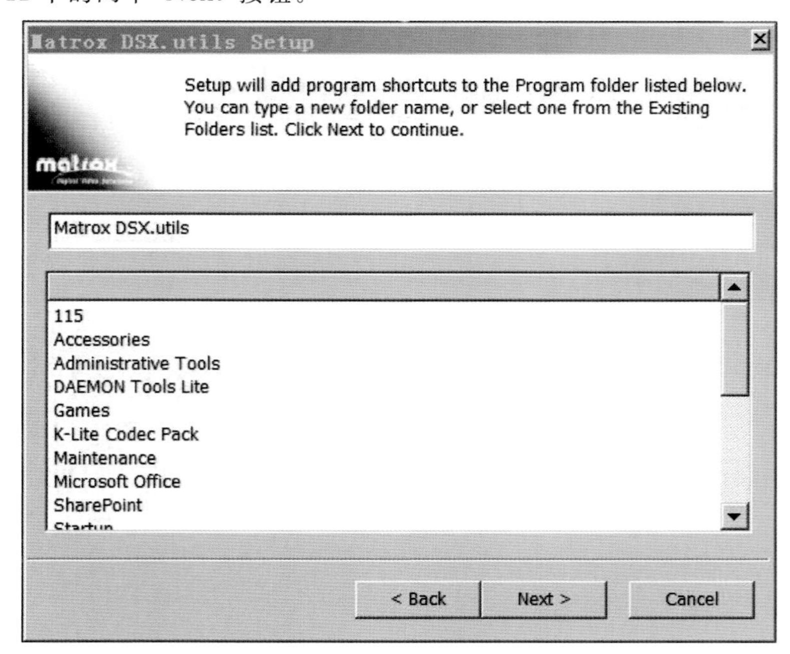

图 5.12－1　安装界面 1

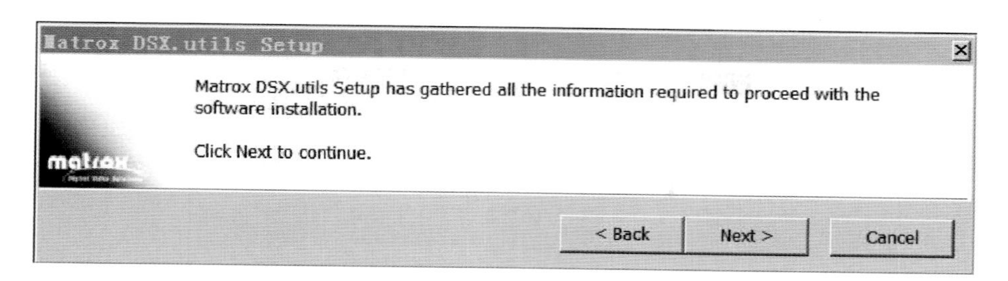

图 5.12—2　安装界面 2

选择"始终信任来自'Matrox Electronic Systems'的软件(A)"后，点击"安装"按钮(图 5.13)。

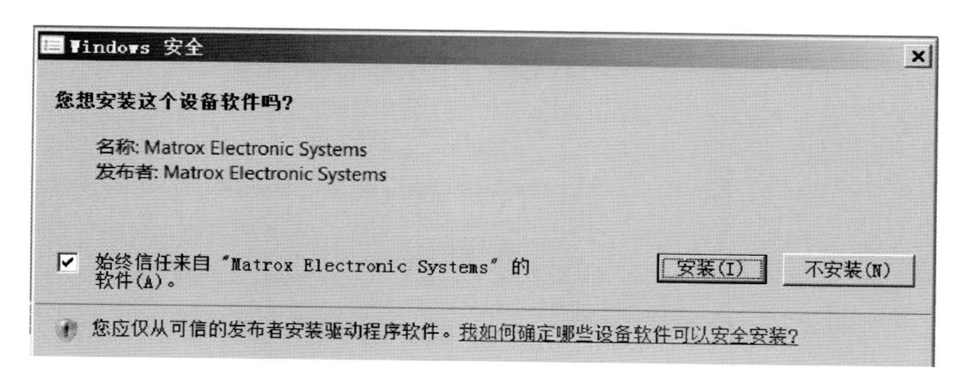

图 5.13　安全提示

点击"OK"按钮(图 5.14)，安装完成。

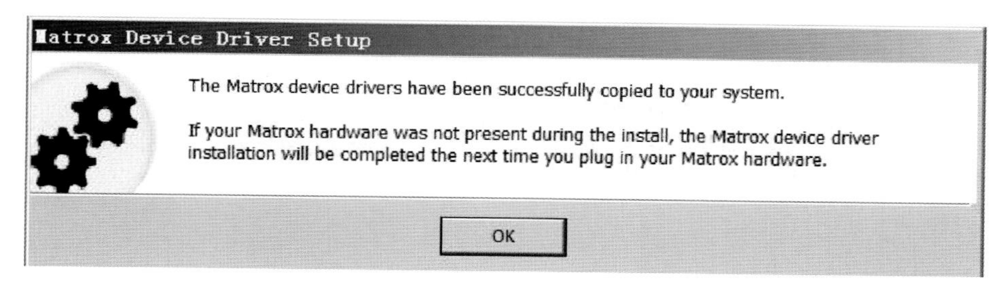

图 5.14　安装完成

Matrox DSX 驱动程序安装后，在 Windows 的工具栏的"快速启动"部分安装了一个图标，双击可启动 Matrox X. Info 应用程序，如图 5.15 所示。如果在工具栏上没有看到这个图标，鼠标右键点击工具栏，选择"属性"，清除"隐藏不活动的图标"确认即可。该程序本身安装在 DSX 驱动的系统目录中("C:\ProgramFiles\MatroxDSX. utils\system\mveXInfo. exe")。Matrox X. Info 程序持续运行，可以用来显示 DSX 板卡和驱动程序信息，也用来监视板卡温度等工作状态。

在 Matrox X. Info 的 Display Information About 列表中选择 System，即显示 System Information 页面，在 Install Information 框内可以看到 DSX. utils 驱动程序的版本号和安装目录。还可以创建一个 HTML 日志文件来记录 DSX 系统的信息以帮助诊断遇到的问题；在 System Information Log 框内使用 Browse 选择文件名和路径，然后点击 Create 即可创建该文件；如果选择了 Open file after scan，这个 HTML 日志文件在创建后即打开。

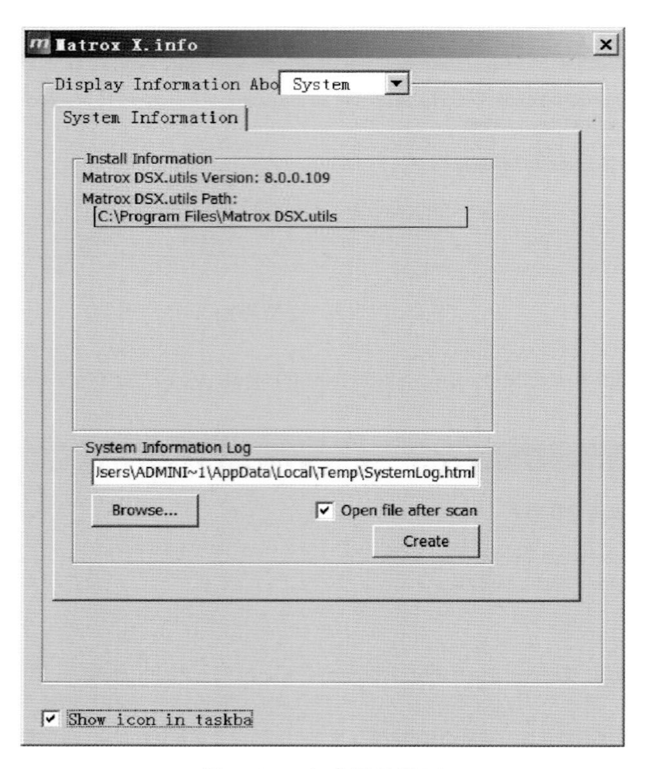

图 5.15　完成提示界面

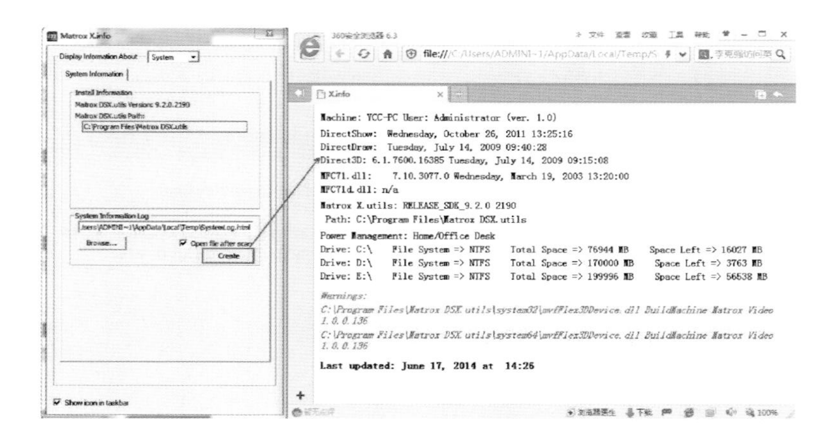

图 5.16　System Information 页面

在 Matrox X. Info 的 Display Information About 列表中选择 Hardware，即显示硬件信息的页面（如果安装了多个硬件则每个硬件有一个页面），其中包含重要的板卡信息，如图 5.17 所示。

- Serial Number：板卡的序列号。
- Board ID：板卡标识。
- Production Date：生产日期。
- Installed Options：主要是图像合成器类型。MIO 卡应该是 On Board Compositor。
- Firmware Revision：板卡固件版本。
- EEPROM Revision：板卡 EEPROM 软件版本。
- Memory Size：板上内存大小。
- PCI Bus Info：板卡 PCI 总线类型。
- Hardware Model：板卡型号。

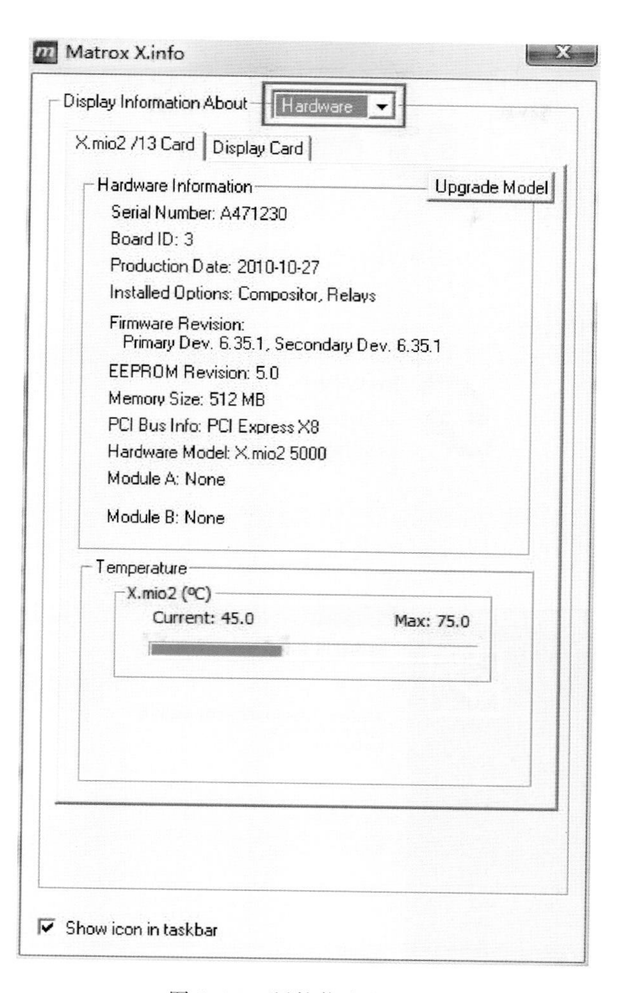

图 5.17　硬件信息的页面

5.1.5　加密狗驱动安装

按照图 5.18—图 5.23 的步骤操作实现。选择“加密狗驱动”并打开。

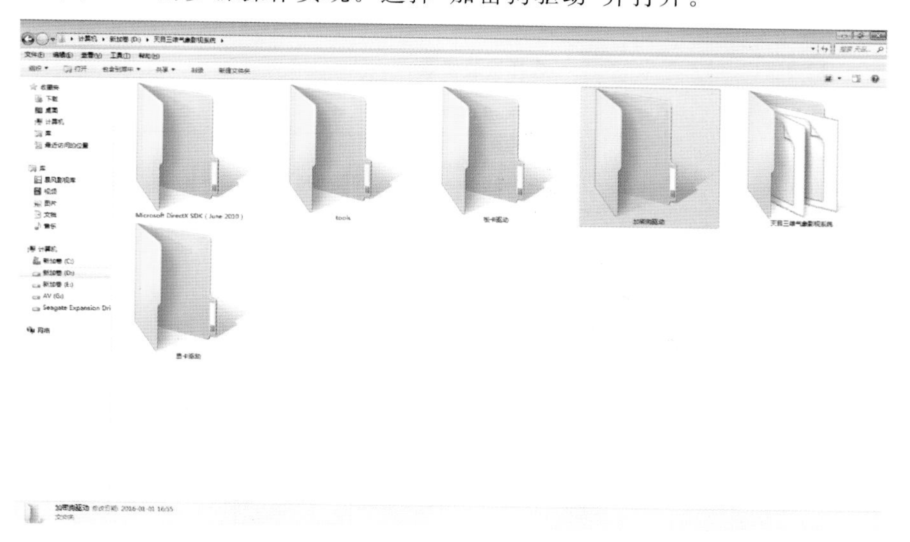

图 5.18　选择“加密狗驱动”

打开“dog_driver v2.5”文件夹。

图 5.19　选择加密狗版本

选择【InstWiz3】,双击开始安装。

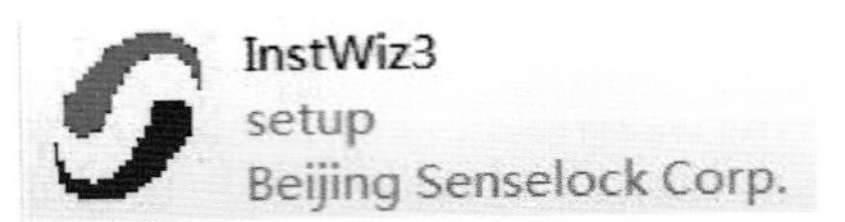

图 5.20　安装

选择【下一步】继续安装。

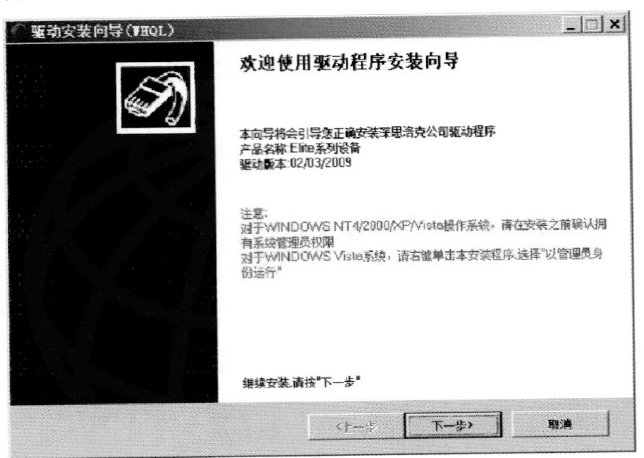

图 5.21　安装欢迎界面

选择【下一步】继续安装。

图 5.22　安装路径

单击【完成】，确认安装结束。

图 5.23 安装完成界面

5.2 系统安装

按照图 5.24—图 5.39 的步骤操作实现。

打开“D:\天目三维气象影视制播系统\Microsoft DirectX SDK(June 2010)\Redist”文件夹(如文件夹放在其他盘下，需从其存放位置打开)。

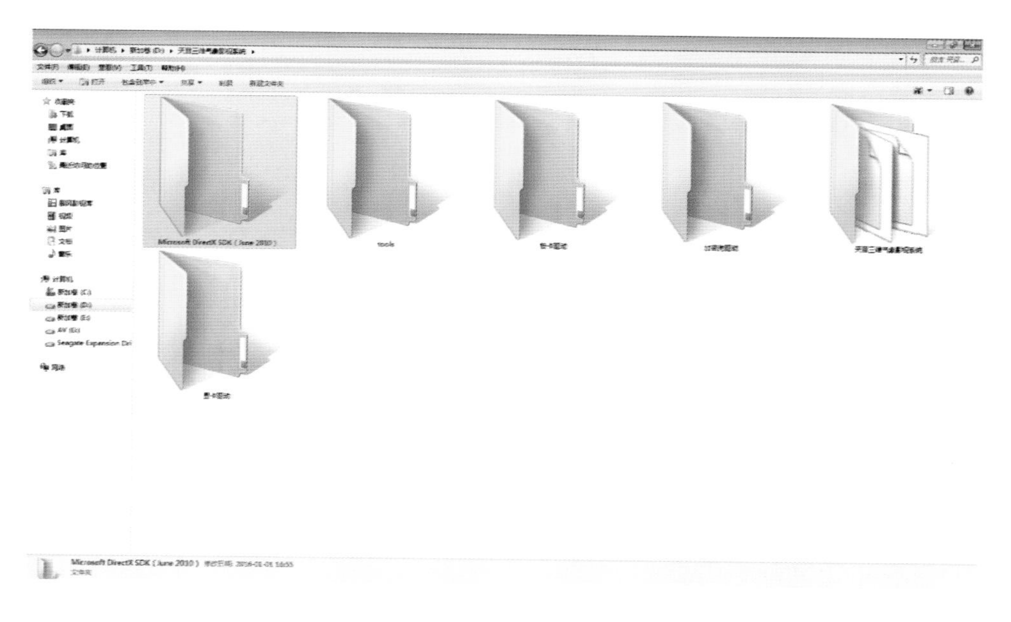

图 5.24 选择 DirectX 目录

找到安装程序的 DXSETUP. exe 并运行。

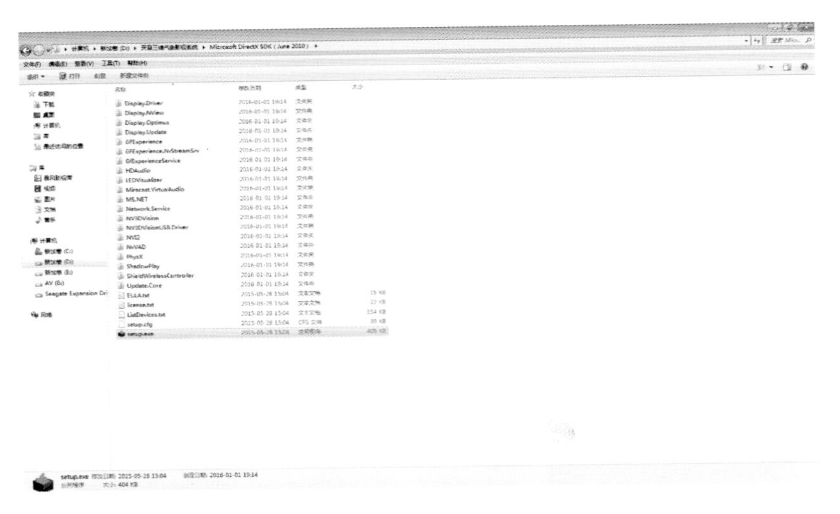

图 5.25　安装程序

选择“我接受此协议”，点击“下一步”。

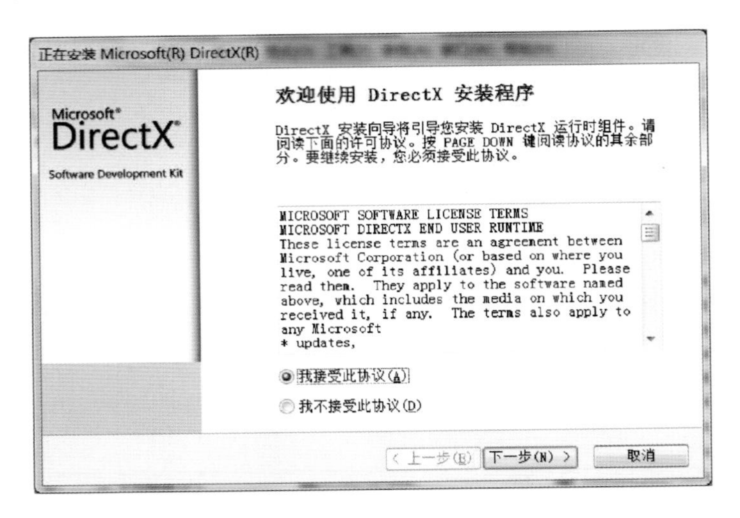

图 5.26　安装欢迎界面

继续点击“下一步”。

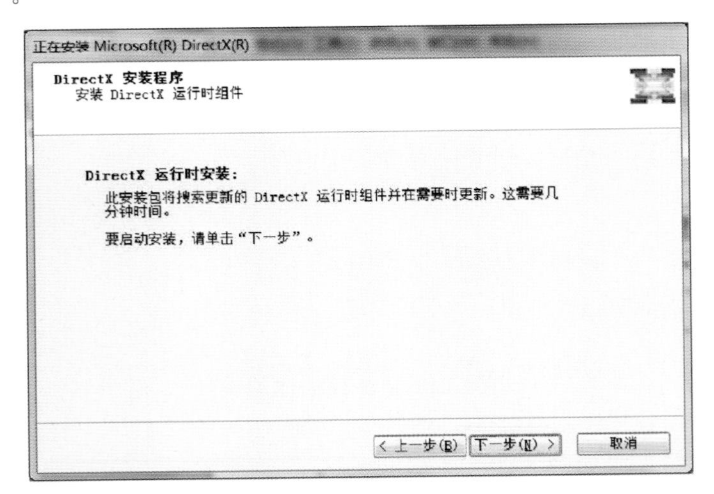

图 5.27　安装 DirectX 提示

点击“完成”结束安装。

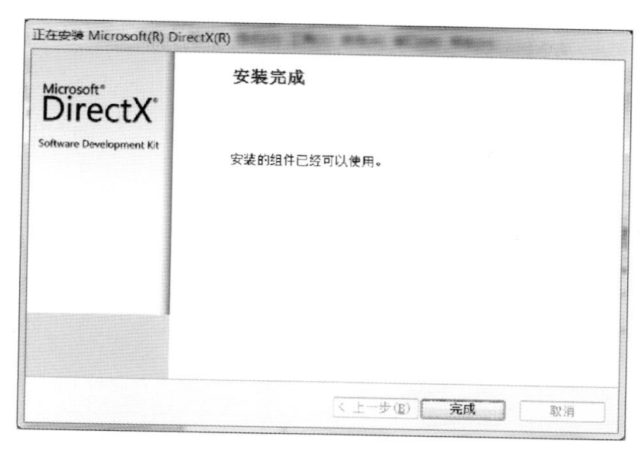

图 5.28 安装完成

打开“D:\天目三维气象影视制播系统\天目三维气象影视制播系统”文件夹找到安装程序的 setup.exe 文件。如图 5.29 所示。

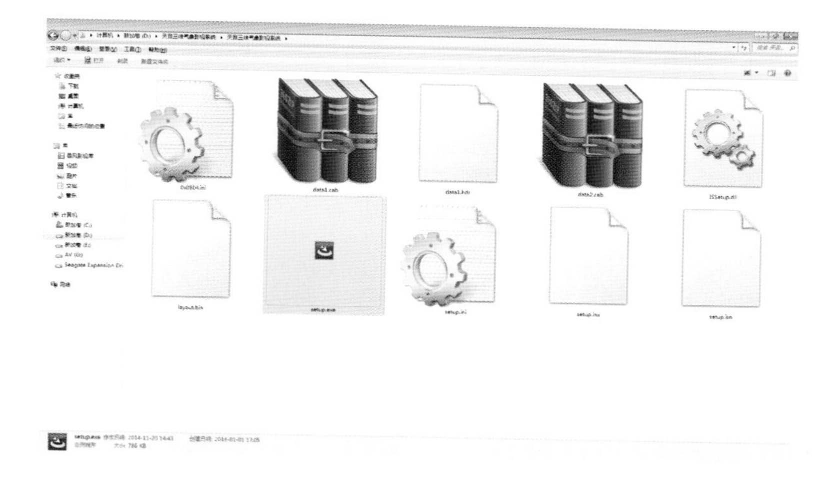

图 5.29 选择“天目三维气象影视制播系统”文件夹

运行 setup.exe,进入安装界面,如图 5.30 所示。

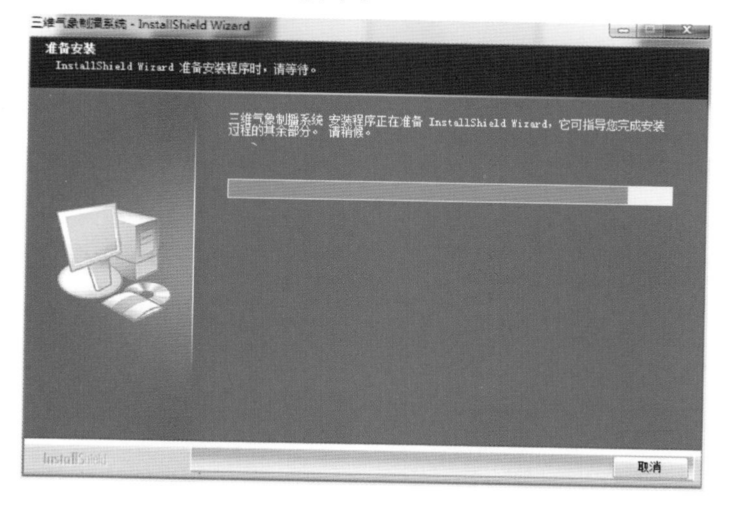

图 5.30 安装界面

出现图 5.31 所示界面后，选择【下一步】继续安装。

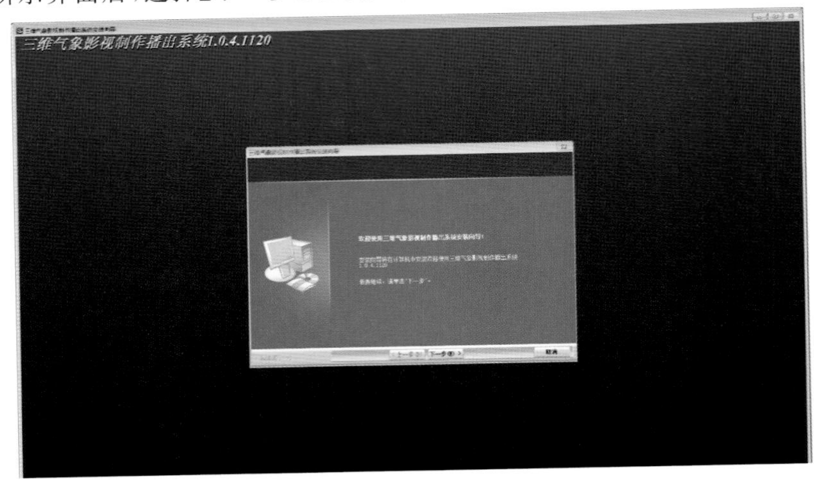

图 5.31　安装提示界面

确定安装目录后，选择【下一步】继续安装。

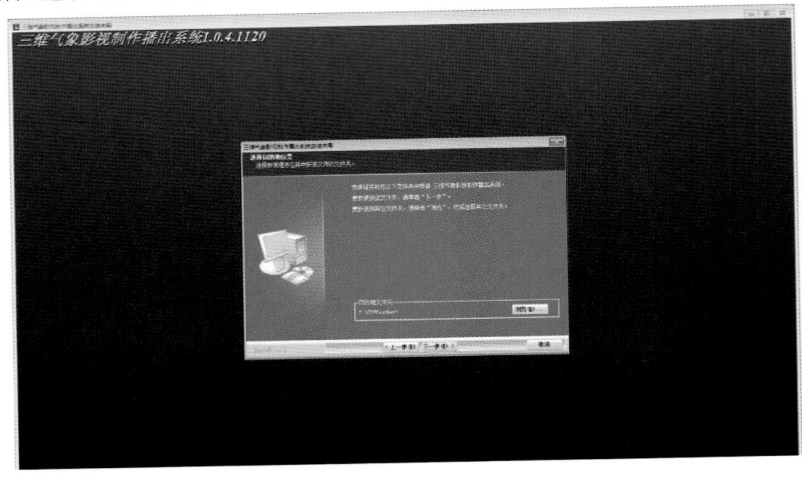

图 5.32　安装目录

此处可更改资源库安装路径，否则以默认路径安装(建议选择素材盘)，单击【下一步】继续。

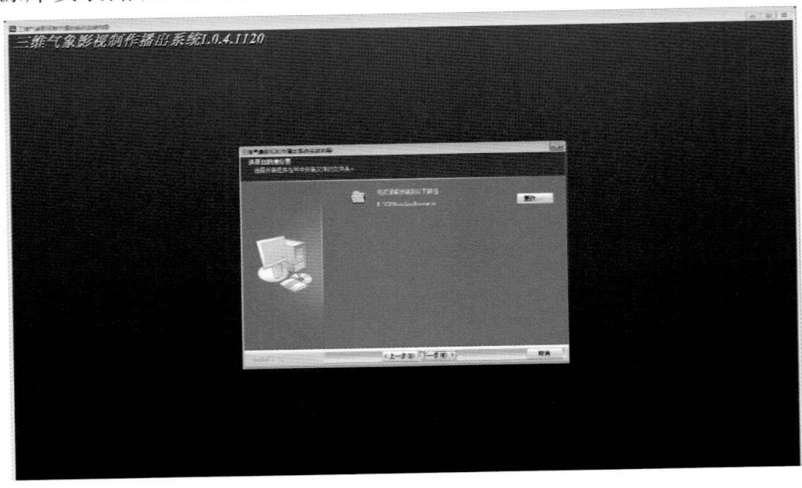

图 5.33　修改目录

单击【安装】继续。

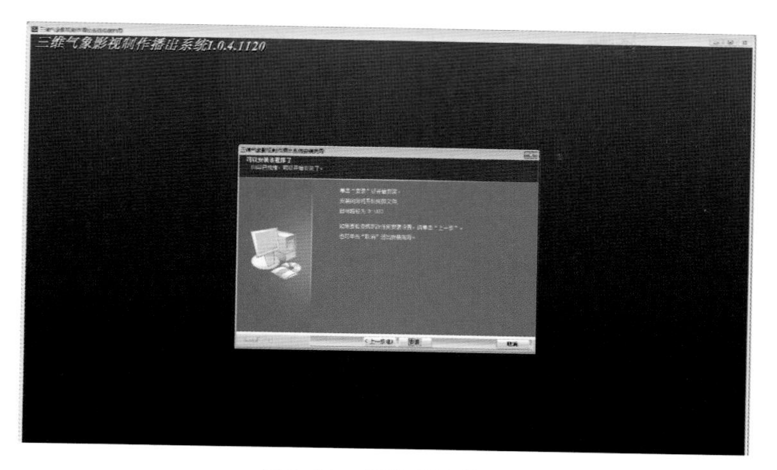

图 5.34　安装确认界面

点击【完成】完成三维气象影视制播系统的安装。

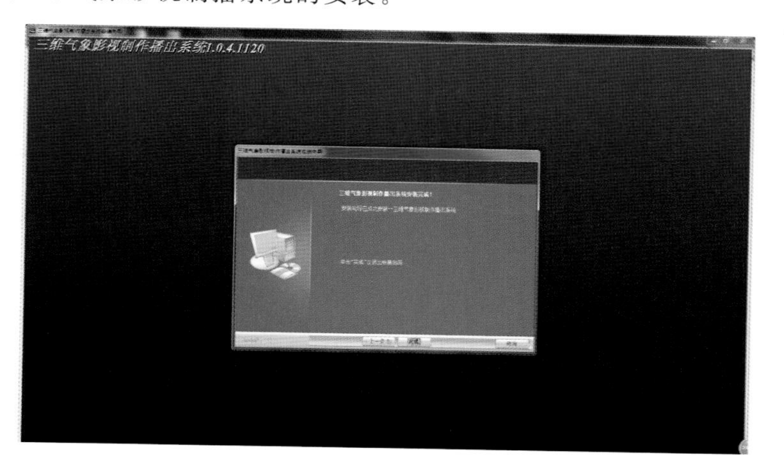

图 5.35　安装完成

进入“计算机管理”界面，确认设备管理器中所有设备正常。

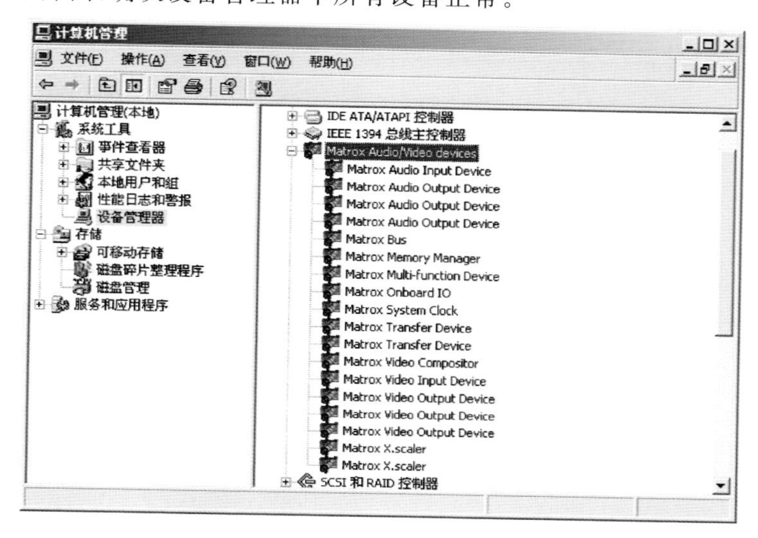

图 5.36　驱动列表界面

重启电脑，启动桌面 MVEditor，打开气象编辑软件，双击 Admin 用户进入软件。

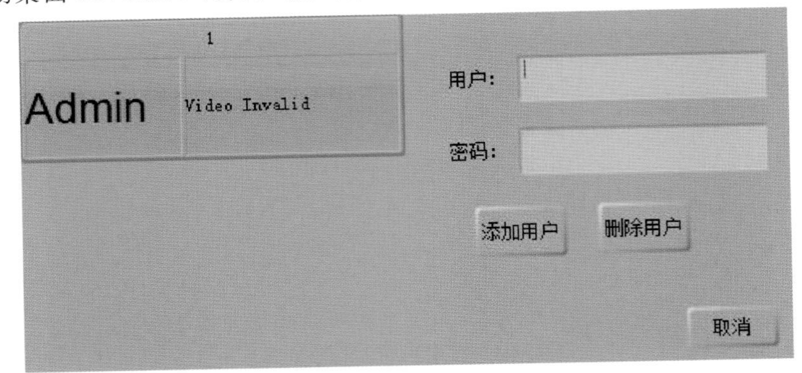

图 5.37　登录界面

首次使用需要选择工程制式。

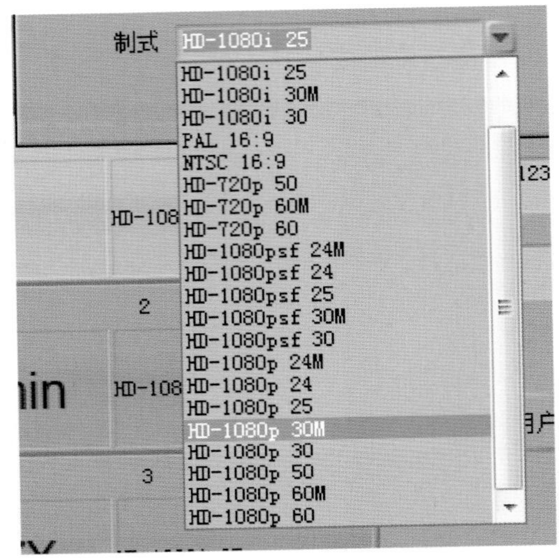

图 5.38　制式选择

选择新建空工程，可进入制作系统。

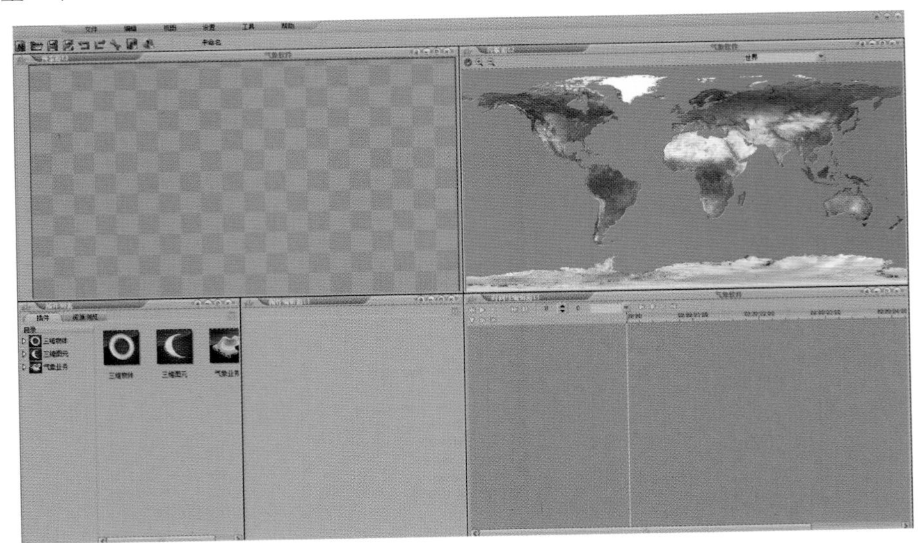

图 5.39　新建工程界面

第6章　系统操作说明

本章介绍天目三维气象影视制播系统的用户交互界面。用户通过本章的学习，可以掌握用户交互界面中各元素的功能和使用方法，并且通过具体实例的学习，制作出天气类影视节目。

6.1　系统界面

双击桌面图标（图6.1），进入气象编辑系统登录界面（图6.2）。

图6.1　桌面图标

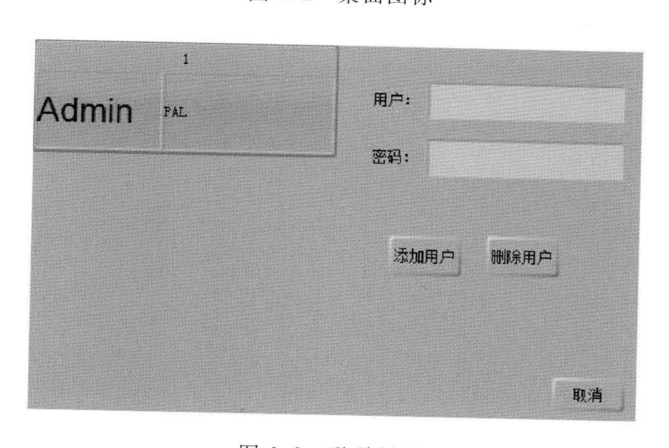

图6.2　登录界面

选择图6.2中的左侧用户，右侧的用户编辑框内容会显示为选择的用户，密码框内容为空，输入正确的密码后，按回车键或双击左侧用户可进入下一步的欢迎界面（图6.3）。

图6.3　欢迎界面

进入气象编辑系统之前，用户需要选择新建的工程类型，如图 6.4 所示。

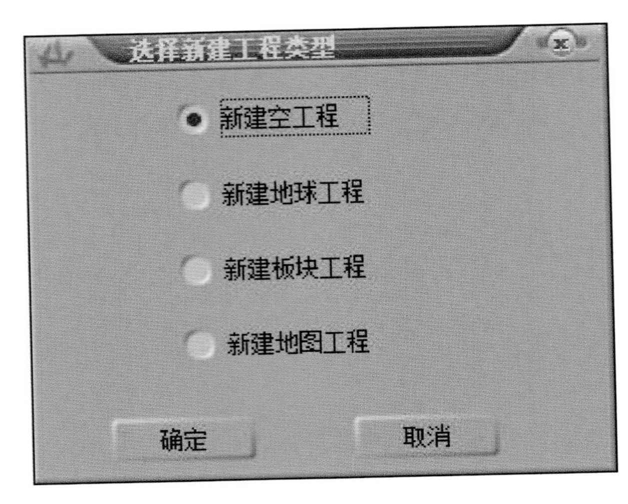

图 6.4　工程选择界面

选择工程类型，点击确定进入气象编辑系统，气象编辑系统如图 6.5 所示。另一种打开方式是在气象编辑系统中，在“文件”菜单下，打开新建菜单，也会弹出图 6.4 所示的对话框完成工程新建操作。

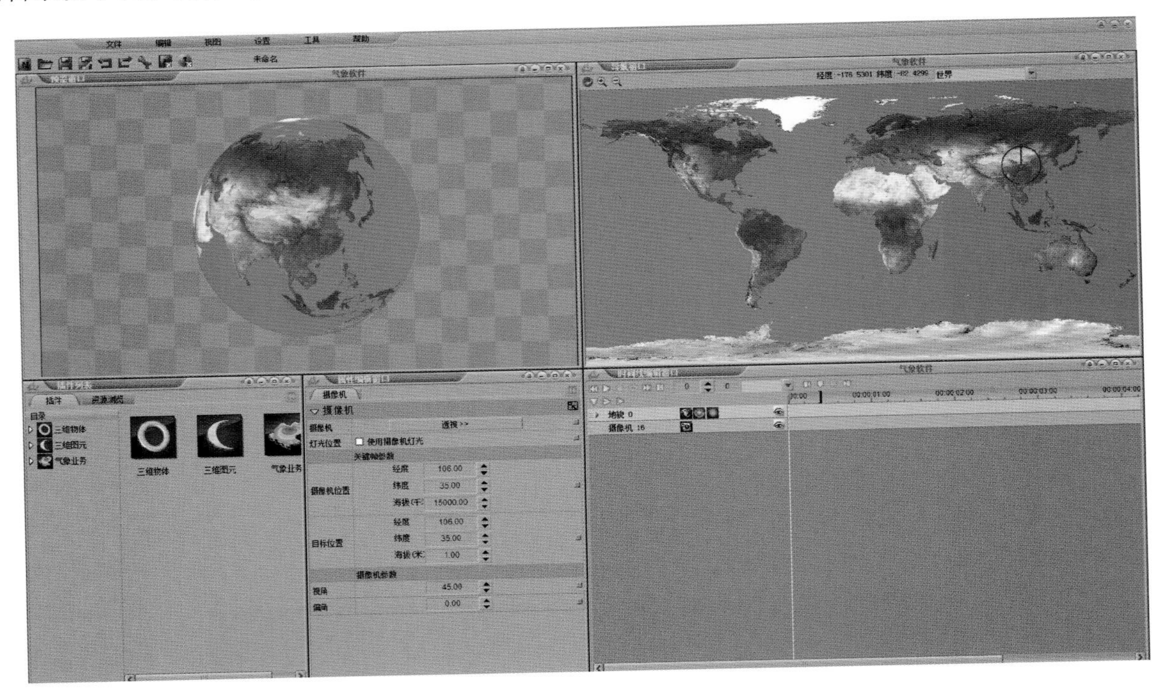

图 6.5　新建工程界面

6.1.1　系统菜单

如下所示，系统包括文件、编辑、视图、设置、工具、帮助等菜单。

(1)“文件”菜单选项,如图 6.6 所示。

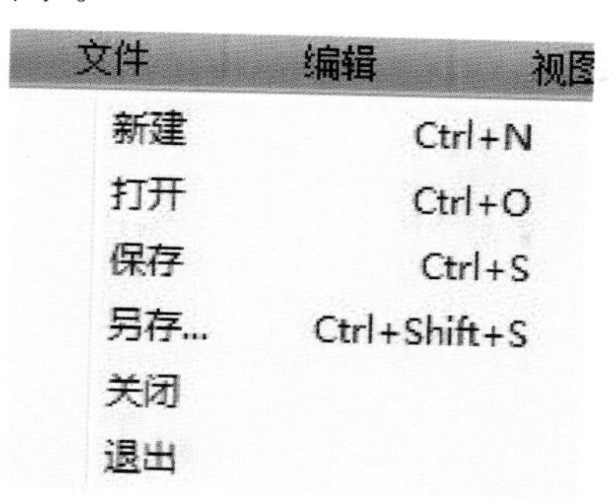

图 6.6 文件界面

◆新建(Ctrl+N):单击此项,可创建一个新的气象制播工程。

◆打开(Ctrl+O):单击此项,可打开一个已经保存过的气象制播工程,后缀名为 .m5v。

◆保存(Ctrl+S):单击此项,可将当前正在操作的气象制播工程保存,后缀名为 .m5v。

◆另存(Ctrl+Shift+S):单击此项,用户可以将正在操作的工程文件,以不同的文件名或路径再次存盘,后缀名为 .m5v。

◆关闭:单击此项,用户可以将正在操作的工程文件关闭,若工程已经进行过修改,将弹出保存提示框。

◆退出:单击此项,可结束当前制作的工程并退出应用程序。

(2)“编辑”菜单选项,如图 6.7 所示。

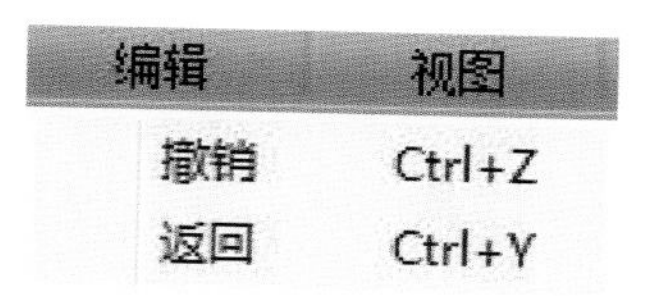

图 6.7 编辑界面

◆撤销(Ctrl+Z):单击此项,可以撤销上一步操作。

◆返回(Ctrl+Y):单击此项,重做上一步操作。

(3)“视图”菜单选项,如图 6.8 所示。

图 6.8 视图界面

◆默认界面:单击此项,可以将软件各窗口恢复默认排列状态。

(4)“设置”菜单选项,如图 6.9 所示。

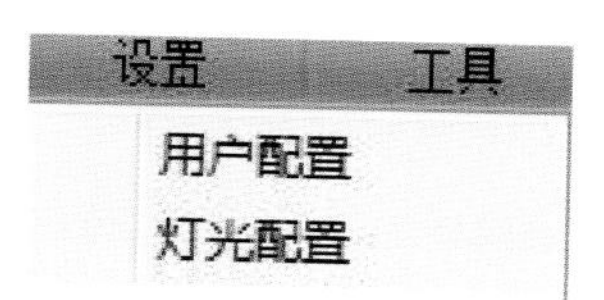

图 6.9 设置选项

◆用户配置：可设置软件纹理图、网格间隔、背景内容、软件制式等内容，左侧设置好后可将配置内容取名并添加到右侧自定义风格列表中(图 6.10)，方便以后再次使用。左侧设置将在下次启动时生效。

图 6.10　用户配置界面

◆灯光配置：可配置场景灯光参数，包括主灯光和伴随灯光；灯光类型可设置为平行光、点光源、聚光灯，并可对其具体参数进行调整，如图 6.11 和图 6.12 所示。

图 6.11　灯光配置界面

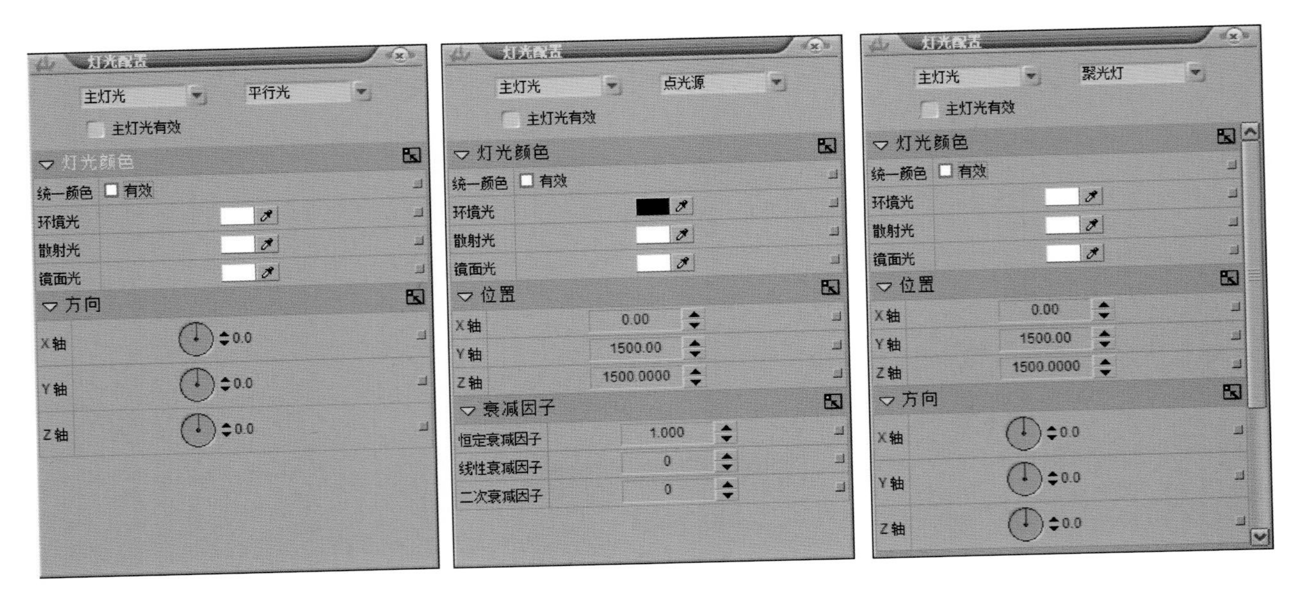

图 6.12　灯光参数界面

(5)“工具”菜单选项,如图 6.13 所示。

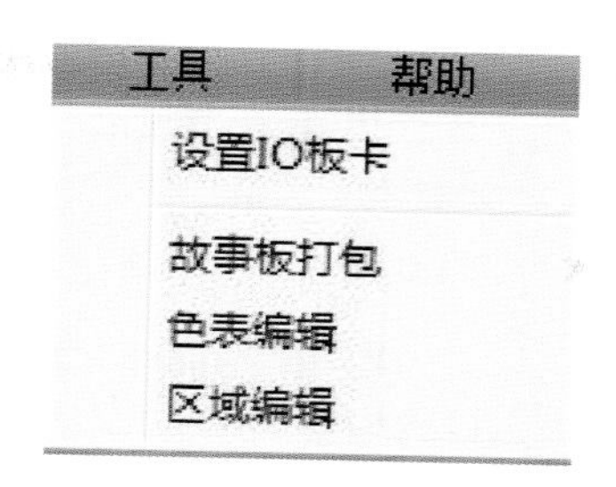

图 6.13 工具菜单

◆设置 I/O 板卡:可查看板卡型号,并查看或者修改各个板卡 IO 设置参数,如图 6.14 所示。

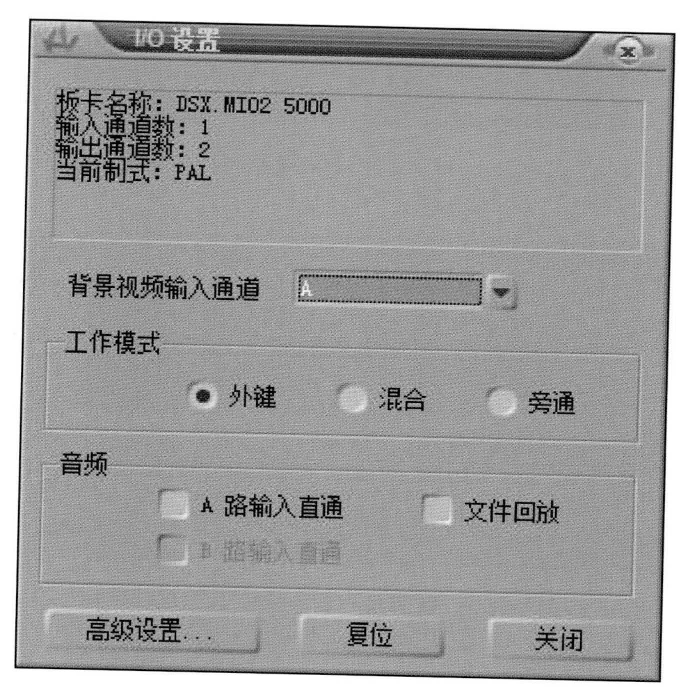

图 6.14 I/O 设置

◆故事板打包:可设置默认的打包类型、打包路径、打包名称,见图 6.15。

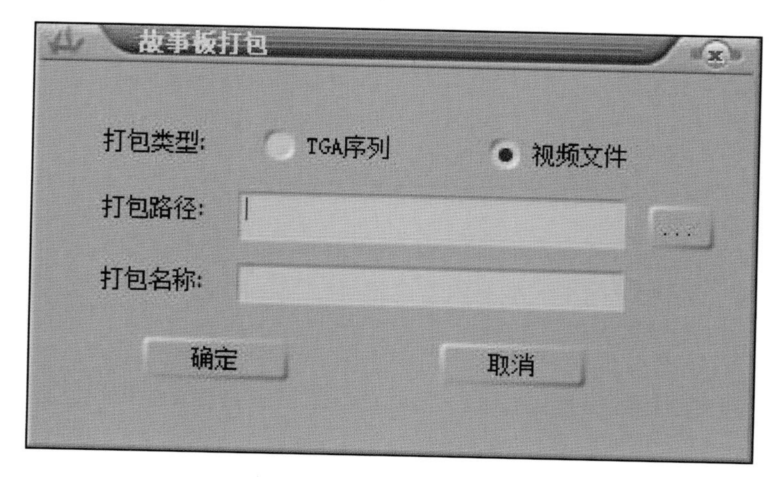

图 6.15 故事板打包界面

◆色表编辑：可编辑工程中用到的色带文件，例如用于等值线元素等处（文件类型为 *.rgb、*.val、*.srgb），见图 6.16 和图 6.17。

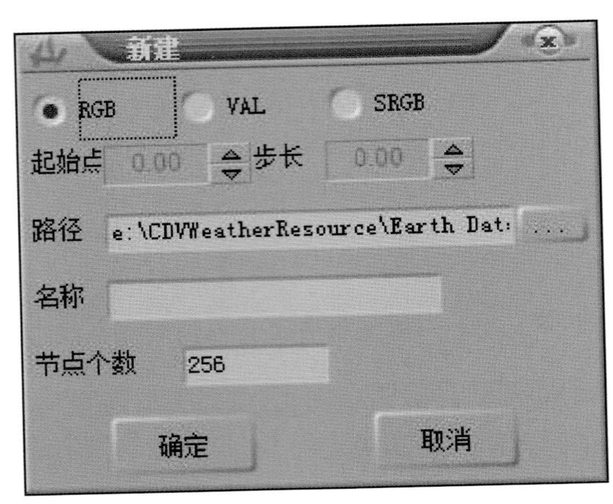

图 6.16　色表编辑

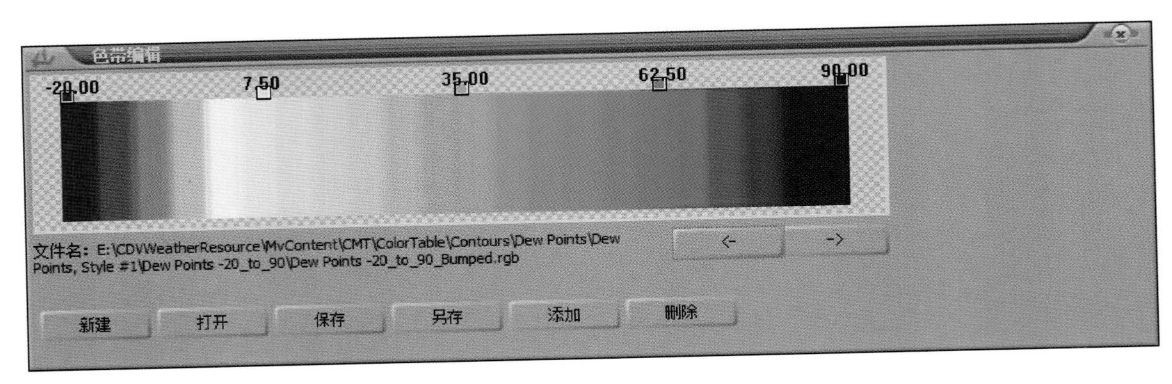

图 6.17　色带参数

◆区域编辑：可编辑工程中用到的区域遮罩文件，文件类型由系统自动设置，界面见图 6.18。在可选类型处选择区域类型后，展开区域选择列表。见图 6.19。

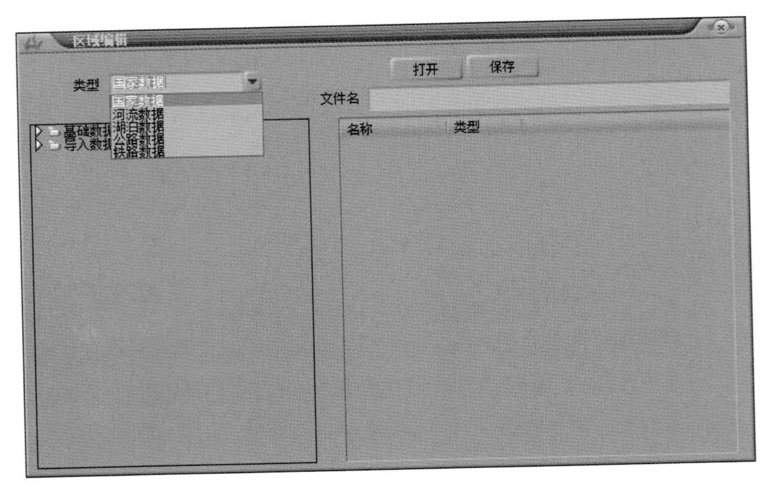

图 6.18　区域编辑界面

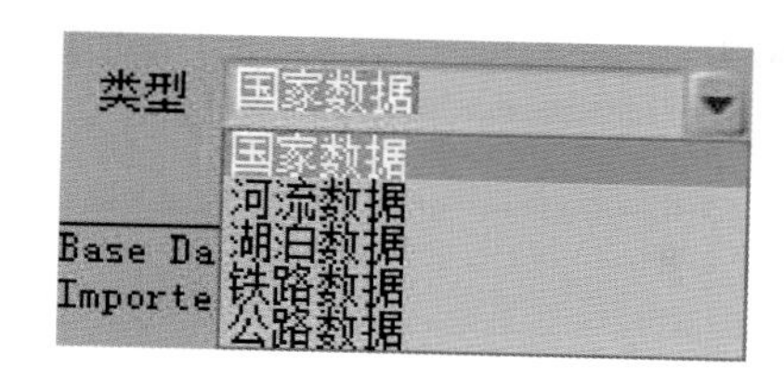

图 6.19　区域类型

图 6.20 左侧所需区域通过右键选项“添加到自定义”，可将左侧所选区域添加到区域自定义列表中，在文件名处输入名称后点击保存可将该区域自定义设置保存，在气象业务插件中可使用，如边界线等处。用户也可以打开之前保存的编辑区域，点击打开，弹出之前保存的所有区域文件菜单列表，选择对应的编辑区域完成打开操作。如图 6.21 和图 6.22 所示。

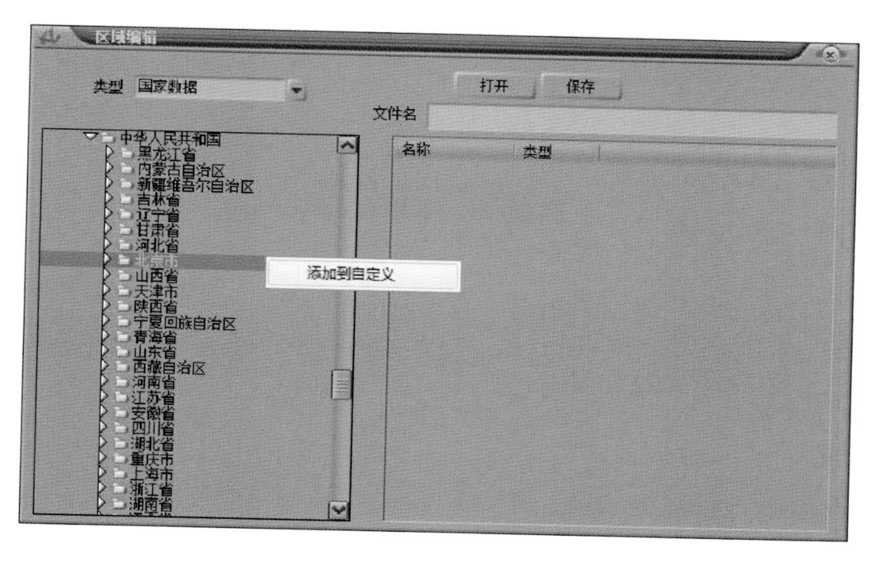

图 6.20　自定义界面

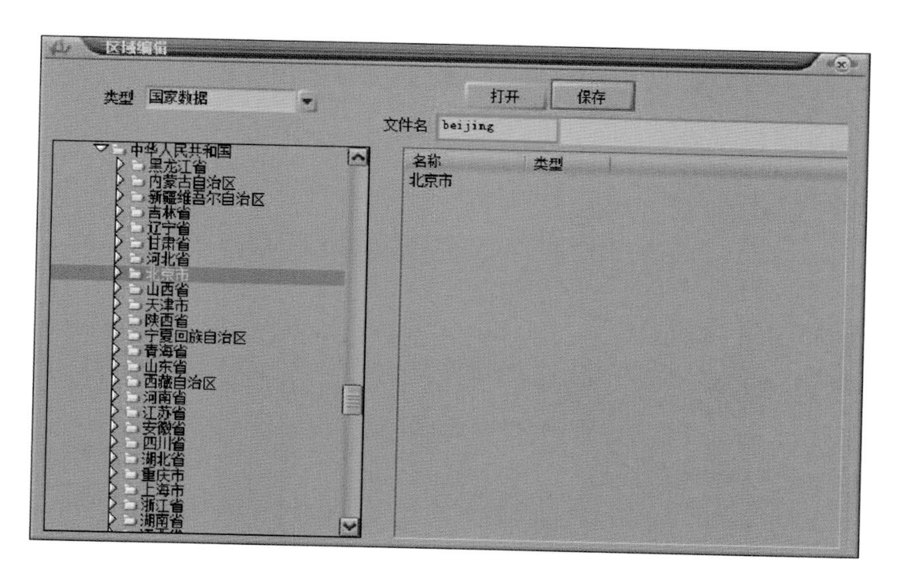

图 6.21　自定义界面调取 1

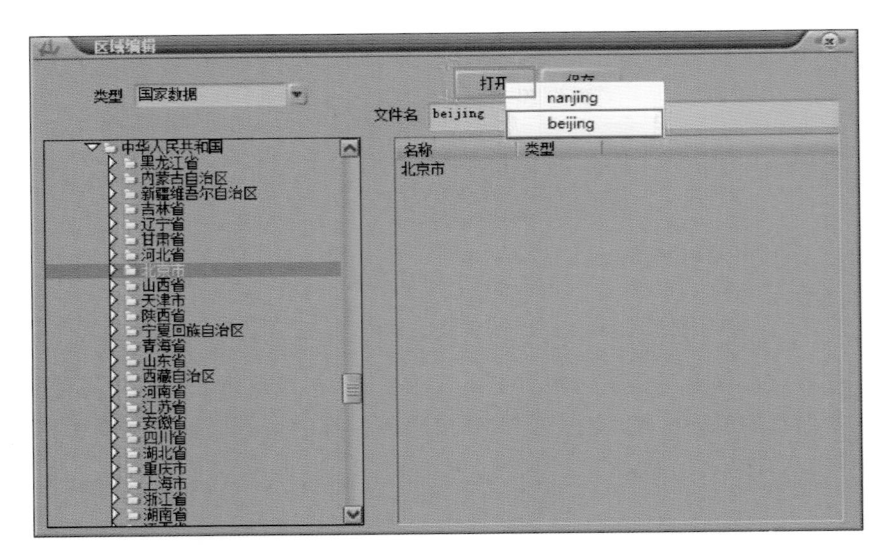

图 6.22 自定义界面调取 2

(6)“帮助”菜单选项，如图 6.23 所示。

图 6.23 帮助选项

◆关于(F1)：点击该项弹出软件相关信息窗口。

6.1.2 界面布局

气象编辑整体界面布局如图 6.5 所示。

(1)系统工具(图 6.24)

图 6.24 系统工具菜单

新建：单击此按钮，可新建气象制播工程。

新建空工程：预监窗口无内容，见图 6.25。

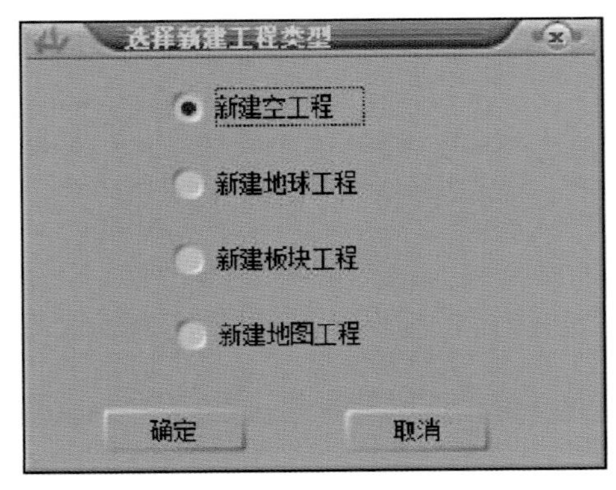

图 6.25 新建工程界面

新建地球工程:时间线编辑窗口可见默认新建地貌和摄像机信息,在预监窗口中可见地球样式。见图 6.26。

图 6.26　地球工程

新建板块工程:时间线编辑窗口可见默认新建板块信息,在预监窗口中为空,选择了板块文件后,预监窗口可见板块样式,见图 6.27。

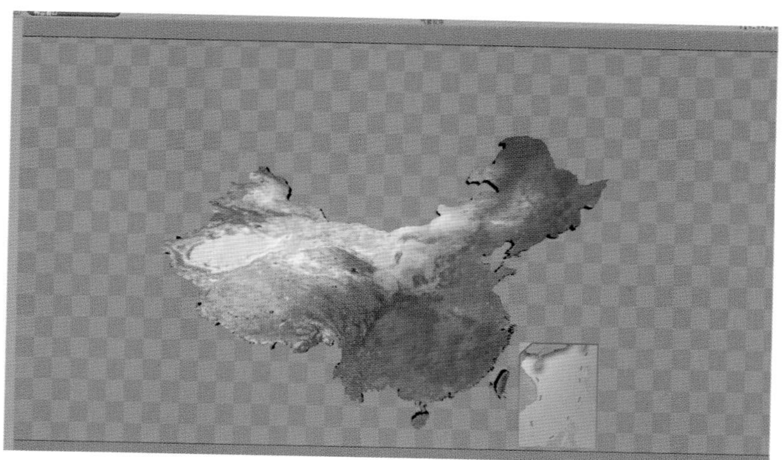

图 6.27　板块工程

新建地图工程:时间线编辑窗口可见默认新建地图信息,在预监窗口中可见地图样式,见图 6.28。

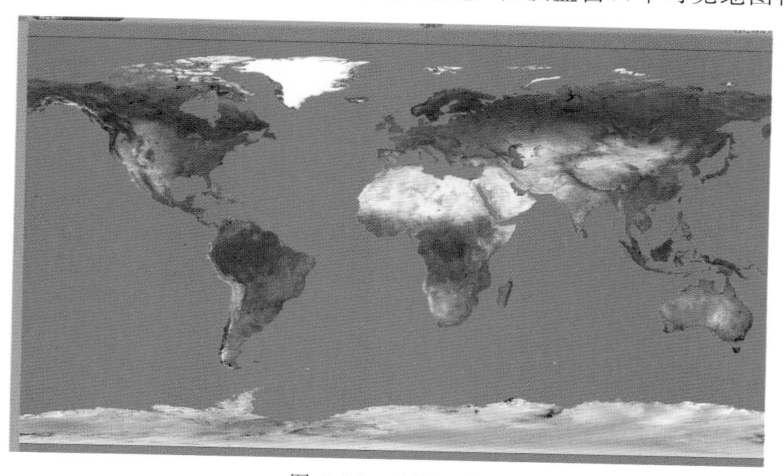

图 6.28　地图工程

打开：单击此按钮，可打开保存过的工程。

保存：单击此按钮，可保存正在操作的气象制播工程，后缀名为 . m5v 。

另存：单击此按钮，可将当前工程以另外的路径或者名称进行保存，后缀名为 . m5v。

撤销：单击此按钮，撤销上一步操作。

返回：单击此按钮，重做上一步操作。

设置 I/O 板卡：单击此按钮，可打开 IO 板卡设置界面，见图 6.29。

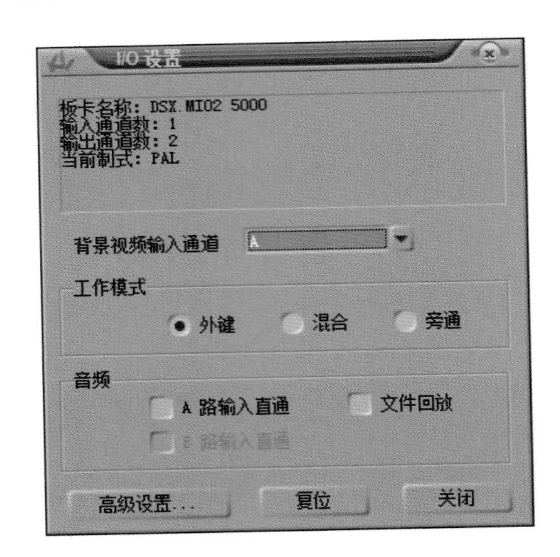

图 6.29　I/O 设置界面

关闭：关闭正在编辑的工程。

退出：关闭工程，并退出软件。

场景 ID 号。

(2)预监窗口

可查看时间线编辑窗口中时间游标对应的画面，见图 6.30。

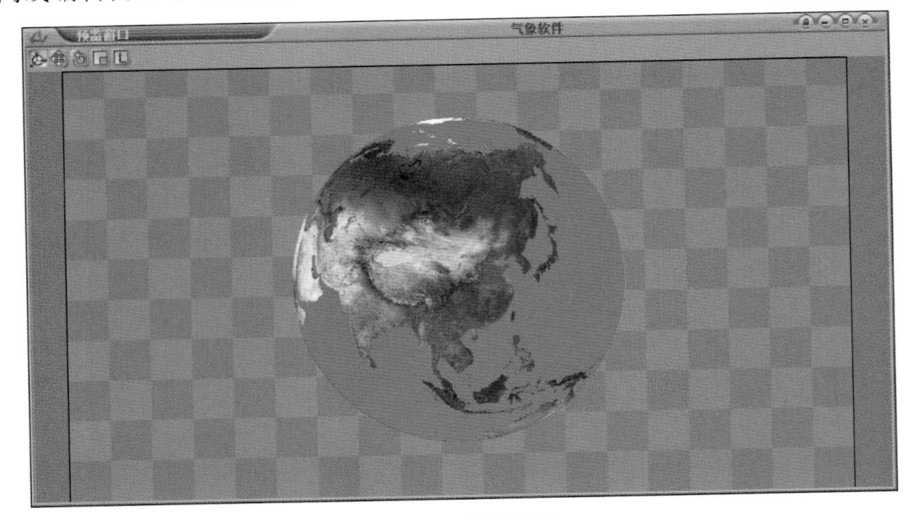

图 6.30　预监窗口

(3)导航窗口(图 6.31)

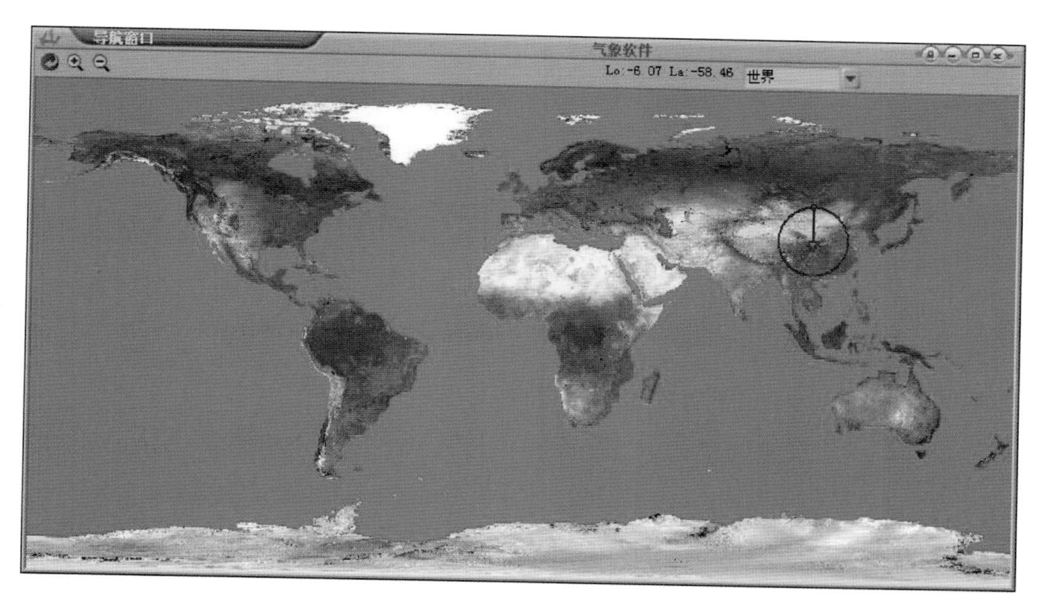

图 6.31 导航窗口

恢复:恢复导航窗口默认视角。

放大:放大导航窗口内容。

缩小:缩小导航窗口内容。

Lo:66.36 La:-9.67 经纬度:鼠标对应地图位置的经度、纬度信息。

可选导航窗口背景地图板块列表,见图 6.32。

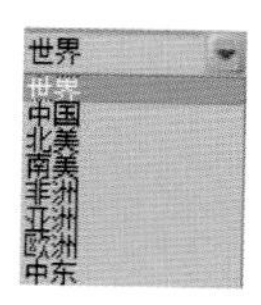

图 6.32 导航窗口背景地图列表

(4)插件列表

①插件,当前共有三类插件可选择:三维物体(图 6.33)、三维图元、气象业务(图 6.34),详细内容在下节讲述。

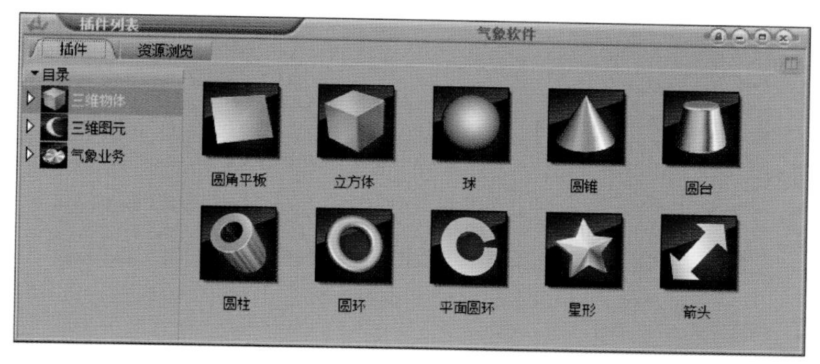

图 6.33 三维物体插件

图 6.34 气象业务插件

②资源浏览(图 6.35)。并不是所有图片等资源文件都存放在已有的库中,事实上,在实际制作中,大部分图片等资源文件是根据节目的要求而专门设计的,并且放置在用户自己的目录中。在气象编辑的资源浏览面板中可以浏览本地磁盘中的所有文件夹,可以通过它方便找到存放在本地硬盘中的素材文件,以支持将它们拖拽到场景中的应用。

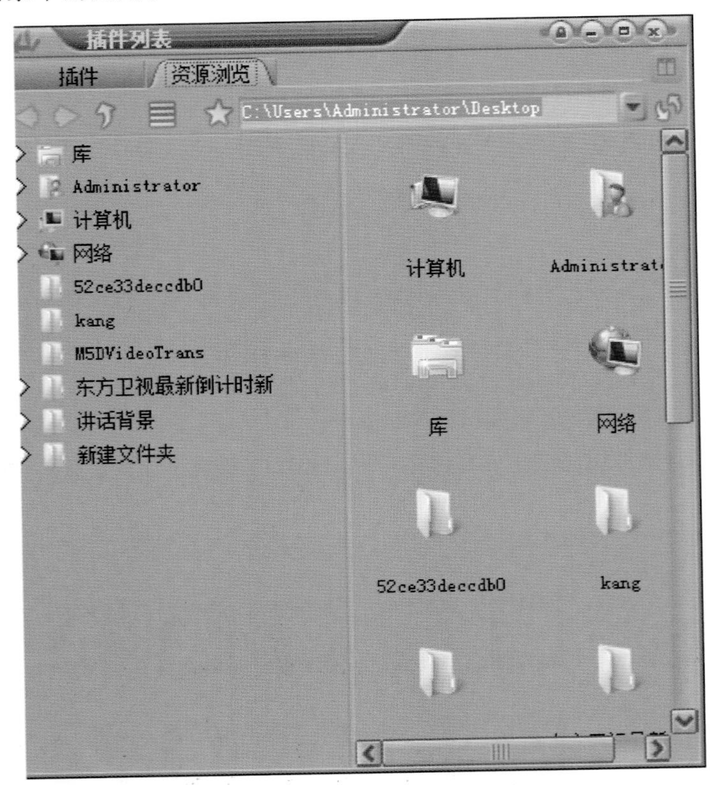

图 6.35 资源浏览窗口

(5)属性编辑窗口

该面板用来调节选中物体的所有属性,根据物体具有属性的多少,分为多个页面,包括物体基本属性调节窗口，材质属性调节窗口，空间变换，透明度控制等属性。如图 6.36 和图 6.37 所示。

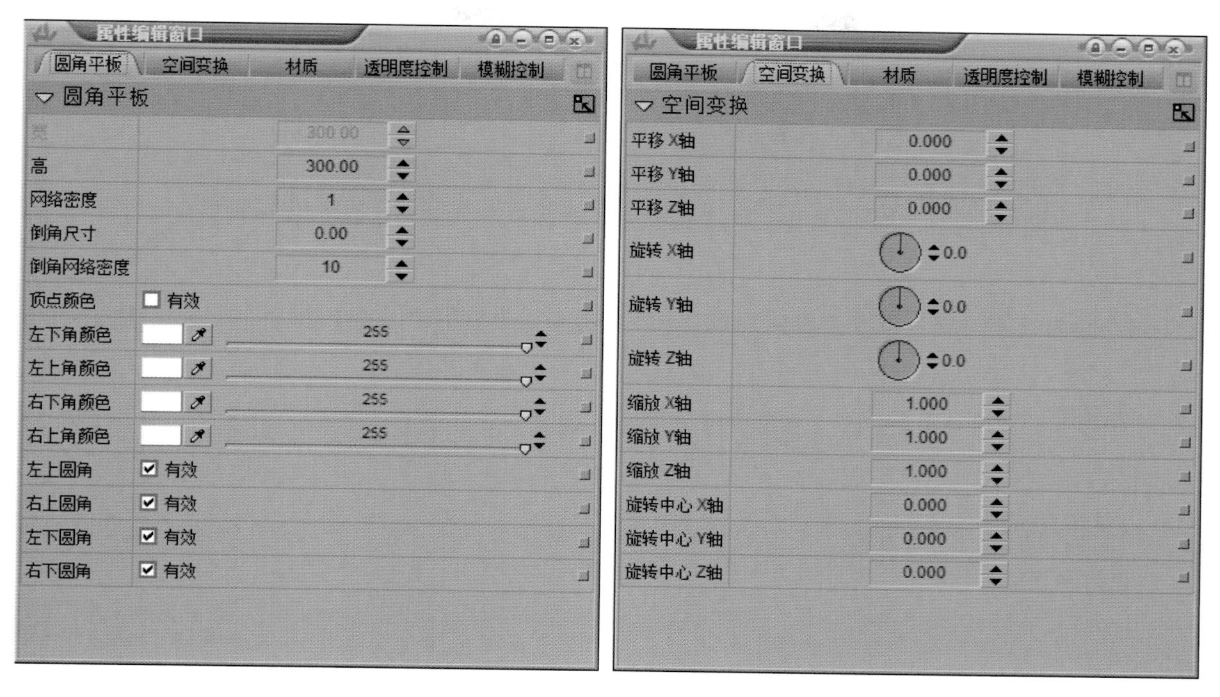

图 6.36　属性编辑窗口一

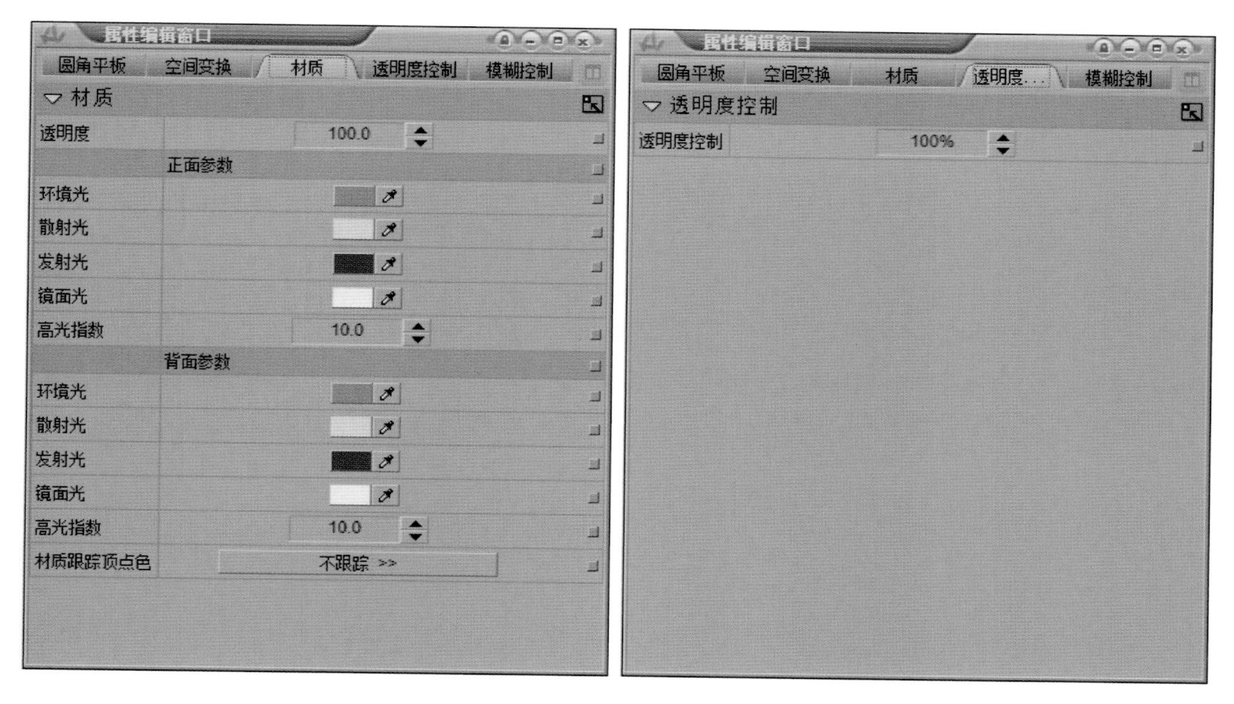

图 6.37　属性编辑窗口二

(6)时间线编辑窗口(图 6.38)

一个气象制播工程包含一个时间线即事件故事板，每个事件可包含多个轨道，特技可以任意安排组合。

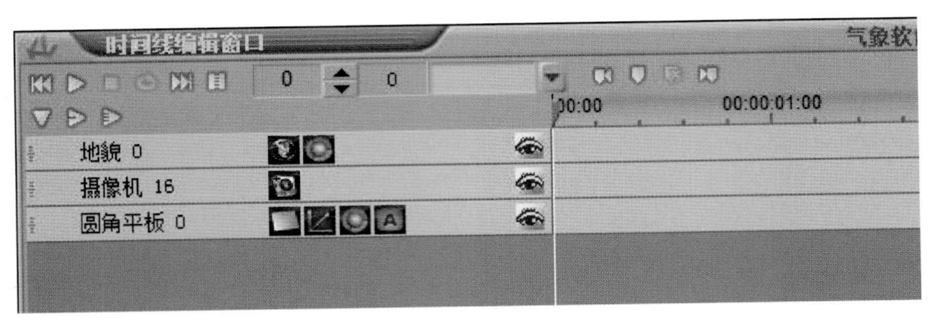

图 6.38 时间线编辑窗口

图元在时间线上可任意设置关键帧，图元动作状态可在预监窗口中查看。

6.2 插件

6.2.1 三维物体

(1)圆角平板

如图 6.39 所示，选择将要使用的三维物体模型拖拽到时间线编辑窗口，在时间线编辑窗口可形成新建的三维物体节点。

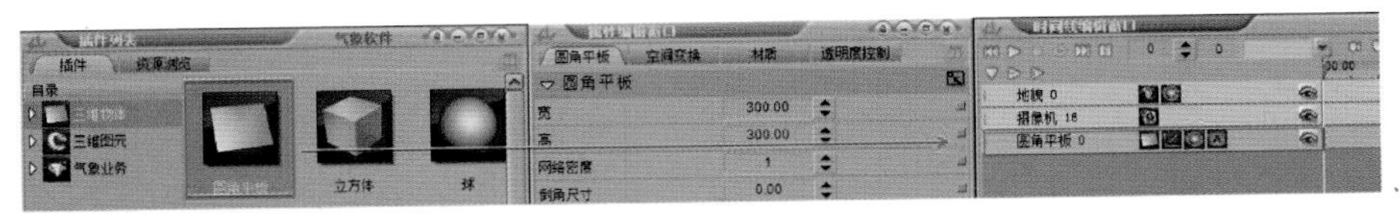

图 6.39 圆角平板插件

点击时间线编辑窗口中的圆角平板节点，可在属性编辑窗口(图 6.40)中看到圆角平板的属性内容。

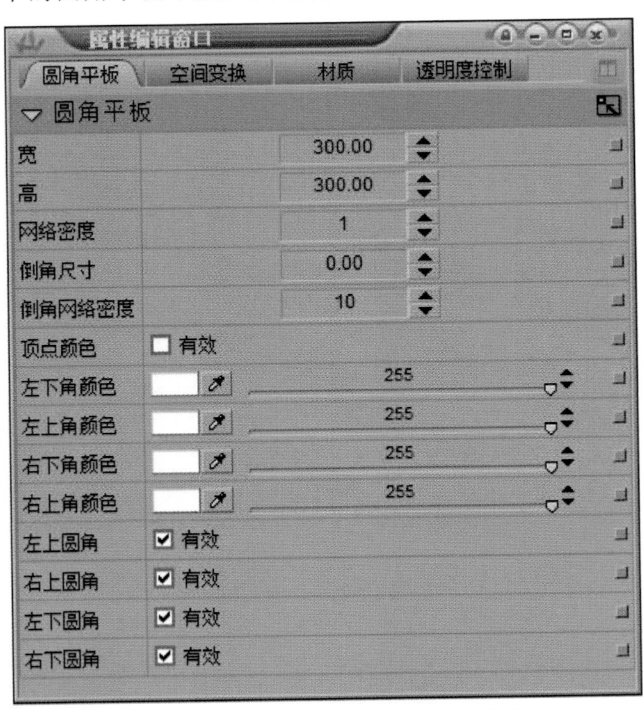

图 6.40 圆角平板插件属性编辑界面

菜单中可调整新建的圆角平板的宽度、高度信息，以及平板渲染时的网络密度。在图元中可显示为直角平板的状态，如需圆角勾选左上圆角、右上圆角、左下圆角、右下圆角并调节倒角尺寸和倒角网络密度。

平板颜色调节如果需要四角颜色，可勾选顶点颜色有效，并调节对应顶点的颜色，调色板菜单可从调色板(图 6.41)中直接选取颜色或者输入颜色数值确定颜色，也可以使用吸管工具进行取色操作。

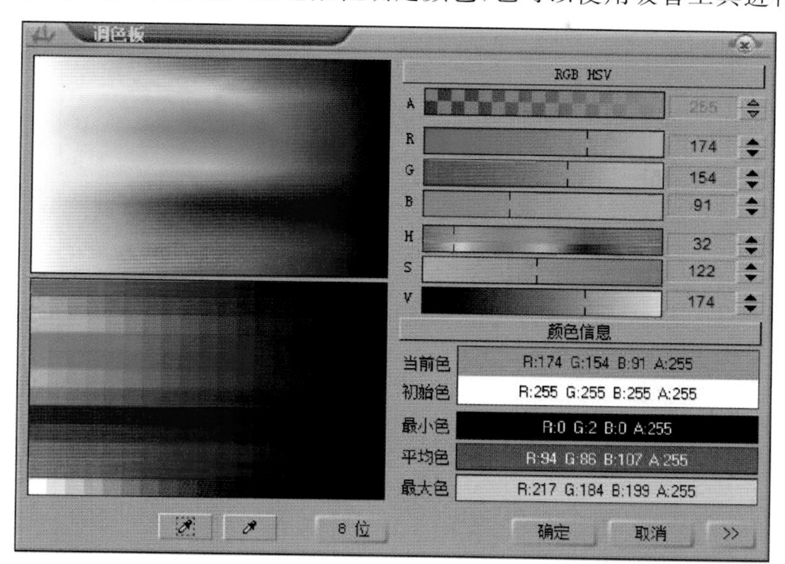

图 6.41 颜色编辑界面

如需对圆角平板在时间线编辑窗口中增加关键帧调节，双击时间线编辑窗口中圆角平板节点(图 6.42 中红框)，可增加图元属性轨(属性按钮高亮)。将属性内容展开，可看到属性参数调节窗口。图 6.42 中可见各控制按钮作用，参数未添加关键帧时内容可在属性编辑窗口中进行调节，一旦添加打开关键帧调节，属性编辑窗口中参数将不能调节。

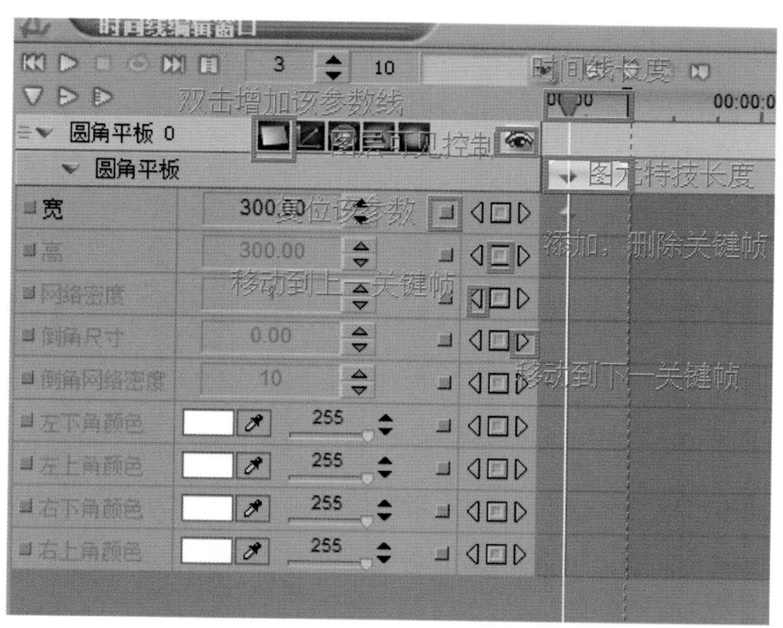

图 6.42 时间线编辑界面

图 6.43 为物体材质属性面板，其他图元材质面板均同此，可调节物体的透明度信息和正面、背面材质信息，可设置物体高光指数和材质跟踪的顶点色信息。

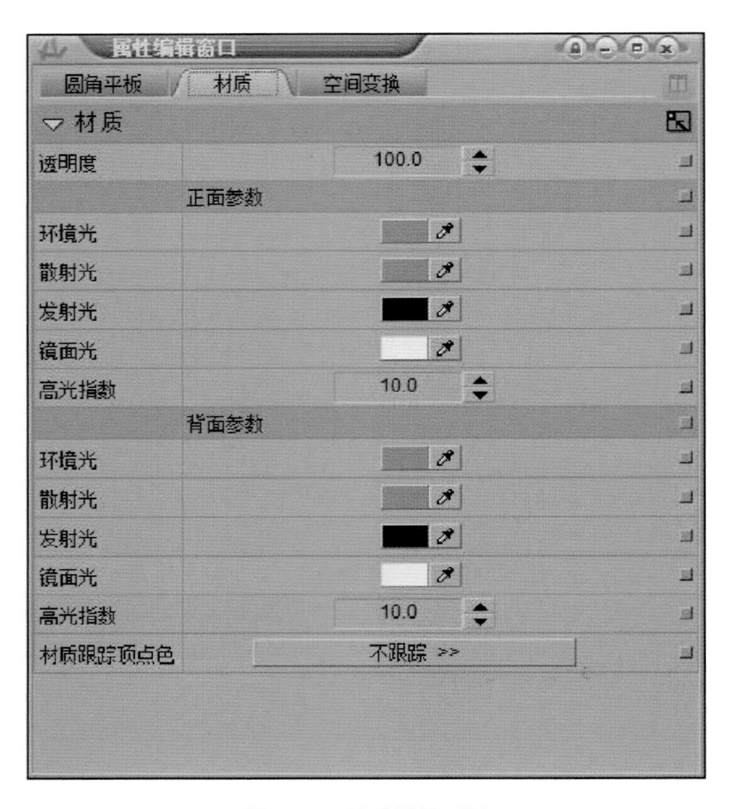

图 6.43　材质属性面板

图 6.44 为物体空间变换属性面板，其他图元空间变换面板均同此，可调节物体平移、缩放、旋转及旋转中心的位置信息。

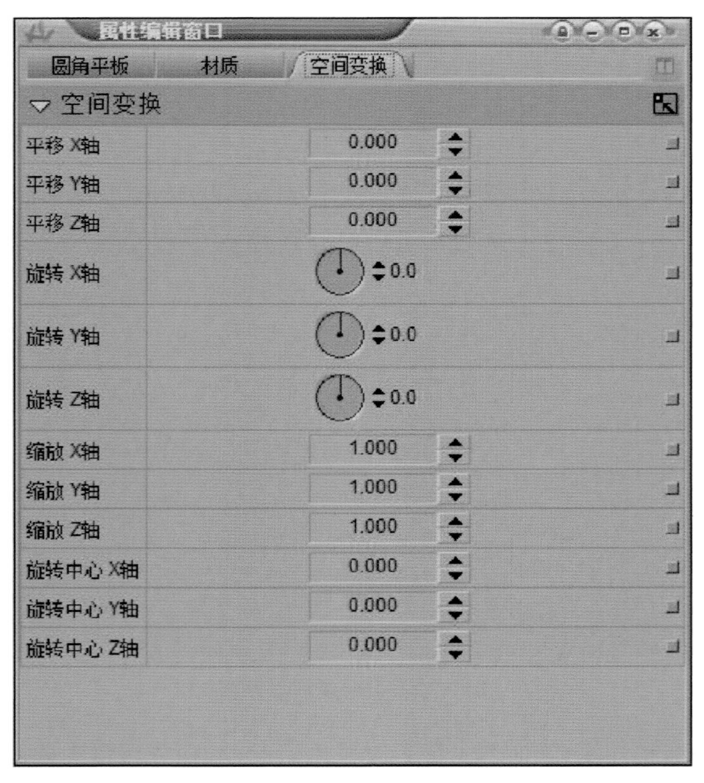

图 6.44　物体空间变换属性面板

图 6.45 为物体透明度控制属性面板，其他图元透明度控制面板均同此，可调节物体的透明度信息。

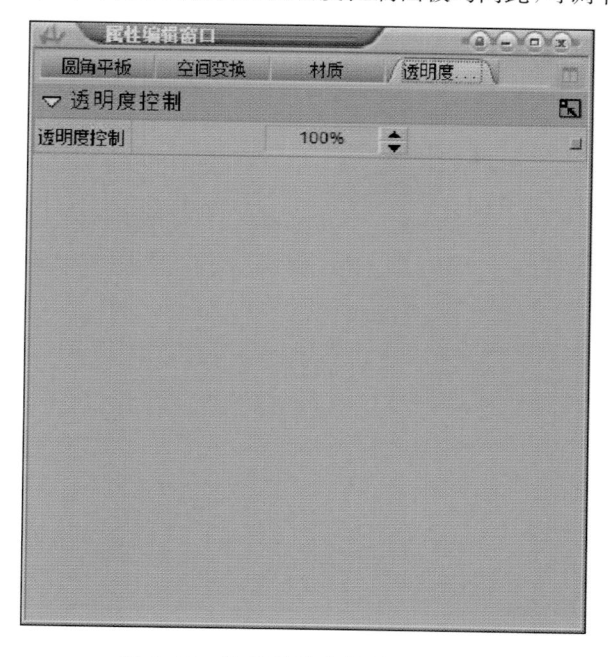

图 6.45　物体透明度控制属性面板

如果需要在时间线编辑窗口中增加图元材质、空间变换或者透明度的关键帧信息，同物体属性设置一样，可双击材质、空间变换、透明度控制节点，展开参数调节为物体增加属性关键帧。

(2)立方体

创建立方体后，点击时间线编辑窗口中的立方体属性节点可见立方体属性面板，可对立方体的长、宽、高，以及面显示和镶嵌度信息进行设置，还可对面间倒角进行半径和等级的调节，如图 6.46 所示。时间线编辑窗口可见所有参数均可编辑关键帧信息。

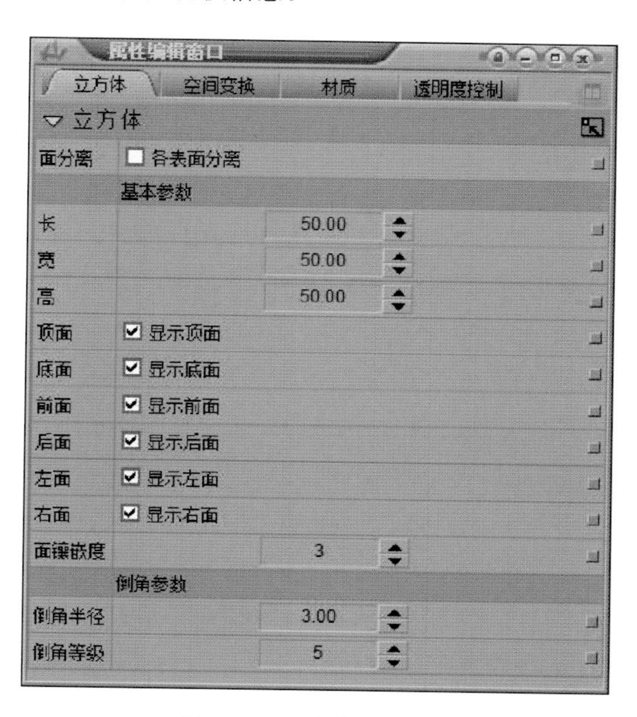

图 6.46　立方体属性面板

(3)球

创建球体后,点击时间线编辑窗口中的球体属性节点可见球的属性面板(图 6.47),可对球体镶嵌程度、球半径,以及球体开始和结束的经度、纬度信息进行设置。时间线编辑窗口可见所有参数均可编辑关键帧信息。

图 6.47　球的属性面板

(4)圆锥

创建圆锥后,点击时间线编辑窗口中的圆锥体属性节点可见圆锥的属性面板(图 6.48),可对圆锥的半径、高度、高度分段、侧面面数进行调节,可选择显示底面、光滑侧面选项,可选择倒角类型,并调节倒角半径和等级。

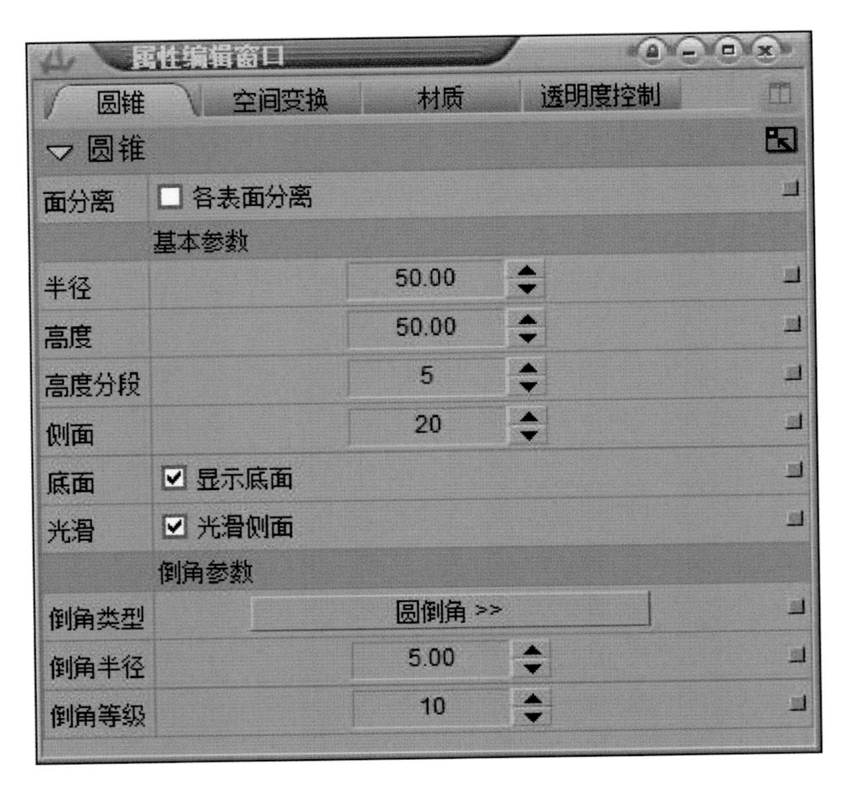

图 6.48　圆锥的属性面板

(5)圆台

创建圆台后，点击时间线编辑窗口中的圆台属性节点可见圆台的属性面板(图 6.49)，可对圆台模型的上下半径、高度、高度分段、侧面面数进行调节，可选择显示顶面、底面、光滑侧面选项，可选择倒角类型，并调节倒角半径和等级。

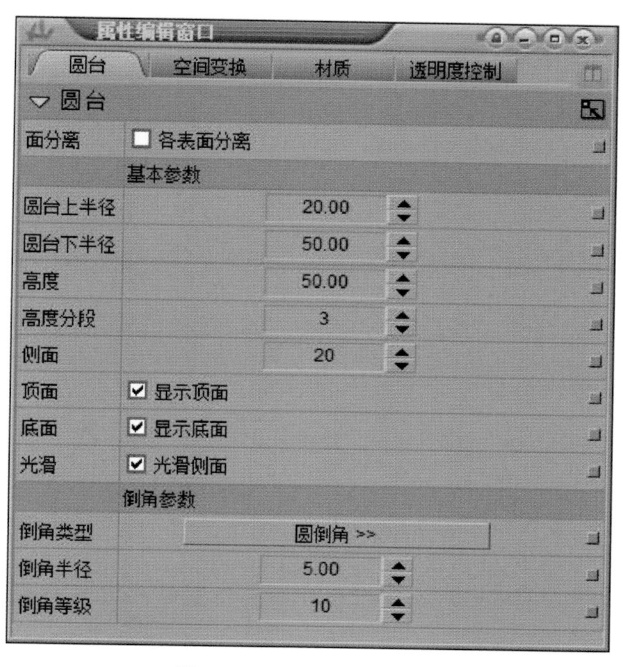

图 6.49 圆台的属性面板

(6)圆柱

创建圆柱后，点击时间线编辑窗口中的圆柱属性节点可见圆柱的属性面板(图 6.50)，可对圆柱模型的边数、内外半径、高度、高度分段、起始和终止角度参数进行调节，可选择中心开孔，可选择倒角类型，并调节倒角半径和等级，若选择中心开孔还可勾选内倒角参数。

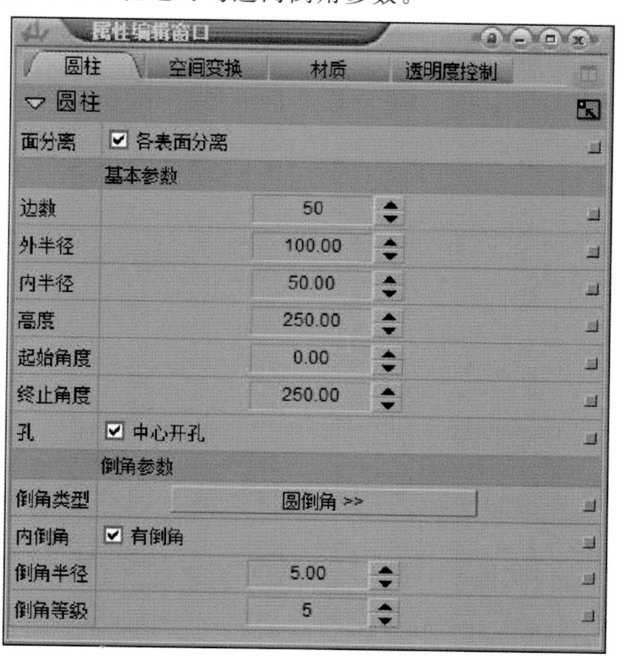

图 6.50 圆柱的属性面板

(7)圆环

创建圆环后，点击时间线编辑窗口中的圆环属性节点可见圆环的属性面板(图 6.51)，可对圆环基圆半径、截面半径、分段数、边数等参数进行调节。

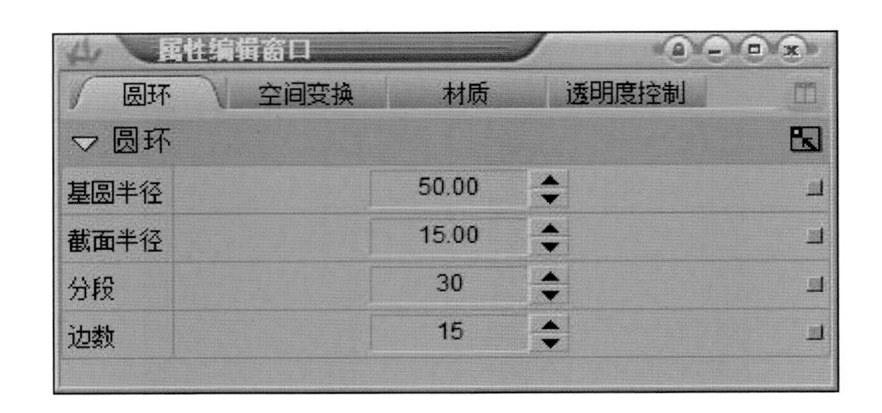

图 6.51　圆环的属性面板

(8)平面圆环

创建平面圆环后，点击时间线编辑窗口中的平面圆环属性节点可见平面圆环的属性面板(图 6.52)，可对圆环边数、内外半径、起始终止角度等参数进行调节并可选择中心是否开孔。

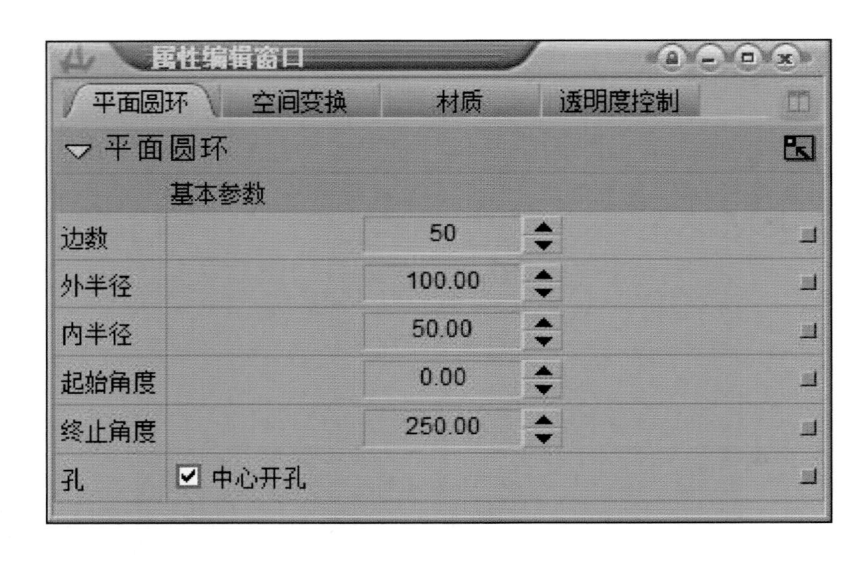

图 6.52　平面圆环的属性面板

(9)星形

创建星形后，点击时间线编辑窗口中的星形属性节点可见星形的属性面板(图 6.53)，可对角数、内外半径、内外圆角半径、星形高度参数进行调整，并可调节光滑等级，可勾选是否显示二级倒角，如是可对倒角高度和深度参数调整。

图 6.53　星形的属性面板

(10)箭头

创建箭头后,点击时间线编辑窗口中的箭头属性节点可见箭头的属性面板(图 6.54),可对箭头的中心轴宽度、长度,箭头宽度、长度,箭头倒角半径,倒角点个数及箭头类型等参数进行调节。

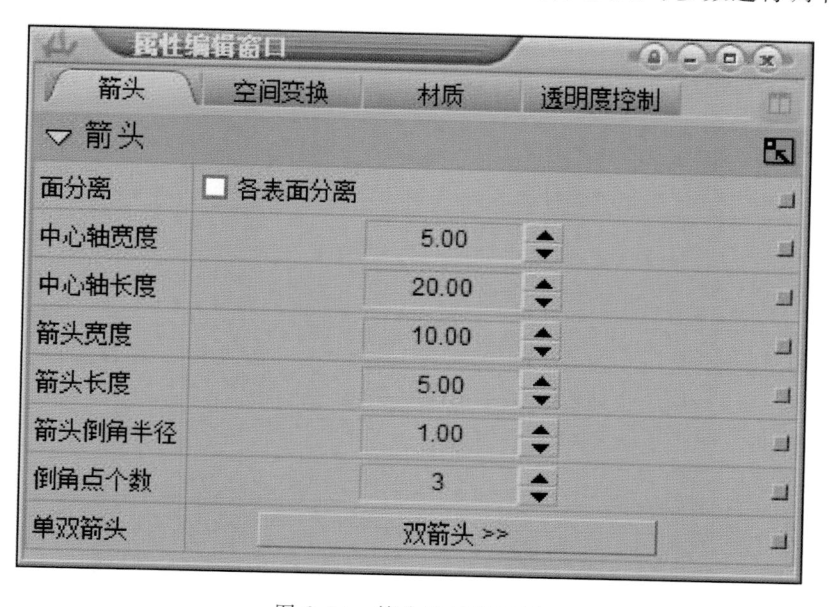

图 6.54　箭头的属性面板

6.2.2　三维图元

三维图元插件包括图 6.55 所示的椭圆、同心圆、空心弧、圆弧、月牙和闪电。

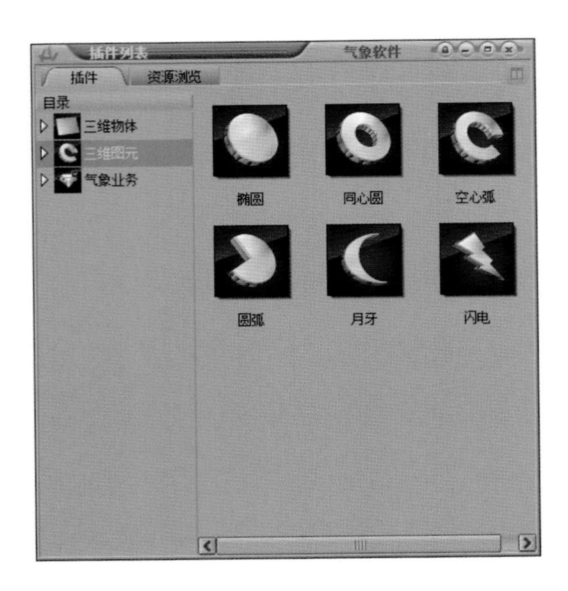

图 6.55　三维图元插件

(1)椭圆

创建椭圆后,可在属性编辑框(图 6.56)中控制椭圆的宽度和高度,可在属性菜单或者时间线编辑窗口中对椭圆图元的厚度、光滑度、纹理映射方式等作出调节,可设置图元只显示轮廓并设置轮廓厚度,可设置倒角类型和厚度。

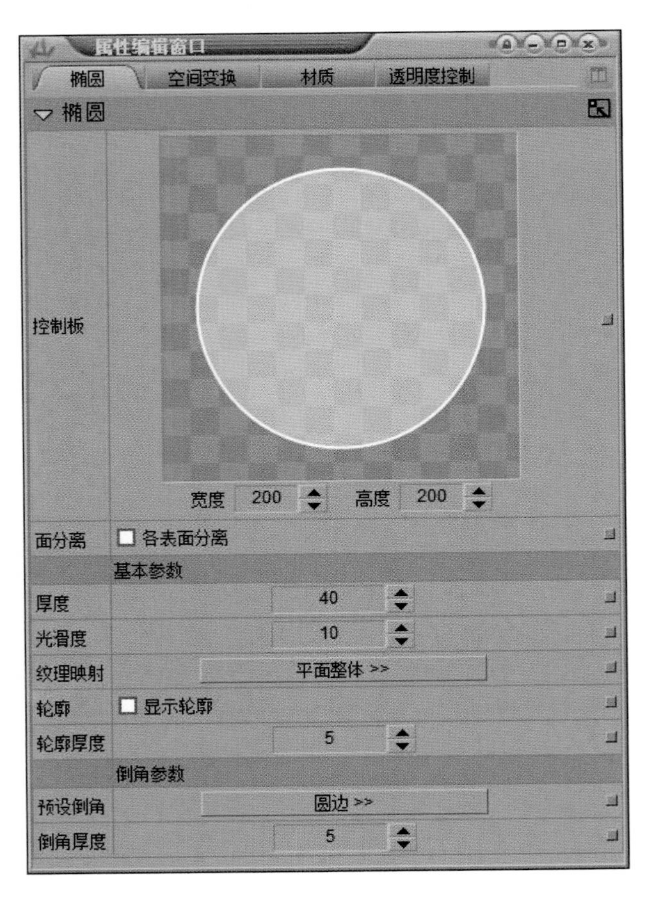

图 6.56　椭圆属性编辑框

(2)同心圆

创建同心圆后,可在属性编辑框(图 6.57)中控制同心圆的宽度和高度,还可调整内圆半径,可在属性菜单或者时间线编辑窗口中对同心圆图元的厚度、光滑度、纹理映射方式等作出调节,可设置图元只显示轮廓并设置轮廓厚度,可设置倒角类型和厚度。

(3)空心弧

创建空心弧后,可在属性编辑框(图 6.58)中控制空心弧的宽度和高度,可调整空心弧内圆半径及空心弧角度,可在属性菜单或者时间线编辑窗口中对空心弧图元的厚度、光滑度、纹理映射方式等作出调节,可设置图元只显示轮廓并设置轮廓厚度,可设置倒角类型和厚度。

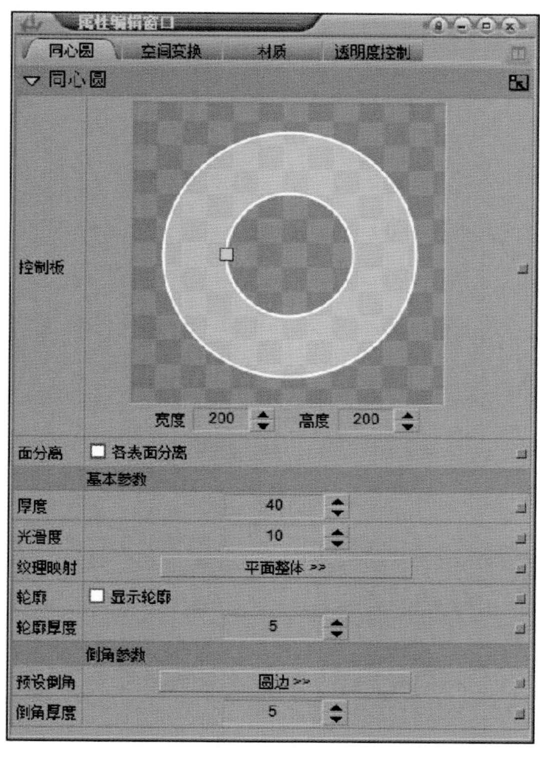

图 6.57 同心圆属性编辑框

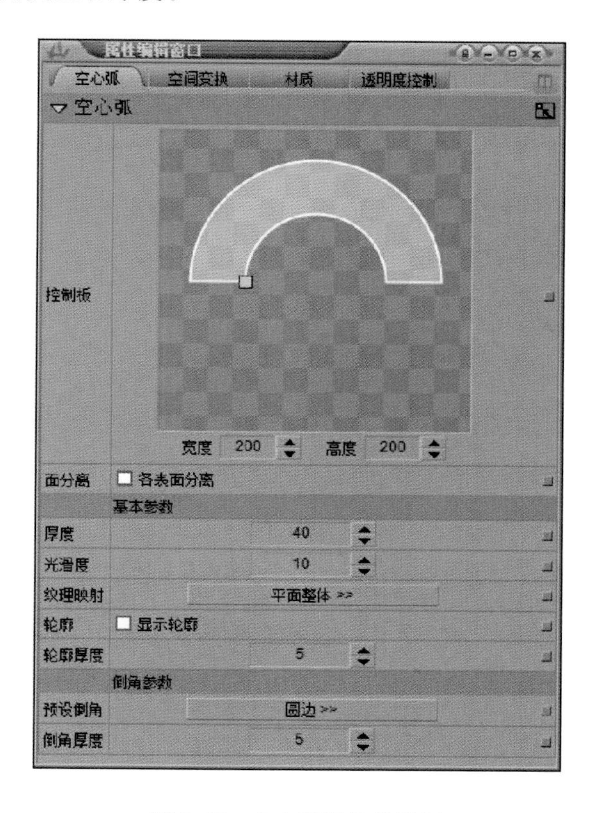

图 6.58 空心弧属性编辑框

(4)圆弧

创建圆弧后,可在属性编辑框(图 6.59)中控制圆弧的宽度和高度,可调整圆弧角度,可在属性菜单或者时间线编辑窗口中对圆弧图元的厚度、光滑度、纹理映射方式等作出调节,可设置图元只显示轮廓并设置轮廓厚度,可设置倒角类型和厚度。

(5)月牙

创建月牙后,可在属性编辑框(图 6.60)中控制月牙的宽度和高度,可调整内弧位置,可在属性菜单或者时间线编辑窗口中对月牙图元的厚度、光滑度、纹理映射方式等作出调节,可设置图元只显示轮廓并设置轮廓厚度,可设置倒角类型和厚度。

(6)闪电

创建闪电后,可在属性编辑框(图 6.61)中控制闪电的宽度和高度,并在属性菜单或者时间线编辑窗口中对闪电图元的厚度、光滑度、纹理映射方式等作出调节,可设置图元只显示轮廓并设置轮廓厚度,可设置倒角类型和厚度。

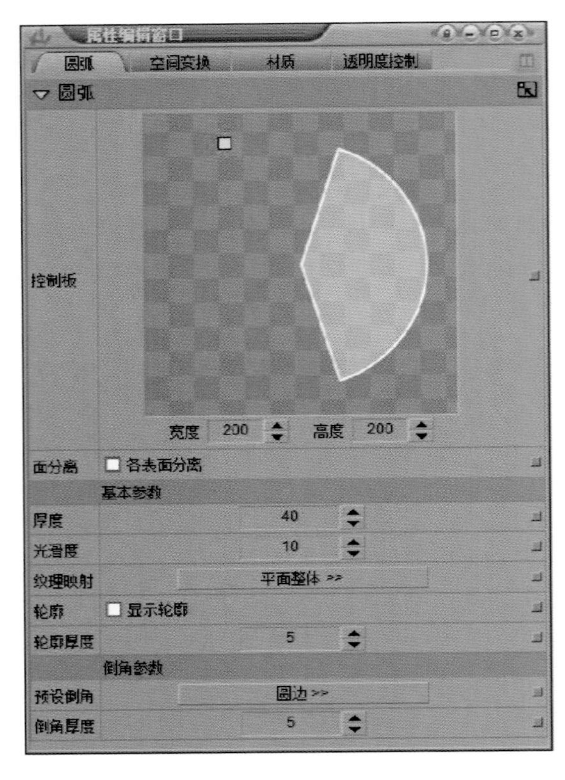

图 6.59　圆弧属性框

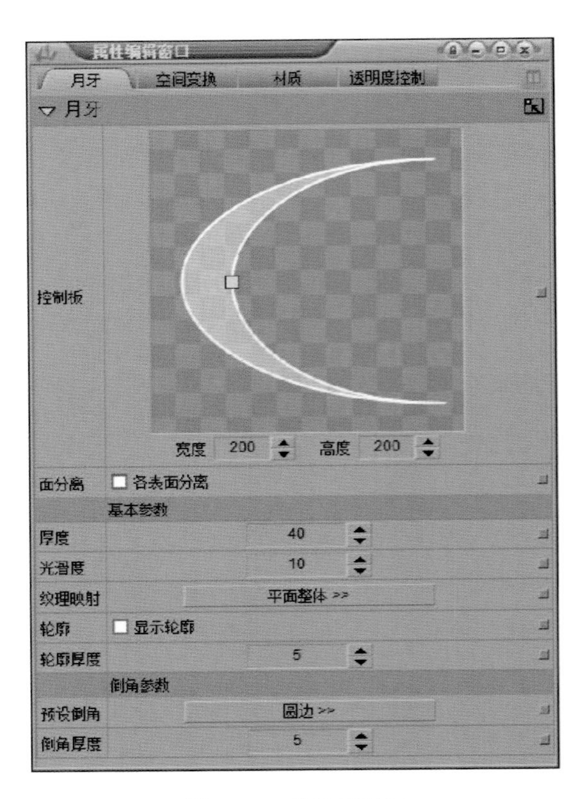

图 6.60　月牙属性框

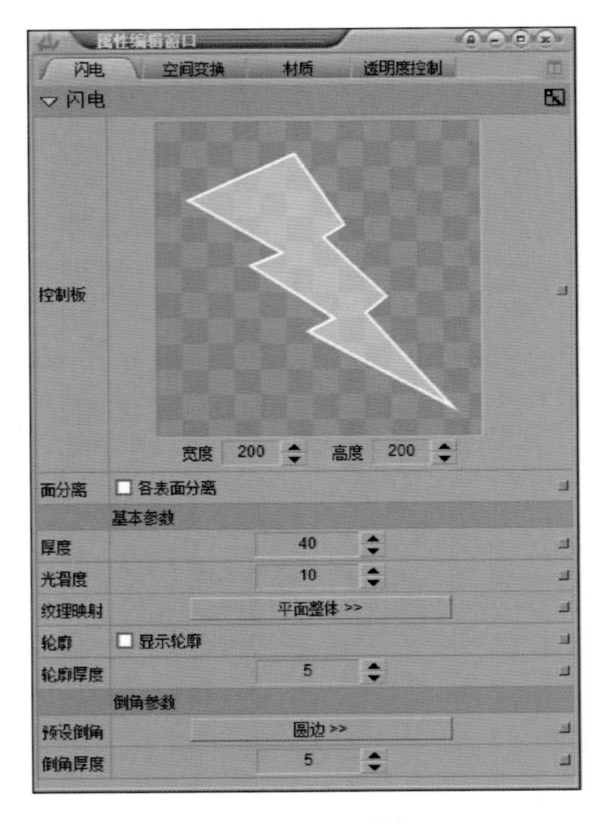

图 6.61　闪电属性框

6.2.3 气象业务

(1)3D 模型

如图 6.62 所示，选择插件列表中的气象业务，拖拽 3D 模型元素到时间线编辑窗口，在时间线编辑窗口可形成新建的 3D 模型轨。

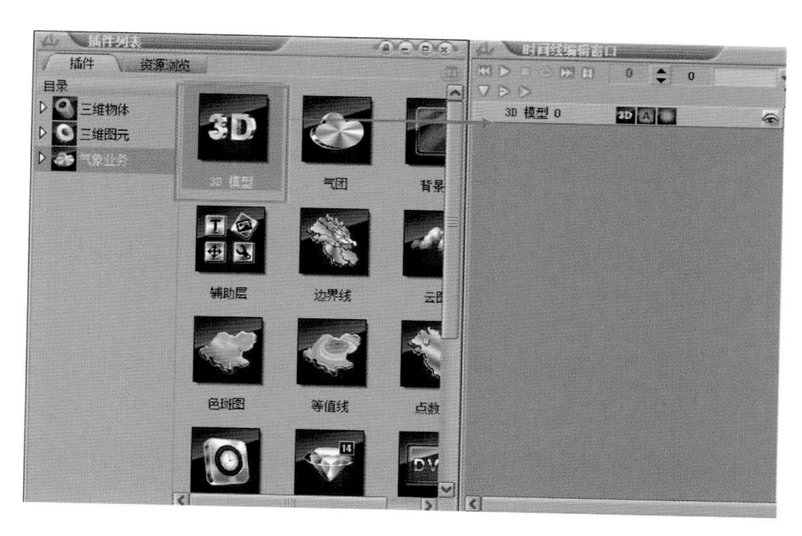

图 6.62 3D 模型插件

点击时间线编辑窗口中的 3D 模型属性节点可见属性编辑窗口(图 6.63)。

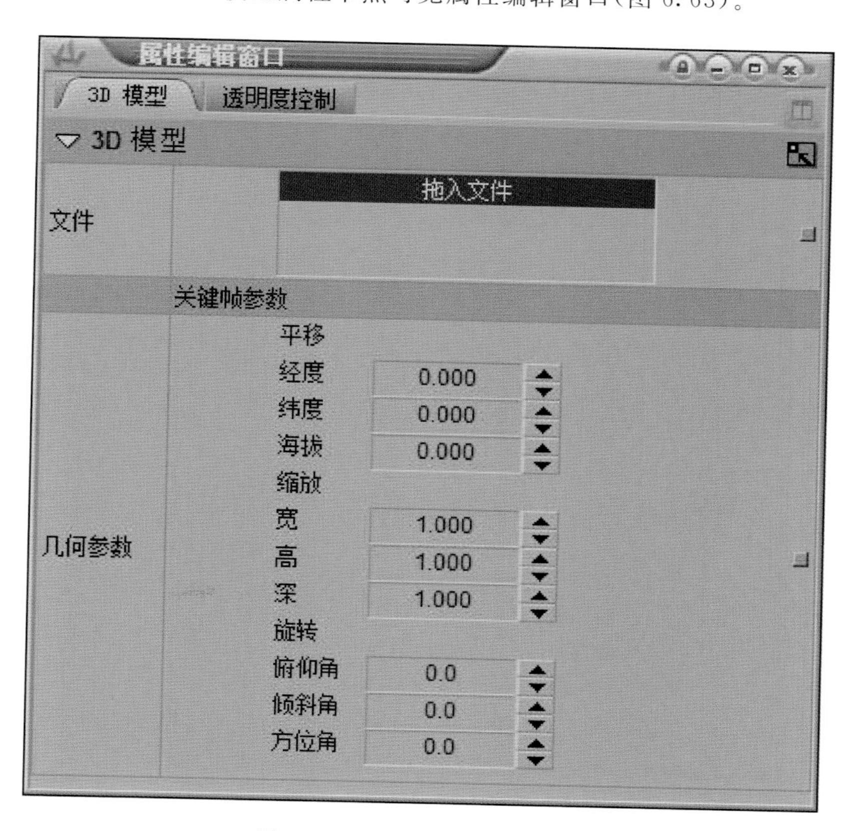

图 6.63 3D 模型属性编辑窗口

文件：将三维模型文件拖拽到文件内容框内（可从资源浏览列表中直接拖拽），在预监窗口（图 6.64）中看到创建的三维模型。

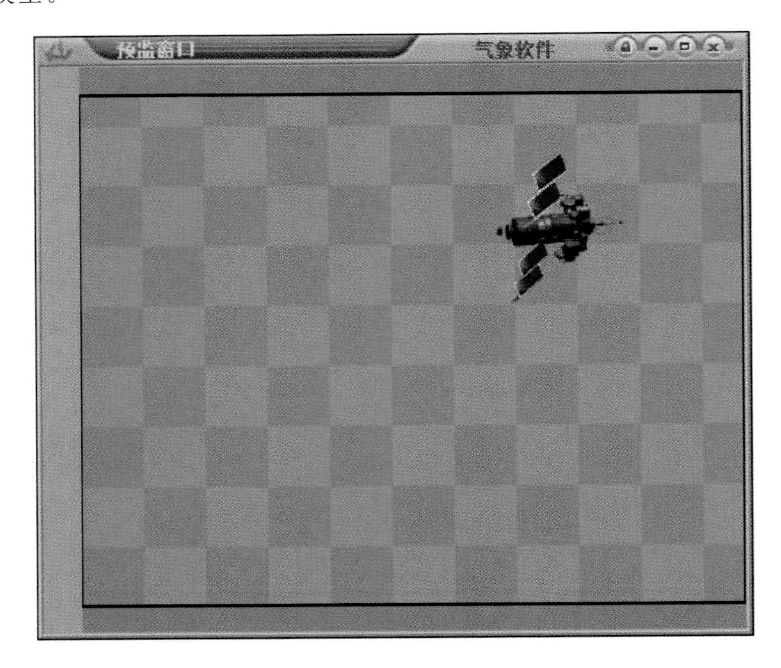

图 6.64　预监窗口

几何参数：可调整 3D 模型的移动、缩放、旋转信息。如图 6.65 所示，双击时间线编辑窗口中的 3D 模型节点（绿框）可添加 3D 模型的关键帧参数调节轨（红框），可记录移动、缩放、旋转的关键帧信息。

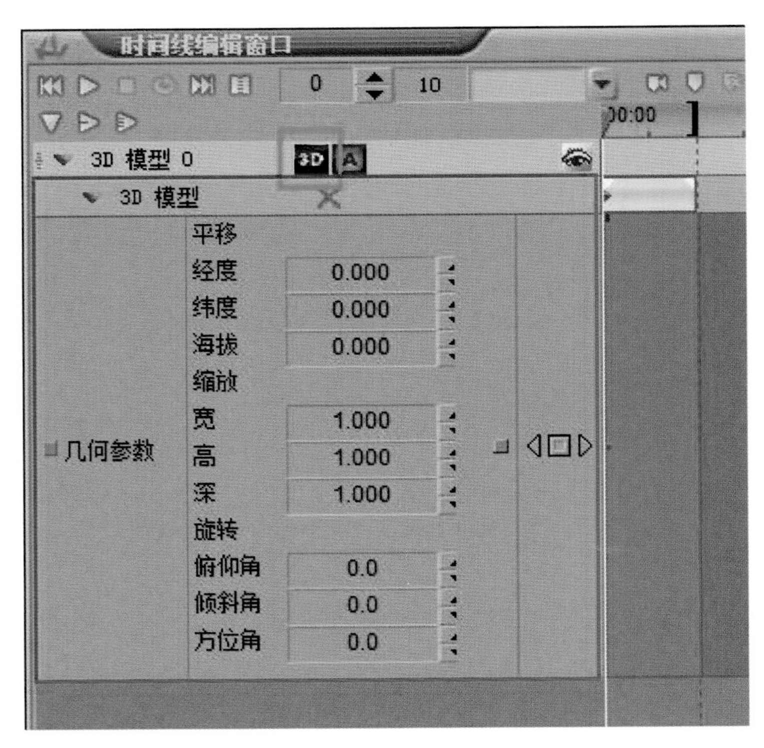

图 6.65　3D 模型的关键帧参数

(2)气团

如图 6.66 所示,选择插件列表中的气象业务,拖拽气团元素到时间线编辑窗口,在时间线编辑窗口可形成新建的气团轨。

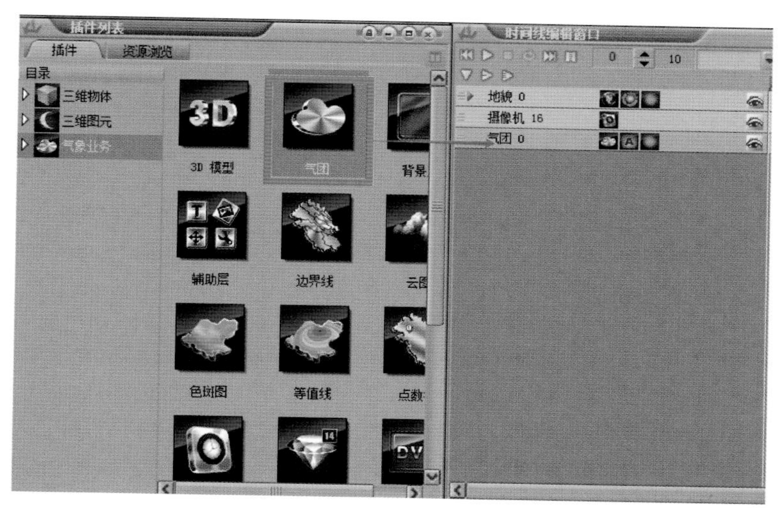

图 6.66 气团插件

在导航窗口中可编辑气团图元的形状,导航窗口可放大移动至合适位置,右键开始编辑可描绘气团曲线样式,如图 6.67 所示。预监窗口见图 6.68。

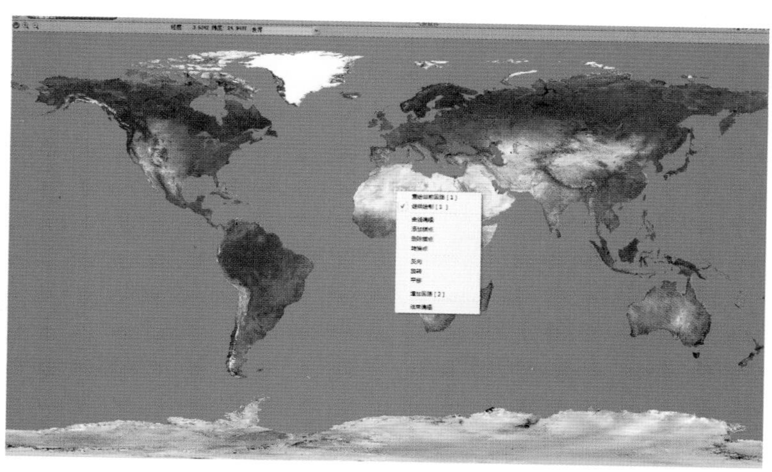

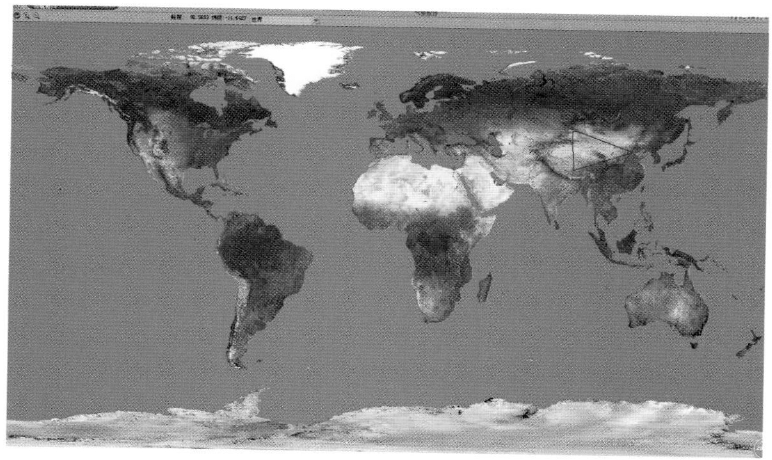

图 6.67 编辑气团窗口

图 6.68　预监窗口

点击时间线编辑窗口中的气团属性节点可见属性编辑窗口(图 6.69)。

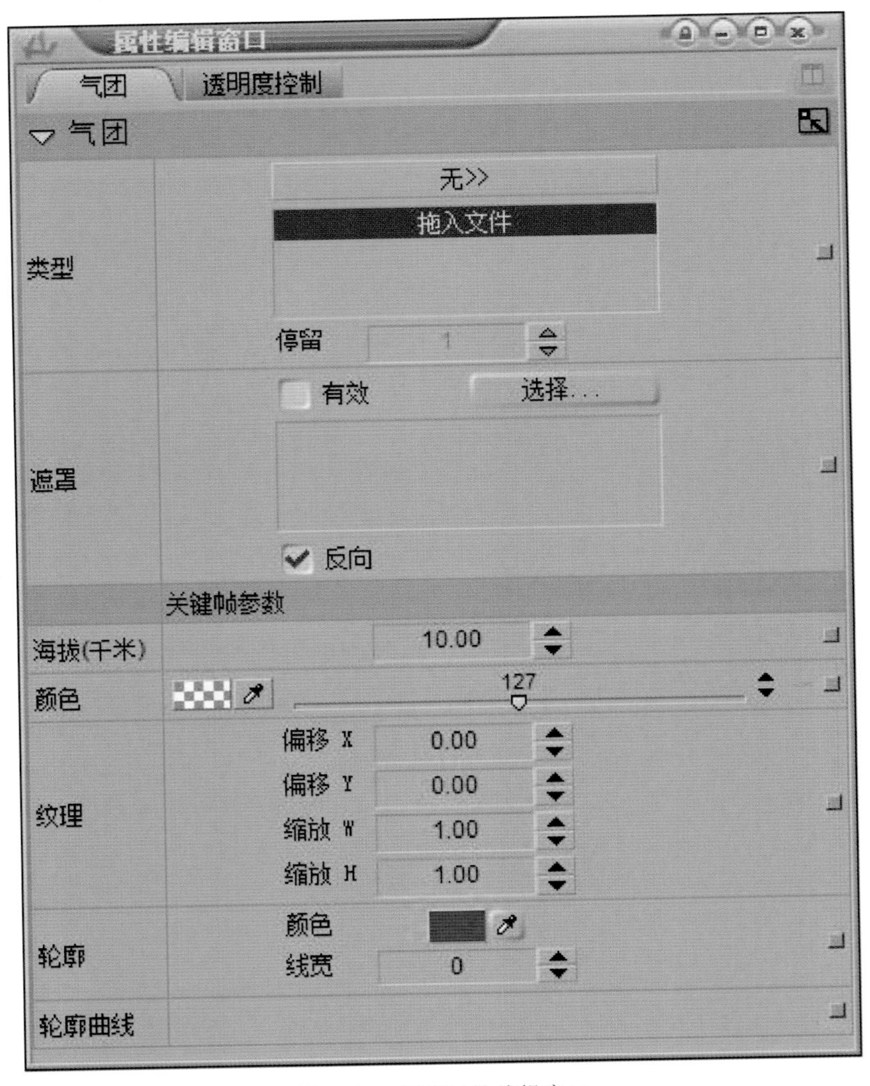

图 6.69　气团属性编辑窗口

类型：分为图片、图片序列、无三种情况。

图片：将图像文件拖拽到文件显示框内，图像以导航窗口中气团曲线的形状进行显示。

图片序列：将图像序列拖拽到文件显示框内，可调节停留来控制序列的播放速度。

无：不使用图片或者图片序列。

遮罩：可选择 *.mcsx 遮罩文件，选择文件后，勾选有效，遮罩文件才会起作用，同时可使用反向选项控制遮罩方向。

海拔(千米)：可设置气团显示的海拔高度(单位：千米)(范围：0.10～10000)。

颜色：可调整气团显示的颜色和透明度信息。

纹理：偏移 X，可设置纹理在 X 轴方向的偏移量，范围从 −180～180。

偏移 Y，可设置纹理在 Y 轴方向的偏移量，范围从 −90～90。

缩放 W，可设置纹理宽度的缩放，范围从 0.01～100。

缩放 H，可设置纹理高度的缩放，范围从 0.01～100。

轮廓：颜色，可设置气团轮廓线的颜色。

线宽，可设置轮廓线的宽度。

轮廓曲线：在导航窗口中右键可编辑气团曲线。

如图 6.70 所示，双击时间线编辑窗口中的气团节点(绿框)可添加气团的关键帧参数调节轨(红框)。

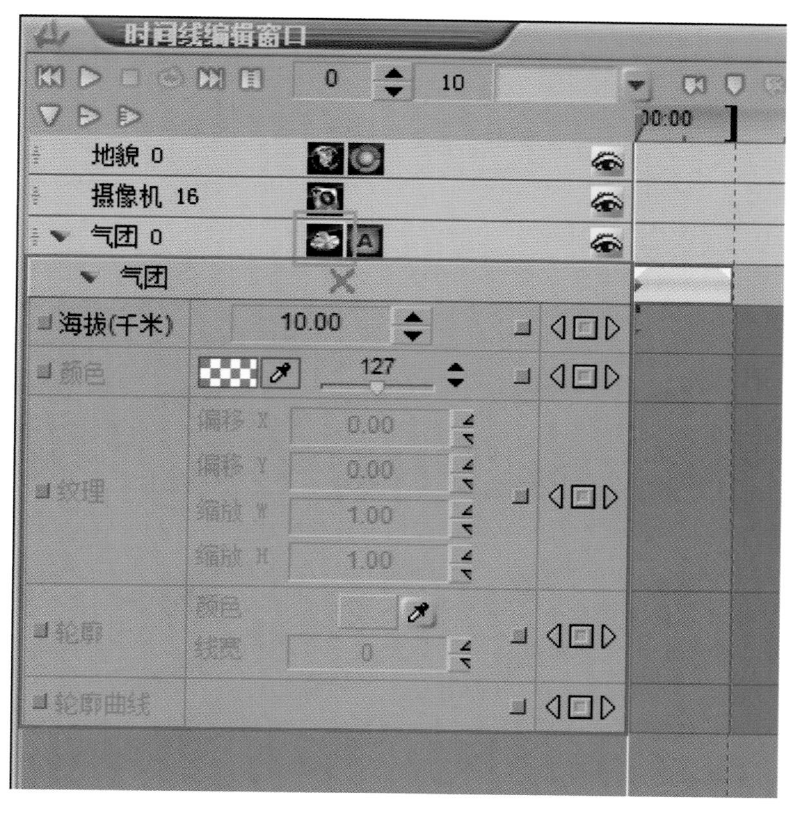

图 6.70　气团关键帧参数

(3)背景层

如图 6.71 所示，选择插件列表中的气象业务，拖拽背景层元素到时间线编辑窗口，在时间线编辑窗口可形成新建的背景层轨，在图 6.72 的窗口中设置背景层参数。

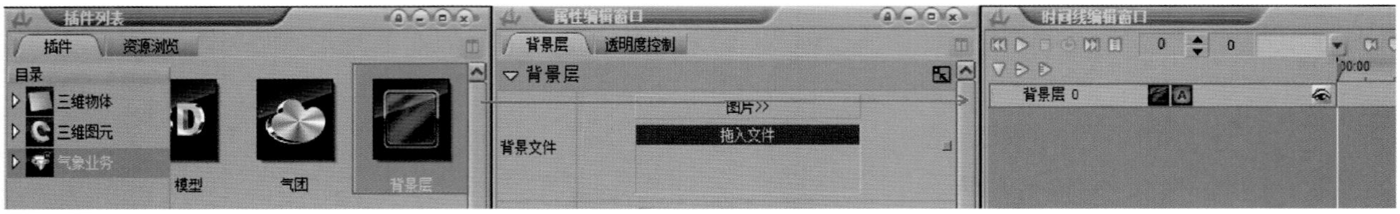

图 6.71　背景层

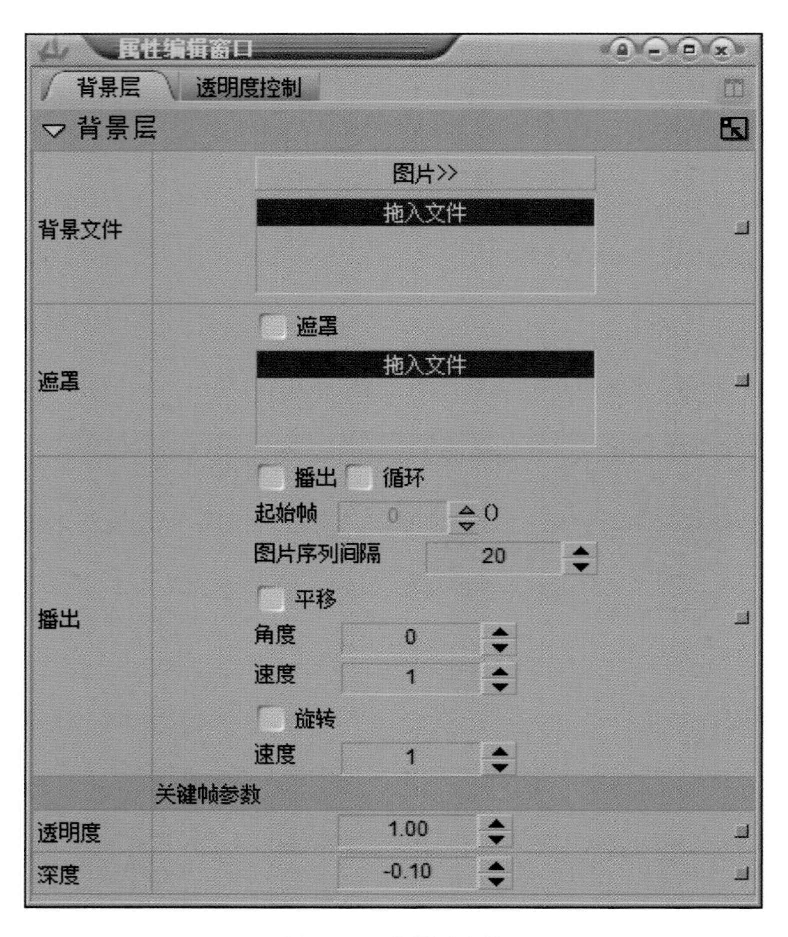

图 6.72　背景层参数

背景文件：可选择使用图片、图片序列或者动画文件，将文件直接拖拽到背景文件内容框中。

遮罩：可选择遮罩文件（图片），可通过遮罩勾选框选择是否使用该遮罩文件。

播出：如果选择的是动画或者是序列，可控制动画是否播出。

循环：如果选择的是动画或者是序列，可控制动画是否循环播出。

起始帧：可选择动画或者序列播出的开始位置。

图片序列间隔：调整序列间隔，可调整序列播放速度。

平移：控制图层是否有位移运动。

角度：控制旋转角度的速度，范围为 0～360。

速度：控制位移运动的速度，范围为 1～10。

旋转：控制图层是否有旋转运动。

速度：控制旋转运动的速度，范围为 1～360。

关键帧参数

透明度：控制背景层显示的透明度，范围为 0～1。

深度：控制背景层显示深度，范围为 -5～0。

如图 6.73 所示，双击时间线编辑窗口中的背景层节点（绿框）可添加背景层的关键帧参数调节轨（红框）。

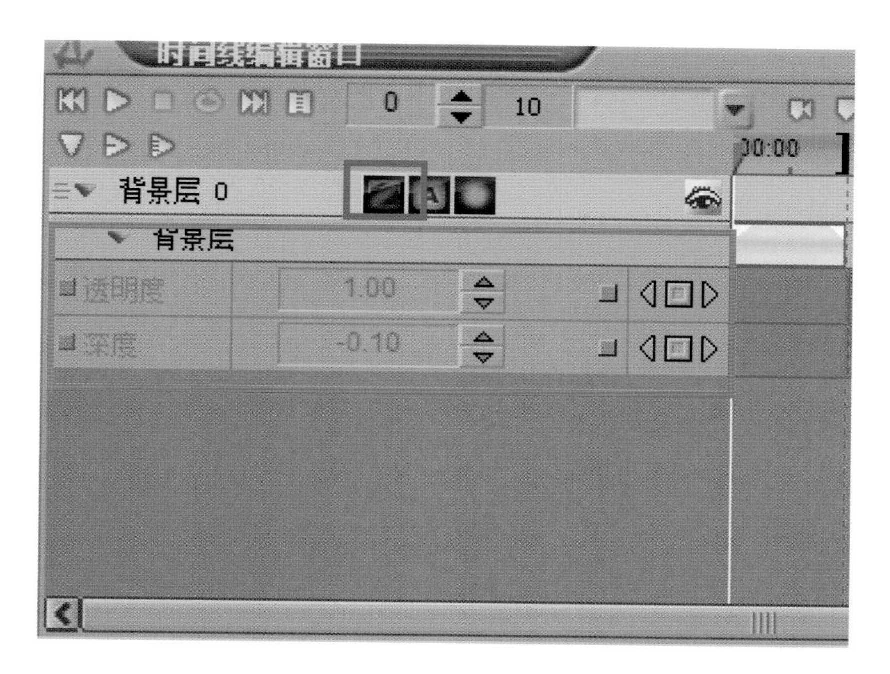

图 6.73　背景层关键帧

（4）辅助层

如图 6.74 所示，选择插件列表中的气象业务，拖拽辅助层元素到时间线编辑窗口，在时间线编辑窗口可形成新建的辅助层轨。

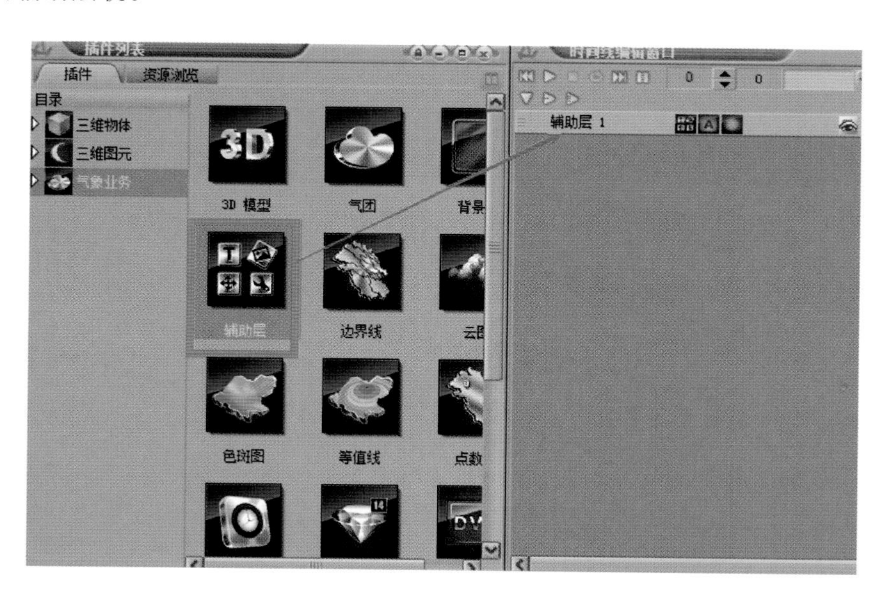

图 6.74　辅助层

辅助层在属性编辑窗口中面板如图 6.75 所示。

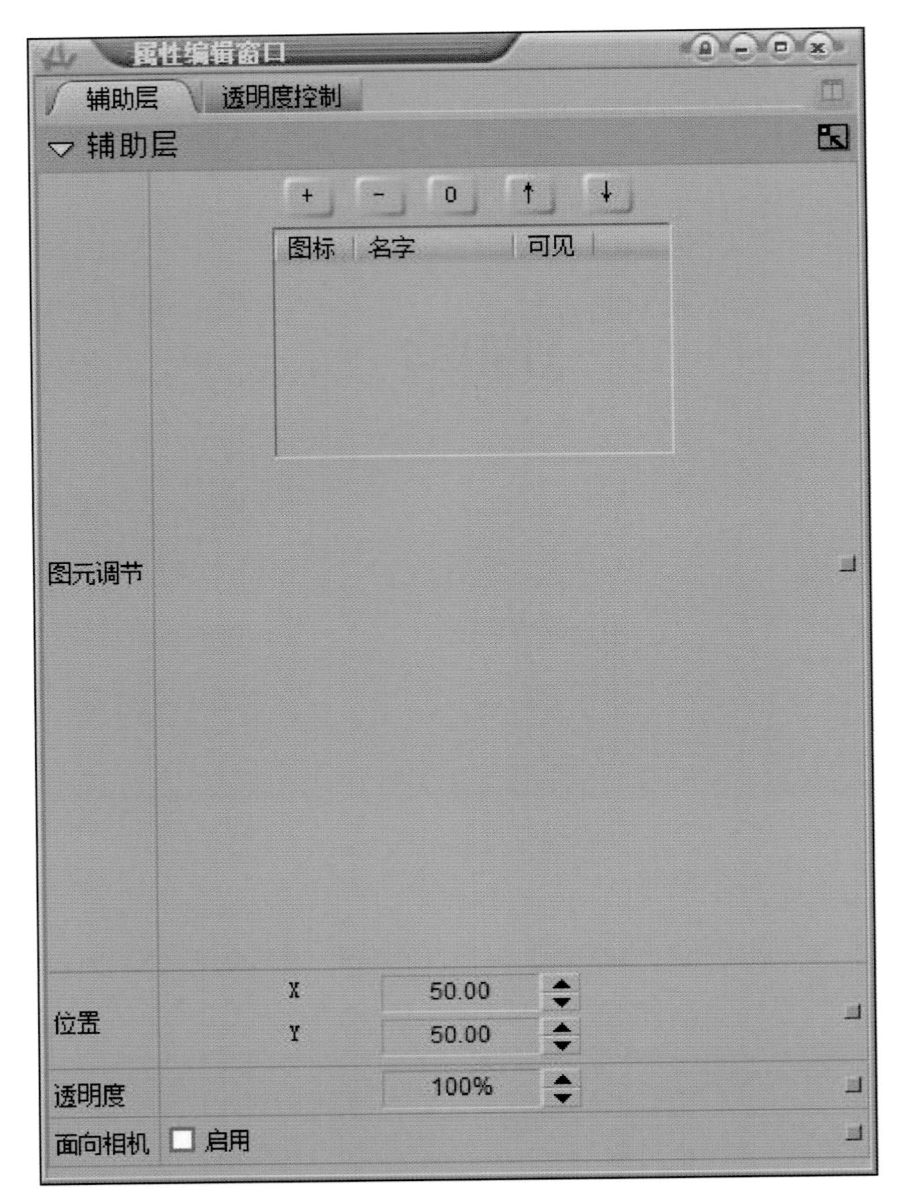

图 6.75　辅助层属性编辑窗口

图元调节处可新建文字、图片、图片序列(图 6.76)。

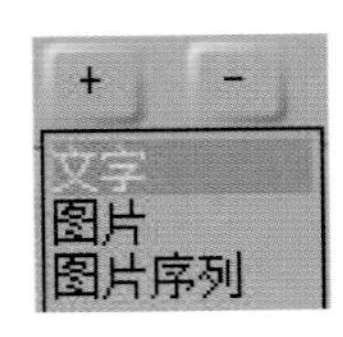

图 6.76　添加属性

如图 6.77 所示,添加文字层后,可点击编辑修改文字内容、字体、颜色、大小等渲染信息,图元调节框可对图元位置(X、Y、Z)进行调节,可对图元旋转角度进行调整,可对图元的宽、高进行缩放。双击可见按钮可将状态切换为不可见。

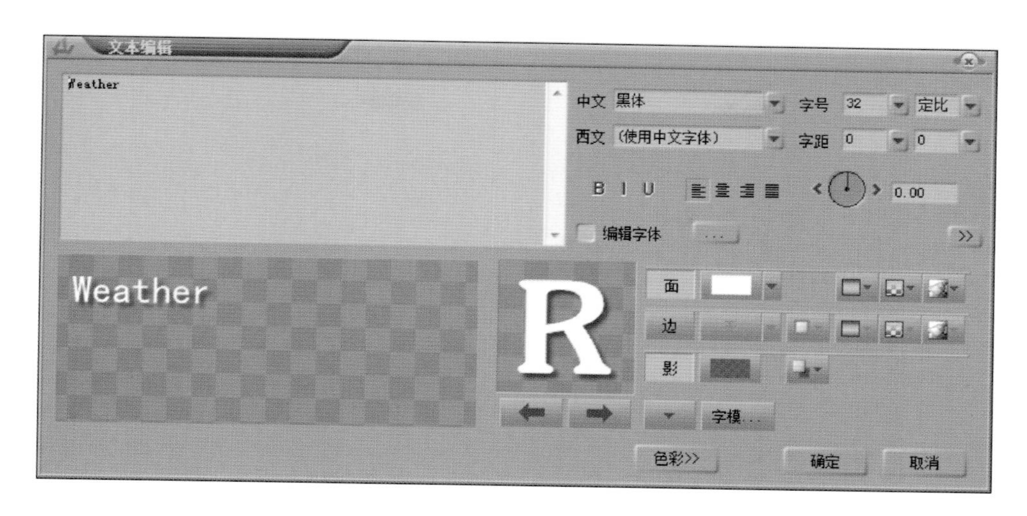

图 6.77　文本编辑窗口

如图 6.78 所示，添加图片层后，点击文件按钮，可打开“*.jpg”、“*.tiff”、“*.tif”、“*.png”、“*.tga”、“*.bmp”格式的图片文件。图元调节菜单可调节图元的(X、Y、Z)位置及旋转角度，并可对图元的宽、高缩放进行调节，还可以调节图片的透明度。动态信息中可调节图片平移速度和角度及旋转速度。双击可见按钮可将状态切换为不可见。

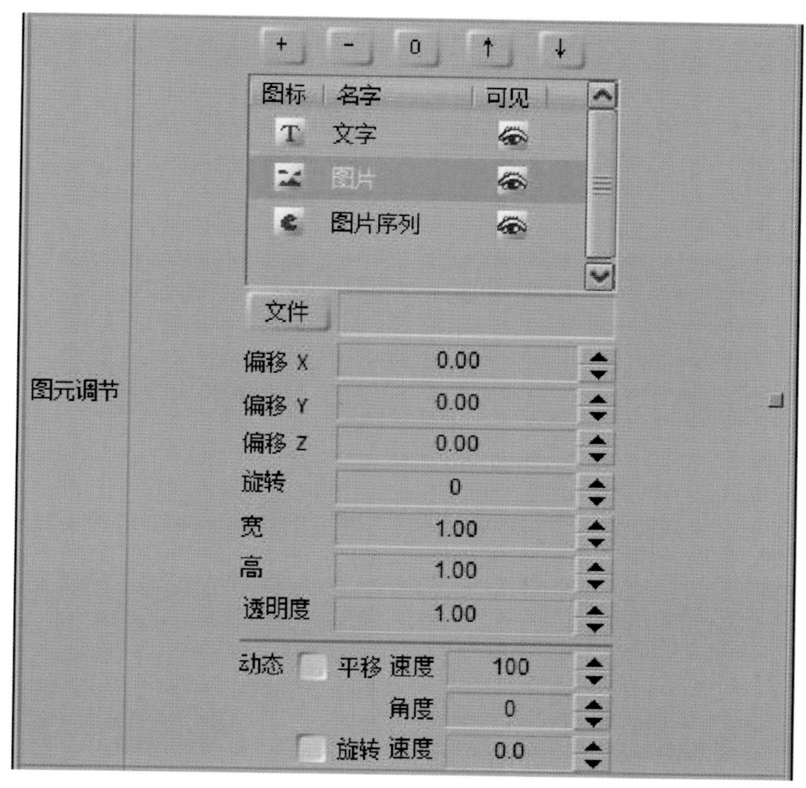

图 6.78　图元调节窗口

如图 6.79 所示，添加图片序列层后，点击文件按钮，可打开“*.jpg”、“*.tiff”、“*.tif”、“*.png”、“*.tga”、“*.bmp”格式的图片序列文件。图元调节菜单可调节图元的(X、Y、Z)位置及旋转角度，并可对图元的宽、高缩放进行调节，还可以调节图片的透明度。双击可见按钮可将状态切换为不可见。

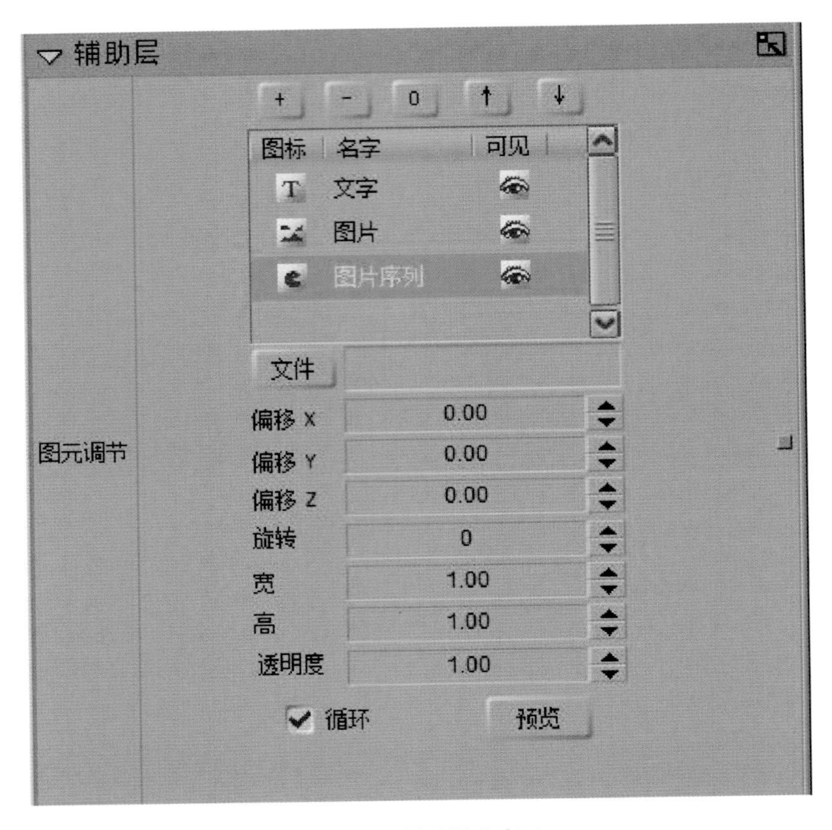

图 6.79　图元调节窗口

辅助层中包含多个图元时，通过 Z 轴来确定图元的层次。将图元调节列表中的内容作为整体，可调整位置和透明度信息（图 6.80）。

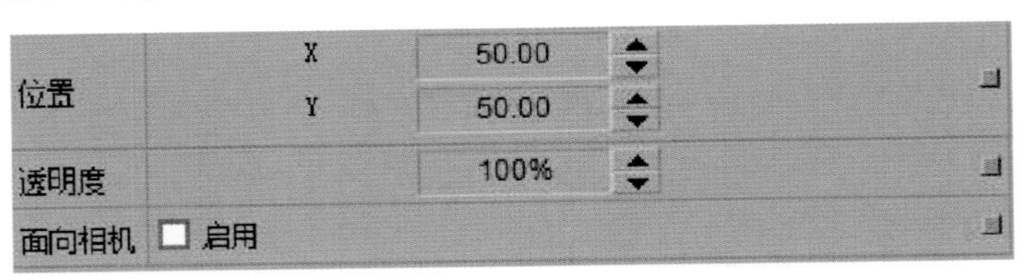

图 6.80　位置调整窗口

如开启面向相机，如在时间线编辑窗口中有摄像机，则辅助层图元垂直于镜头显示，如图 6.81 所示。

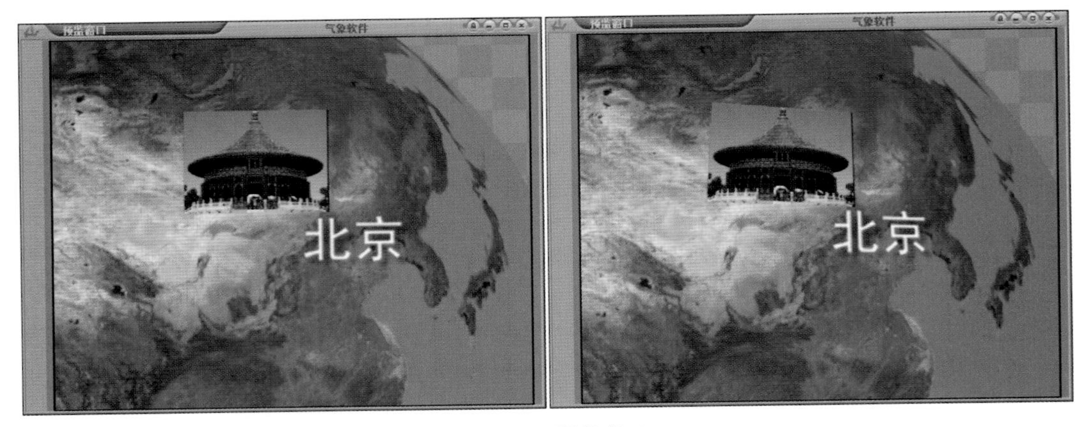

图 6.81　预监窗口

如图 6.82 所示，双击时间线编辑窗口中的辅助层节点（绿框）可添加辅助层的关键帧参数调节轨（红框）。

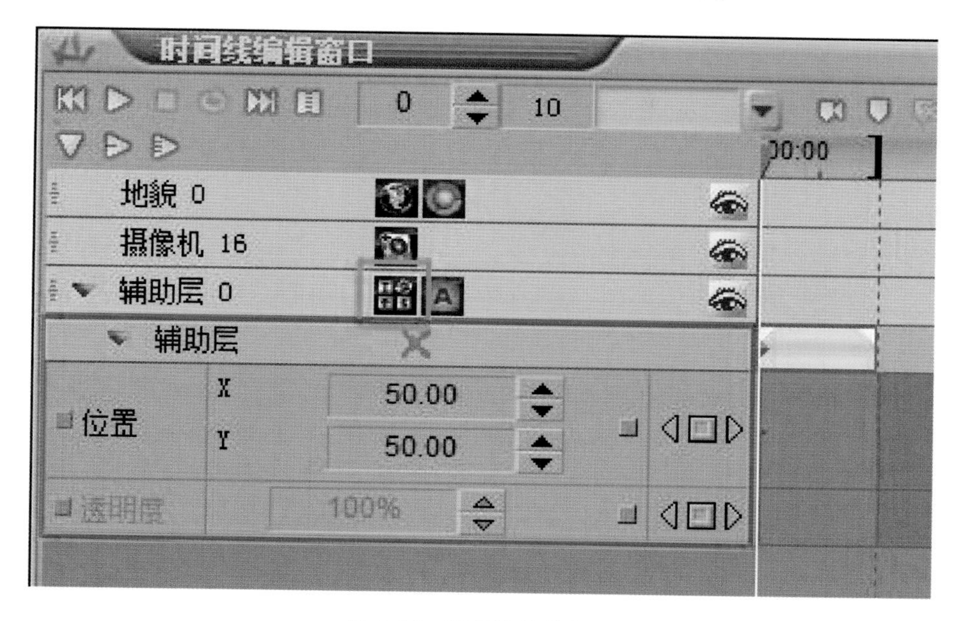

图 6.82 时间线编辑窗口

（5）边界线

如图 6.83 所示，选择插件列表中的气象业务，拖拽边界线元素到时间线编辑窗口，在时间线编辑窗口可形成新建的边界线轨。属性编辑可在图 6.84 中的窗口设置。

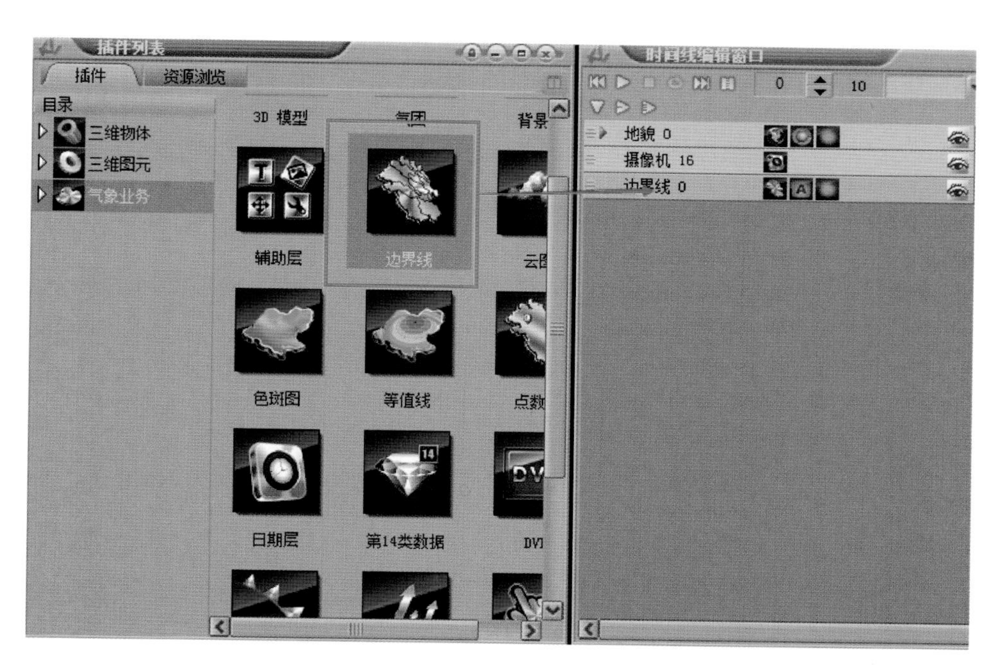

图 6.83 边界线

源：选择不同的分类源将在预监窗口中的地图画面中看到不同类型和级别的边界线（图 6.85）。

国家：选择国家，将在预监窗口中的地图上显示国家分界线信息（图 6.86）。

图 6.84　属性编辑窗口

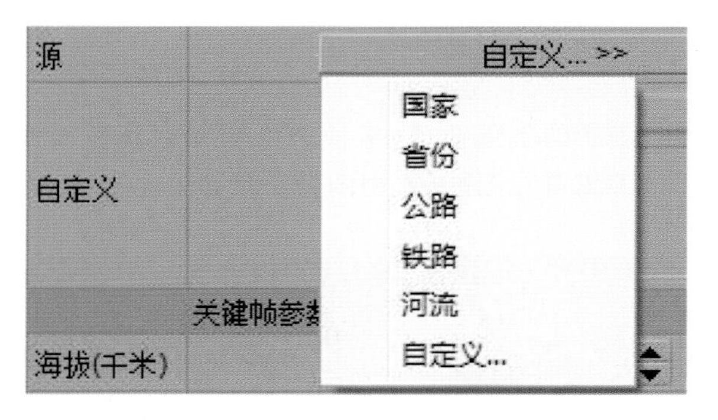

图 6.85　边界选择框

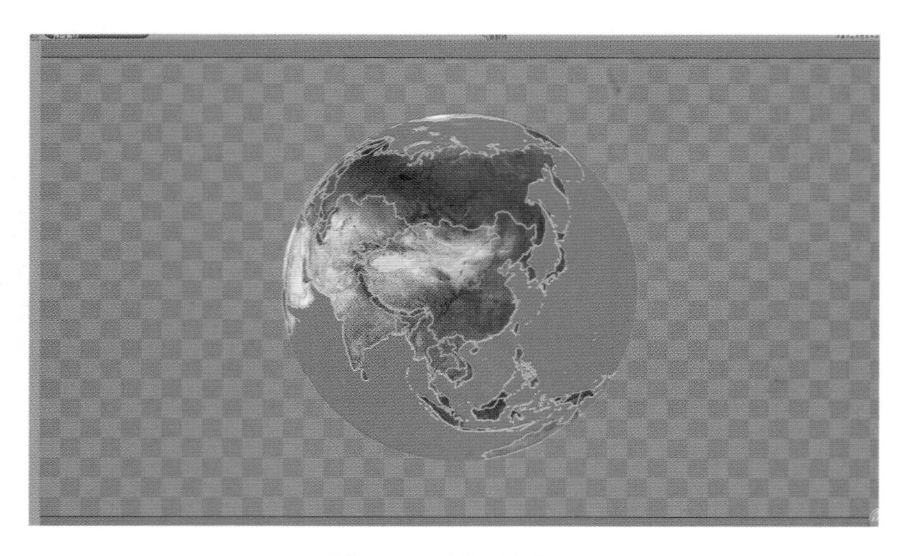

图 6.86　国家预监窗口

省份:选择省份,将在预监窗口中的地图上显示中国区域各省间的分界线信息(图6.87)。

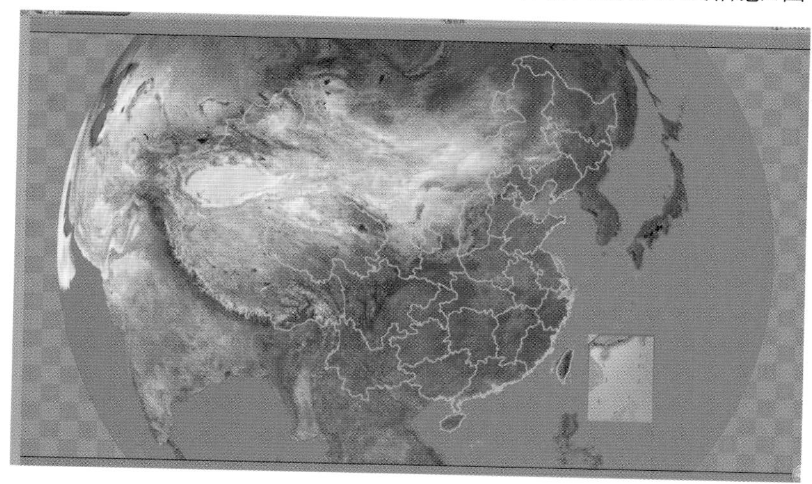

图6.87　省份预监窗口

公路:选择公路,将在预监窗口中的地图上显示中国区域主要公路干线信息(图6.88)。

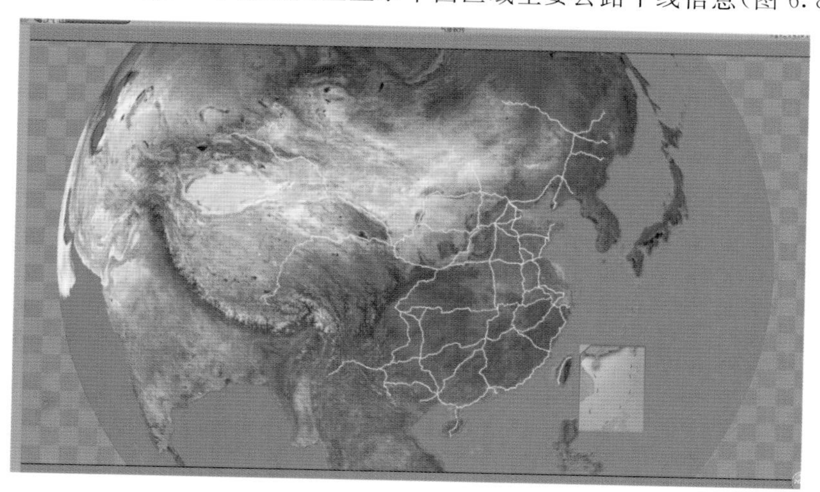

图6.88　公路预监窗口

铁路:选择铁路,将在预监窗口中的地图上显示中国区域主要铁路干线信息(图6.89)。

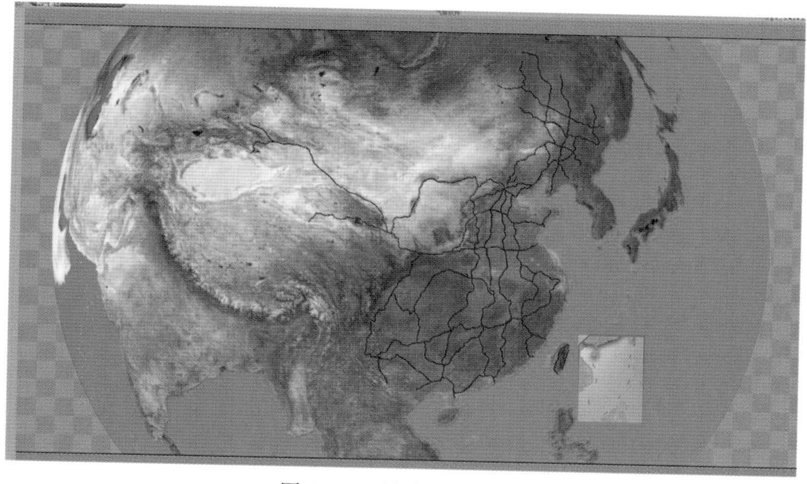

图6.89　铁路预监窗口

河流:选择河流,将在预监窗口中的地图上显示中国区域主要河流信息,勾选显示中的细节选项,能够将次级的河流也显示出来(图 6.90)。

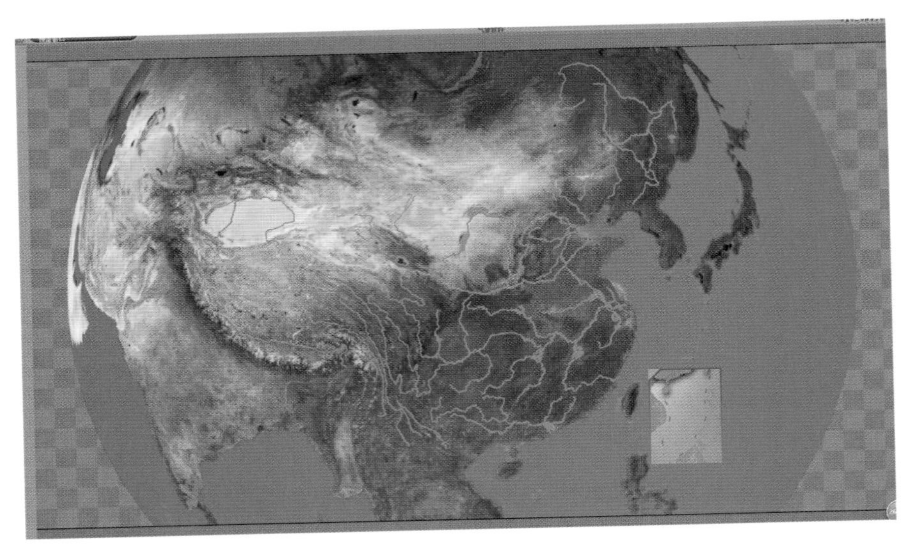

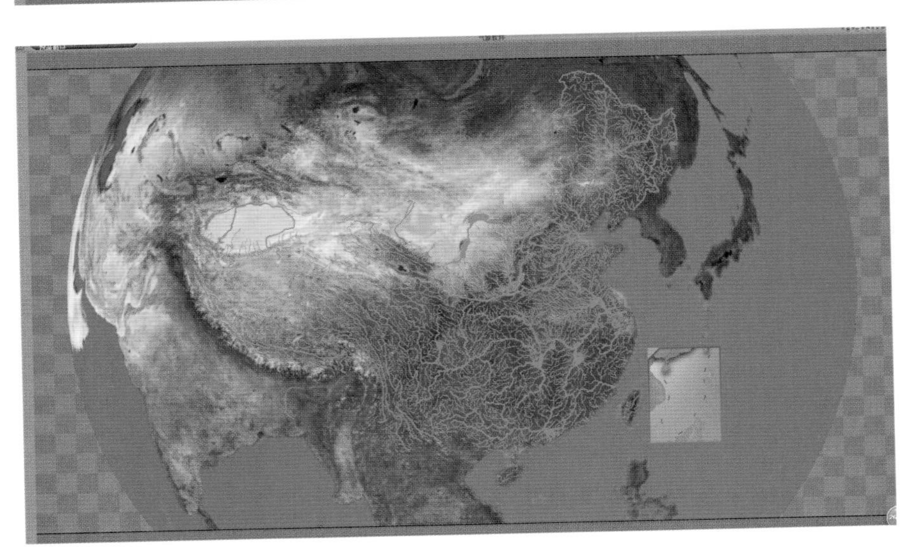

图 6.90 河流预监窗口

自定义:选择自定义,将在预监窗口中的地图上显示自定义窗口中文件的边界线信息(从工具——区域编辑菜单中生成),如图 6.91 所示,预监见图 6.92。

海拔(千米):修改该参数,可控制各边界信息在地图上显示的海拔位置(范围为 0.01~10000)。

填充:勾选此项,属于区域的类型将被填充颜色,填充颜色可使用颜色选择器修改。

轮廓:勾选此项,使用线条勾勒边界信息,线条颜色可使用颜色选择器修改。

宽度:轮廓线的宽度,线宽范围 1~10。

细节:勾选此项,可显示下一级更详细的边界线信息。

宽度:边界线宽度,线宽范围 1~10。

如图 6.93 所示,双击时间线编辑窗口中的边界线节点(绿框)可添加辅助层的关键帧参数调节轨(红框)。

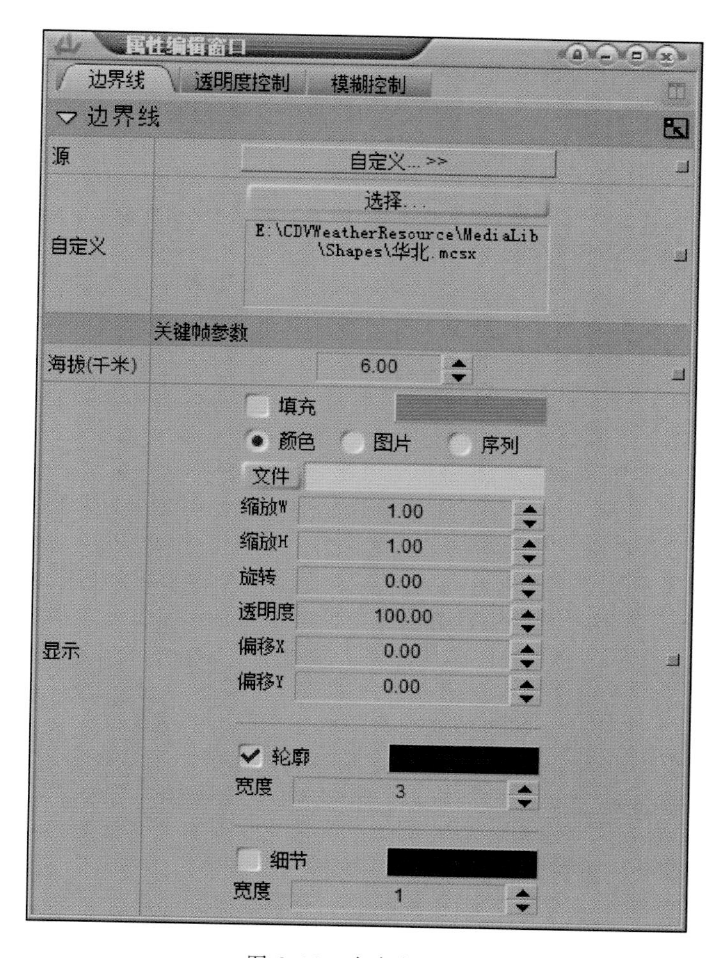

图 6.91　自定义选项

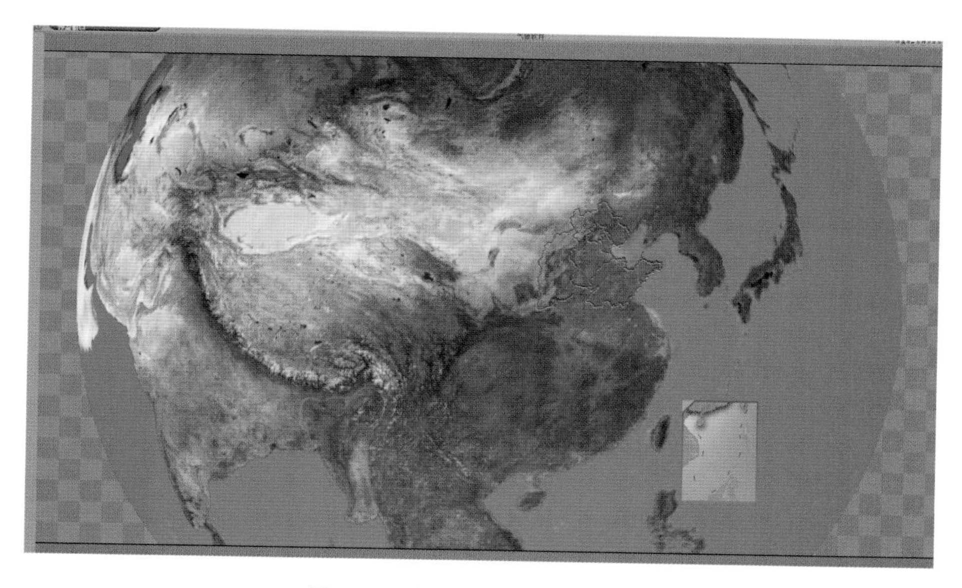

图 6.92　自定义边界线预监窗口

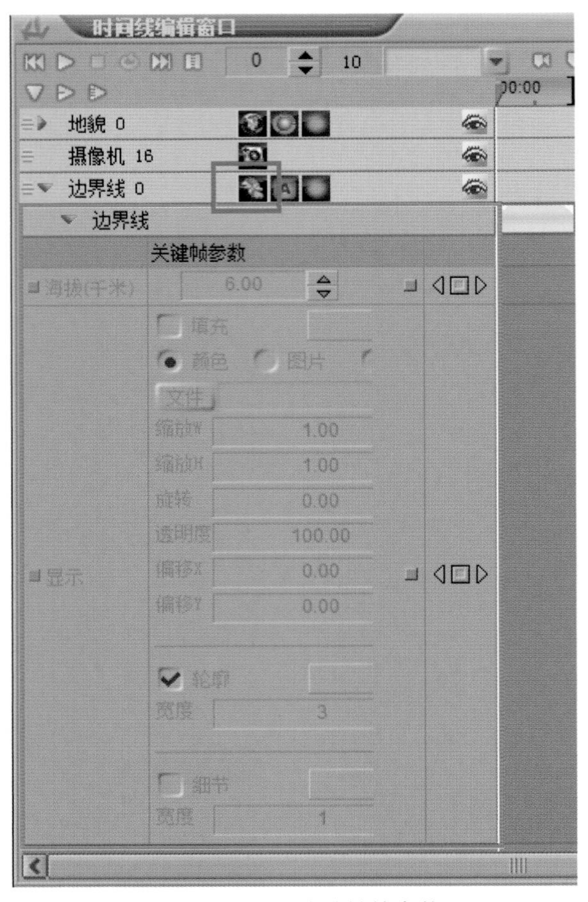

图 6.93　边界线关键帧参数

(6)云图

如图 6.94 所示，选择插件列表中的气象业务，拖拽云图元素到时间线编辑窗口，在时间线编辑窗口可形成新建的云图轨。属性设置和预监窗口见图 6.95 和图 6.96。

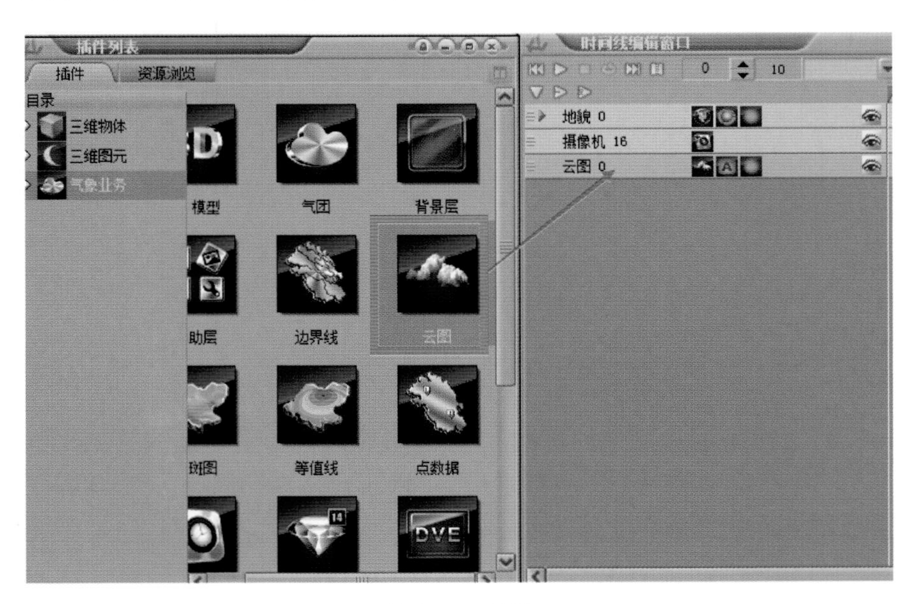

图 6.94　云图

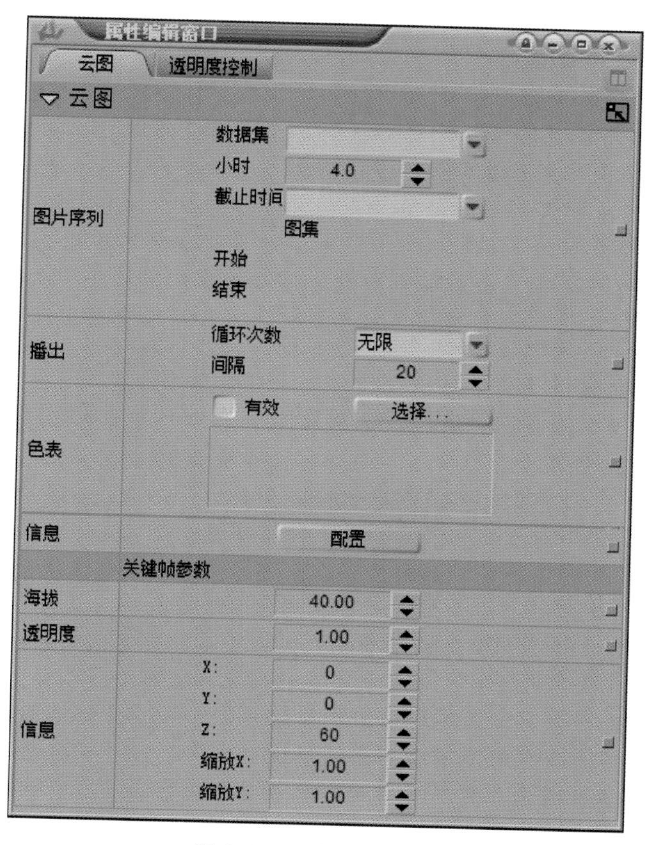

图 6.95　云图属性窗口

图 6.96　预监窗口

数据集：选择列表中的一项，该列表对应的为指定路径存放的可备选的云图文件。

小时：输入预报的时间跨度，例如小时：5 将会显示 5 个小时的云图（图 6.97）。

截止时间：该列表中会显示对应数据集中所有云图文件，选定一项后，与上面的小时共同作用，如上例，小时为 5，则会播出该截止时间前 5 个小时内的云图。

图集中的开始：如图 6.97 所示，选择数据后，可显示可选择的最早时间的图像序列。

结束：如图 6.97 所示，选择数据后，可显示可选择的最晚时间的图像序列。

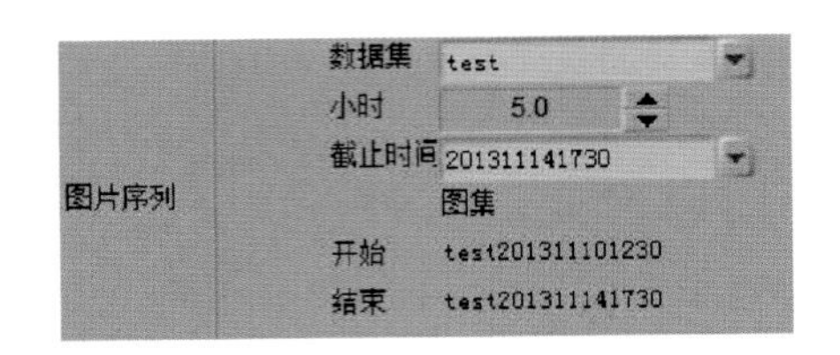

图 6.97　时间设置窗口

循环次数：设置云图图片序列播放循环次数。

间隔：设置云图图片序列播放间隔(范围 1～50)。

色表：可选择是否使用色表，并选择色表文件("＊.rgb"、"＊.val"、"＊.data"、"＊.srgb")。

信息：对应于云图时间显示的设置，点击配置，可配置云图时间显示的字体及是否显示，并可以为时间增加前后缀内容。如图 6.98 所示。

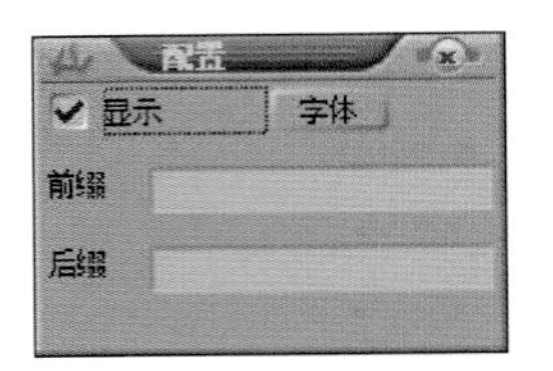

图 6.98　字体属性框

海拔：设置云图层显示在地球图层上的相对海拔高度。

透明度：设置云图层的透明程度。

信息：设置信息显示内容的(X、Y、Z)位置，及 XY 轴的缩放，缩放范围为 0.01～10。

如图 6.99 所示，双击时间线编辑窗口中的云图节点(绿框)可添加辅助层的关键帧参数调节轨(红框)。

图 6.99　云图关键帧参数

(7)色斑图

如图 6.100 所示，选择插件列表中的气象业务，拖拽色斑图元素到时间线编辑窗口，在时间线编辑窗口可形成新建的色斑图轨。属性和预监窗口见图 6.101 和图 6.102。

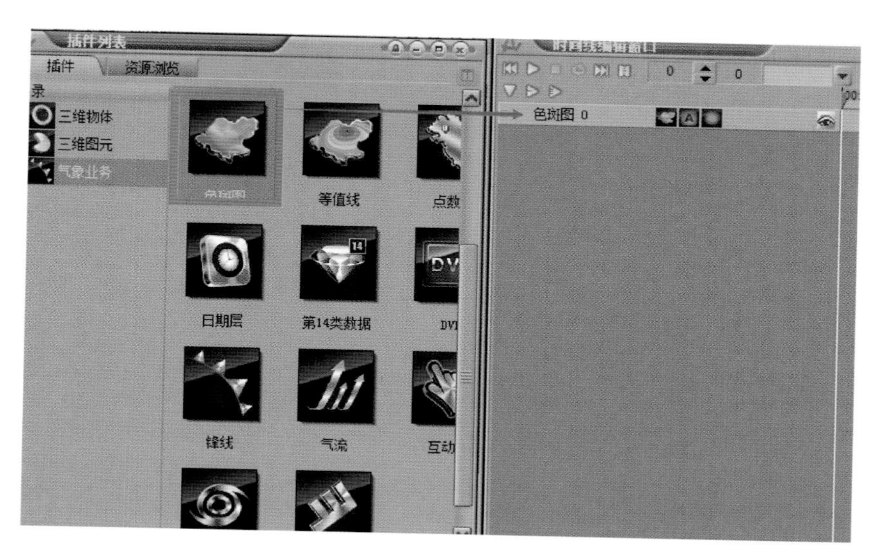

图 6.100 色斑图

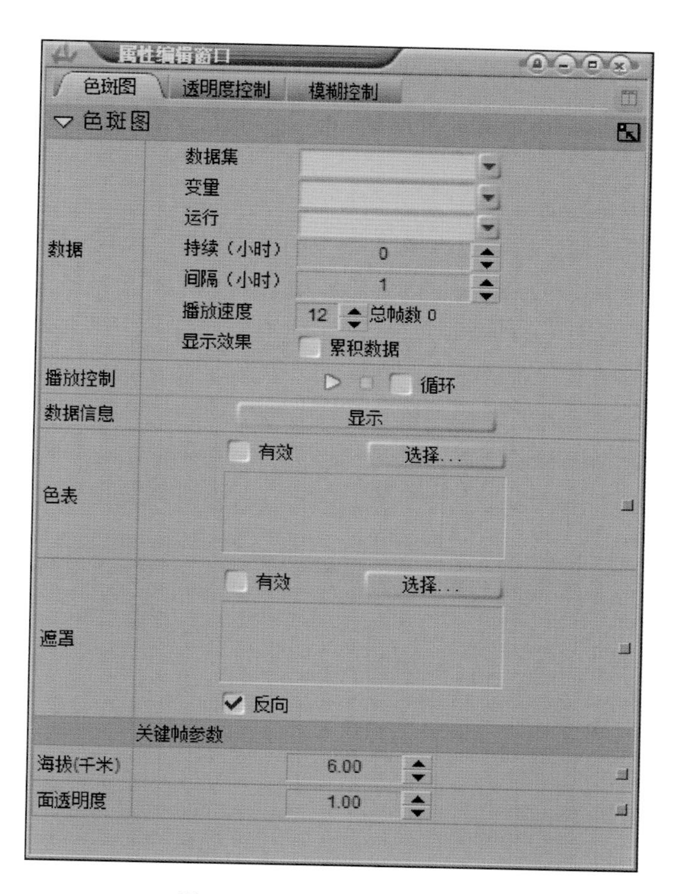

图 6.101 色斑图属性窗口图

数据集：可选择需要使用色斑图显示的数据集。

变量：可从变量下拉列表中选择相应的变量(数据集的子集)。

运行：可从运行下拉列表中选择运行日期或时间。

持续(小时)：可设置持续时间，范围－168～168。

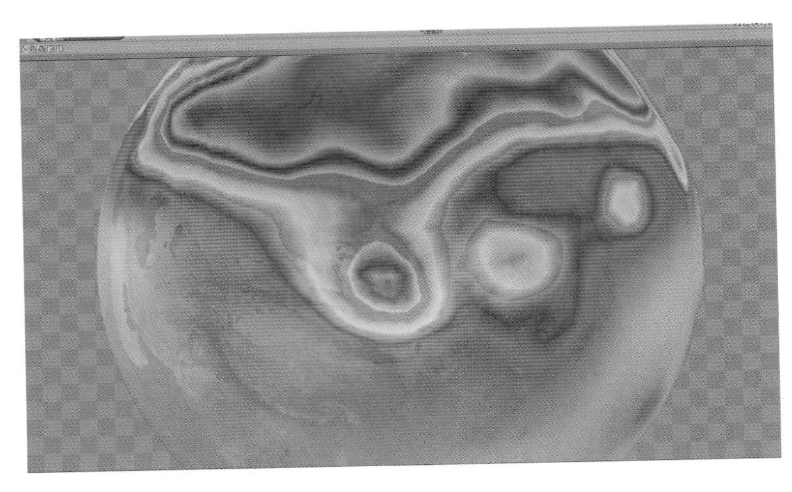

图 6.102　预监窗口

间隔(小时):可设置间隔时间,范围 1～24。

播放速度:可设置色斑图播放速度,范围 1～500。

显示效果:可勾选色斑图是否显示累积数据内容。

播放控制:用于预监。

播放/暂停:控制色斑图信息开始播放或暂停。

停止:停止播放色斑图信息。

循环:在播放色斑图时循环播放。

数据信息:可查看数据集中的具体数据内容。

色表:可选择是否使用色表,并选择色表文件(“*.rgb”、“*.val”)。

遮罩:可选择是否使用遮罩,并选择遮罩文件(“*.mcsx”)。

海拔(千米):可设置色斑图显示高度。

面透明度:可设置色斑图显示时的透明度信息,范围从 0～1。

如图 6.103 所示,双击时间线编辑窗口中的色斑图节点(绿框)可添加辅助层的关键帧参数调节轨(红框)。

图 6.103　关键帧参数

(8)等值线

如图 6.104 所示,选择插件列表中的气象业务,拖拽等值线元素到时间线编辑窗口,在时间线编辑窗口可形成新建的等值线轨。属性和预监窗口见图 6.105 和图 6.106。

图 6.104　等值线

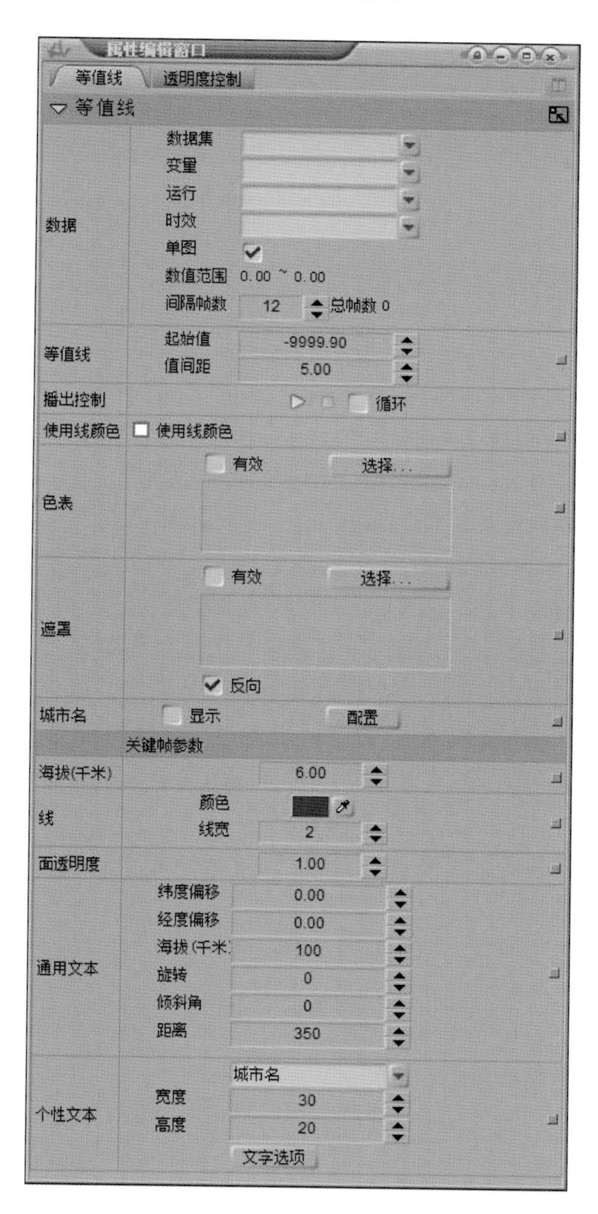

图 6.105　等值线属性窗口

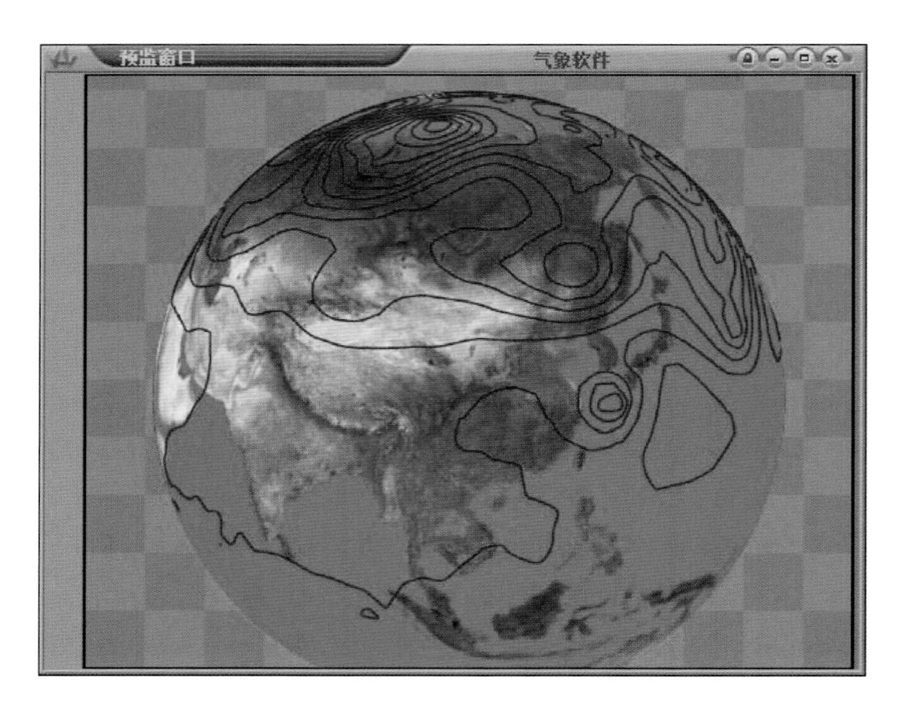

图 6.106　预监窗口

数据集:选择需要使用等值线显示的数据集。

变量:数据集子集。

运行:选择数据集后可在运行下拉列表中选择运行时间。

时效:选择数据集后可在时效下拉列表中选择时效范围。

单图:勾选时,静态显示所选时效的数据;不勾选时,显示从 000 时效到所选时效的动态数据。

数值范围:所选运行时间及时效对应的数据文件中的数值范围。

间隔帧数:可设置时效内数据播放的间隔帧数。

等值线:可设置等值线的范围和值间隔。

起始值:设置等值线的起始显示值,范围从－9999～9999。

值间距:可设定显示等值线时的数值间隔,间隔越小等值线排布越密集。

使用线颜色:勾选使用线颜色后,可在下方的菜单中选择等值线的颜色。

色表:可选择使用色表文件,格式 *.rgb、*.val,可通过系统工具菜单下的色表编辑工具进行编辑。

遮罩:可选择 *.mcsx 遮罩文件,选择文件后,勾选有效,遮罩文件才会起作用,同时可使用反向选项控制遮罩方向。

城市名:可勾选显示城市名称和数值内容,点击配置可选择列表中已经存在的城市,或者使用添加功能,添加自定义城市名称和位置(图 6.107)。

海拔(千米):设置等值线显示高度,范围 0.01～10000。

颜色:选择等值线颜色。

线宽:调节等值线线宽,范围 0～10。

面透明度:设置等值面的透明程度,范围 0～1。

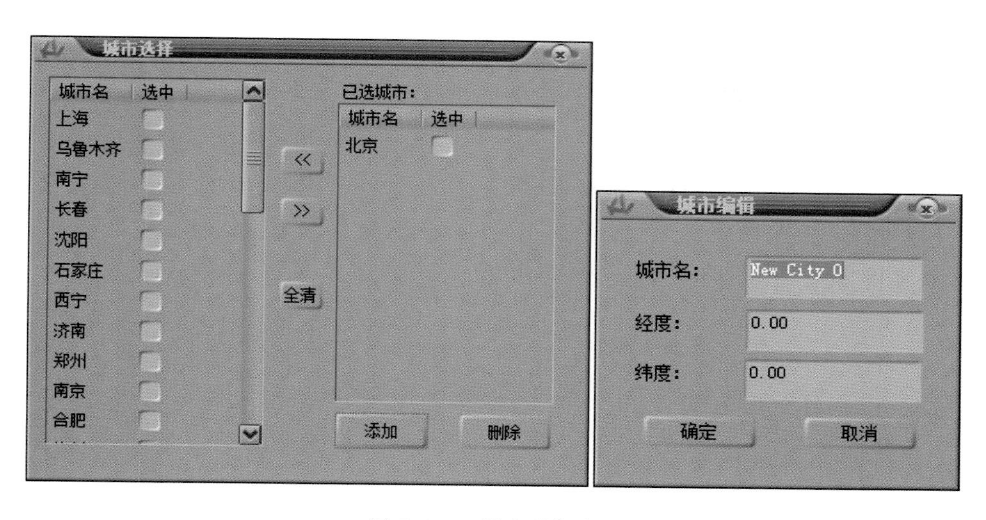

图 6.107　城市编辑窗口

经度偏移：设置城市名和参数在经度方向的偏移值，范围－180～180。

纬度偏移：设置城市名和参数在纬度方向的偏移值，范围－90～90。

海拔（千米）：可设置城市名和参数显示海拔高度，范围 0～10000。

旋转：可设置城市名和参数显示的旋转角度，范围 0～360。

倾斜角：可设置城市名和参数内容显示的倾斜角度，范围 0～360。

距离：可设置城市名和参数显示时的距离，范围－10000～10000。

城市名/参数：可选择设置城市名或者参数内容的属性。

宽度：可设置城市名/属性文字内容显示的宽度。

高度：可设置城市名/属性文字内容显示的高度。

文字选项：可打开文字编辑窗口设置城市名/属性文字内容的字体属性（图 6.108）。

图 6.108　文本编辑窗口

如图 6.109 所示，双击时间线编辑窗口中的等值线节点（绿框）可添加辅助层的关键帧参数调节轨（红框）。

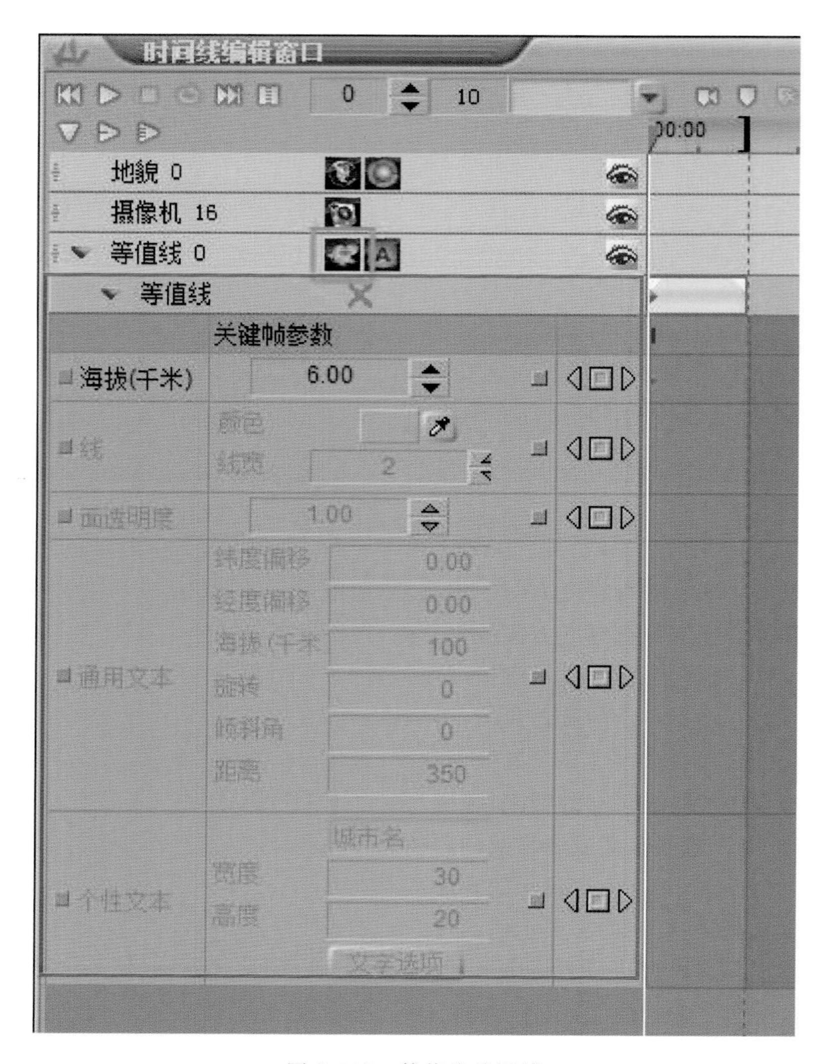

图 6.109　等值线关键帧

(9)点数据

如图 6.110 所示,选择插件列表中的气象业务,拖拽点数据元素到时间线编辑窗口,在时间线编辑窗口可形成新建的点数据轨。属性设置窗口见图 6.111。

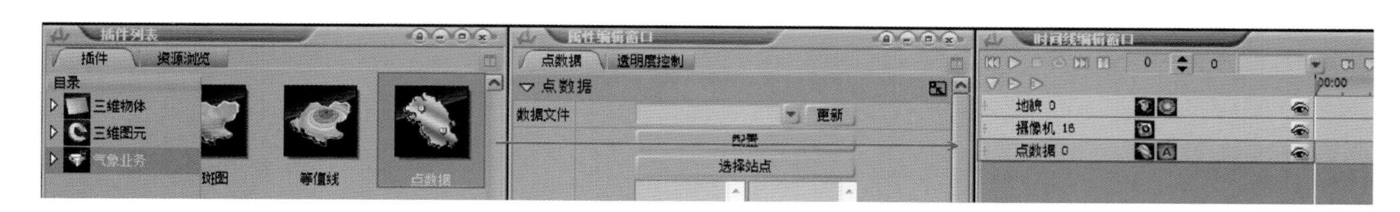

图 6.110　点数据

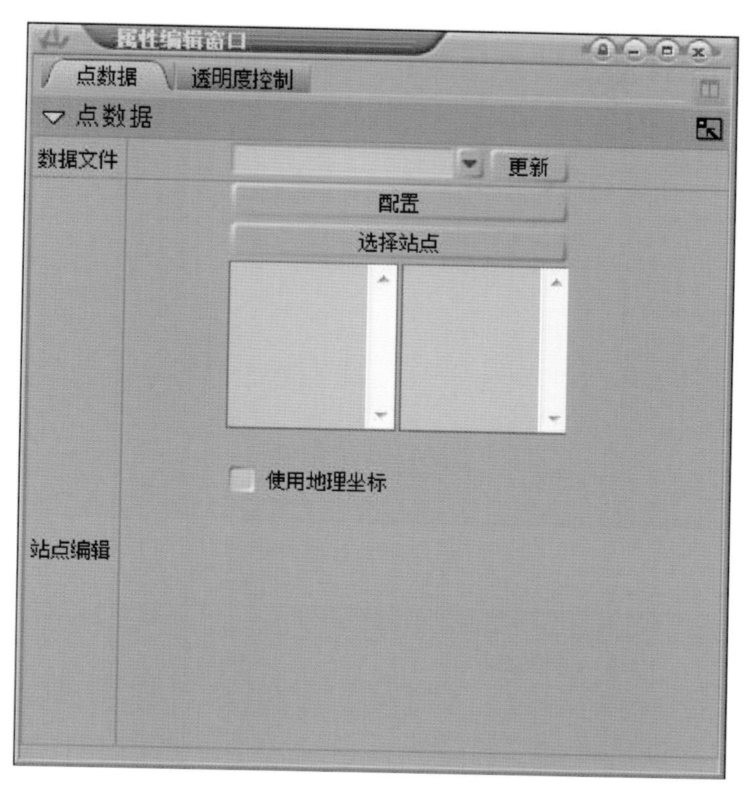

图 6.111　点数据属性窗口

数据文件:可从下拉菜单中选择数据文件,可更新下拉菜单数据。

配置:点击配置按钮,可对点数据进行配置(图 6.112)。

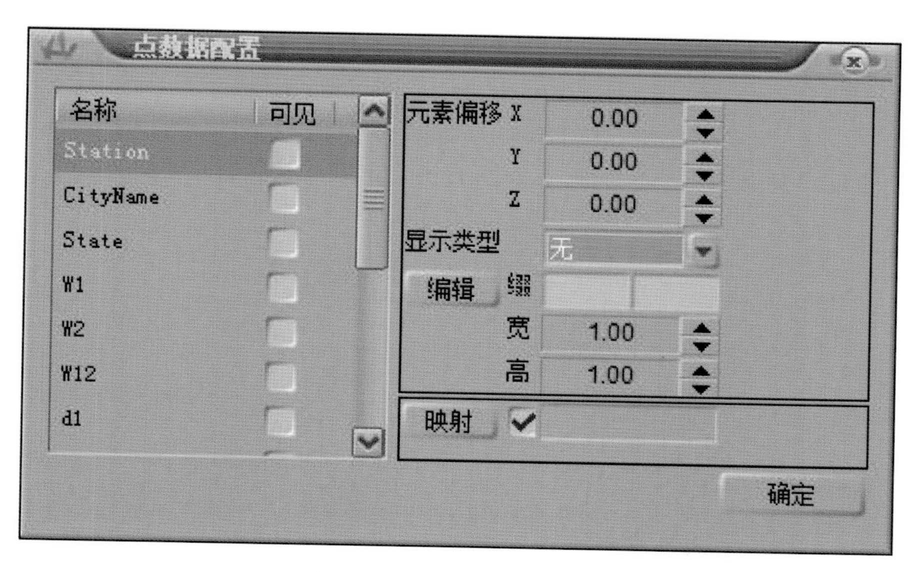

图 6.112　点数据配置窗口

选择站点:点击选择站点,可选择数据文件中的站点信息(图 6.113)。选择的站点信息会显示在站点编辑框内(图 6.114)。

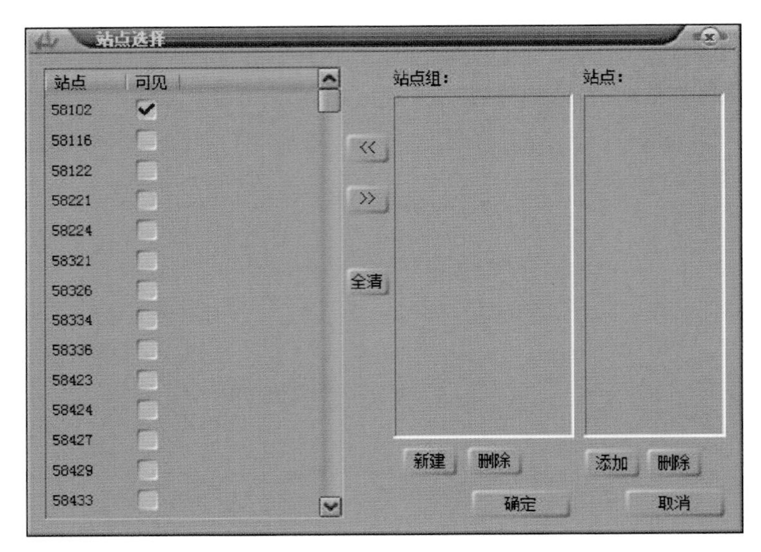

图 6.113　点数据列表

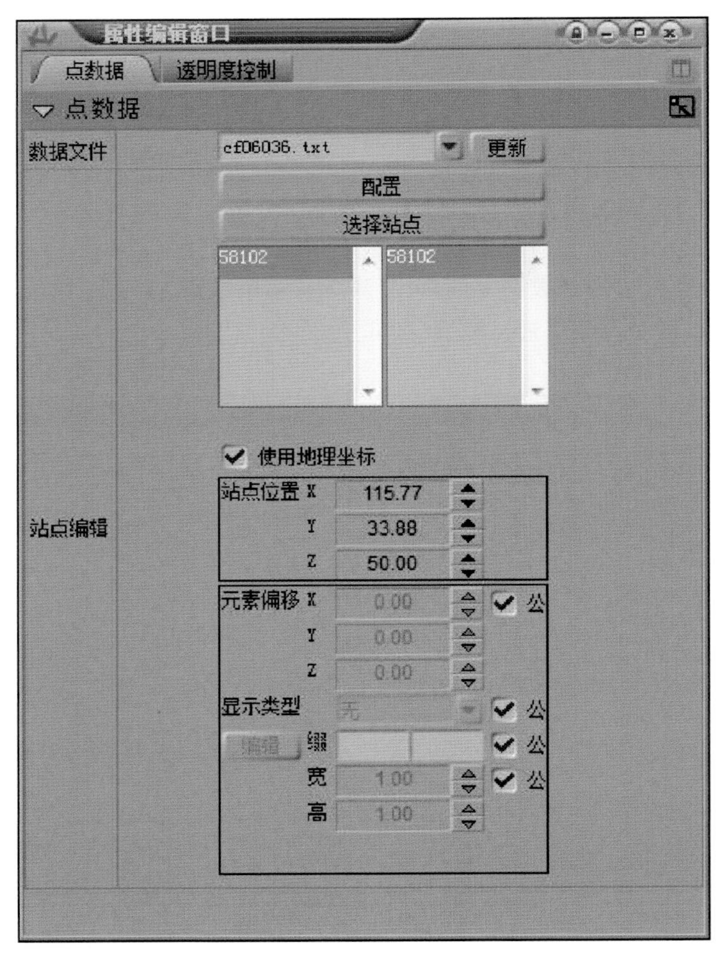

图 6.114　站点属性窗口

(10)第 14 类数据

如图 6.115 所示，选择插件列表中的气象业务，拖拽第 14 类数据元素到时间线编辑窗口，在时间线编辑窗口可形成新建的第 14 类数据轨。属性编辑窗口见图 6.116。

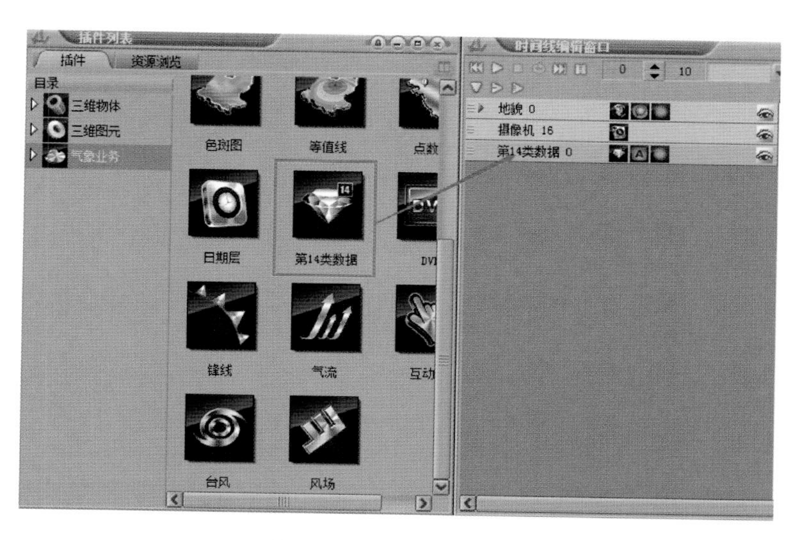

图 6.115 第 14 类数据

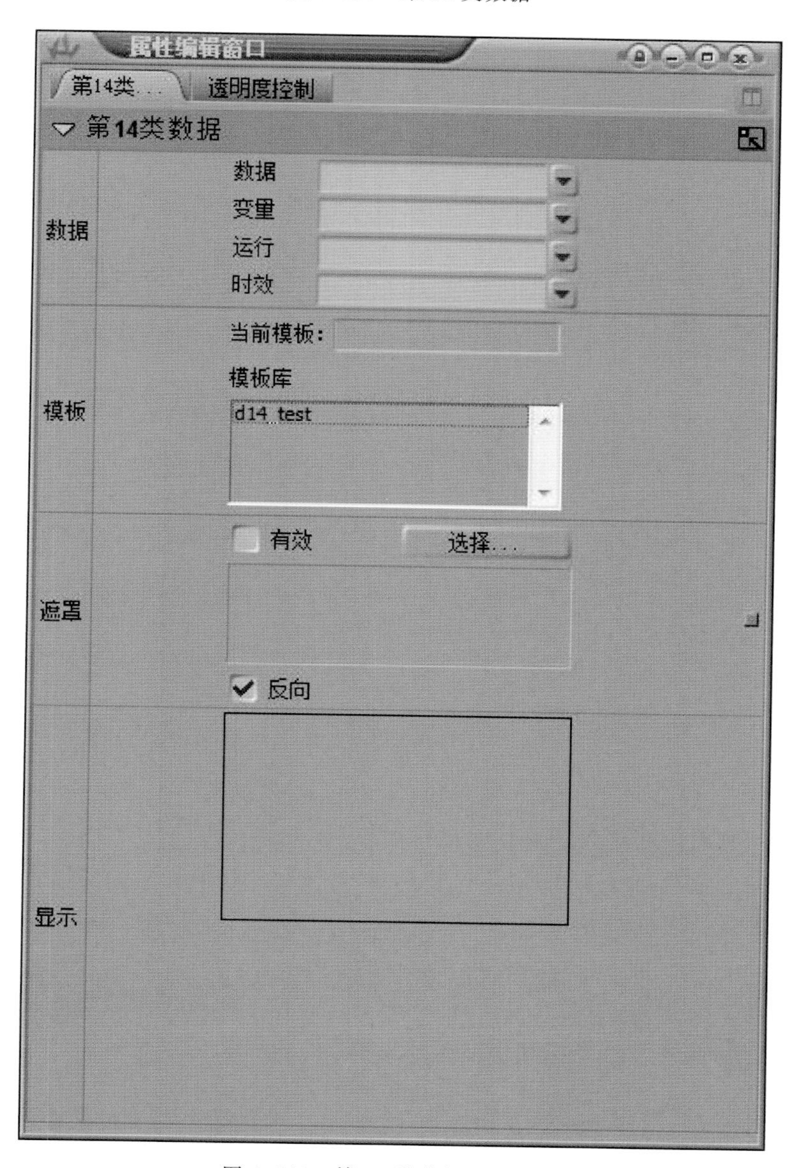

图 6.116 第 14 类数据属性窗口

数据：可在数据下拉列表中选择需要的数据。

变量：可在变量下拉列表中选择可选的变量。

运行：可在运行下拉列表中选择运行时间。

时效：可在时效下拉列表中选择可选时效时长。

当前模板：显示当前使用模板。

模板库：显示可选模板。

遮罩：可选择 *. mcsx 遮罩文件，选择文件后，勾选有效，遮罩文件才会起作用，同时可使用反向选项控制遮罩方向。

显示：可选择显示的内容，并设置具体内容的属性，图 6.117 的窗口可为标记线、标记和闭合边界调节参数。

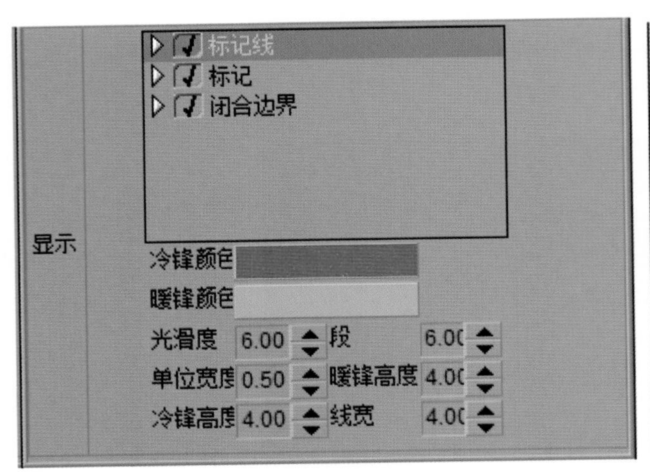

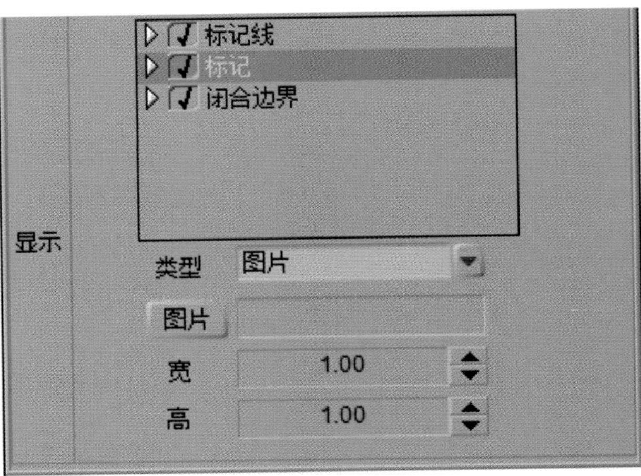

图 6.117　遮罩编辑窗口

(11)DVE

选择插件列表中的气象业务，如图 6.118 所示，拖拽 DVE 元素到时间线编辑窗口，在时间线编辑窗口可形成新建的 DVE 轨，属性设置窗口和预监窗口见图 6.119 和图 6.120。

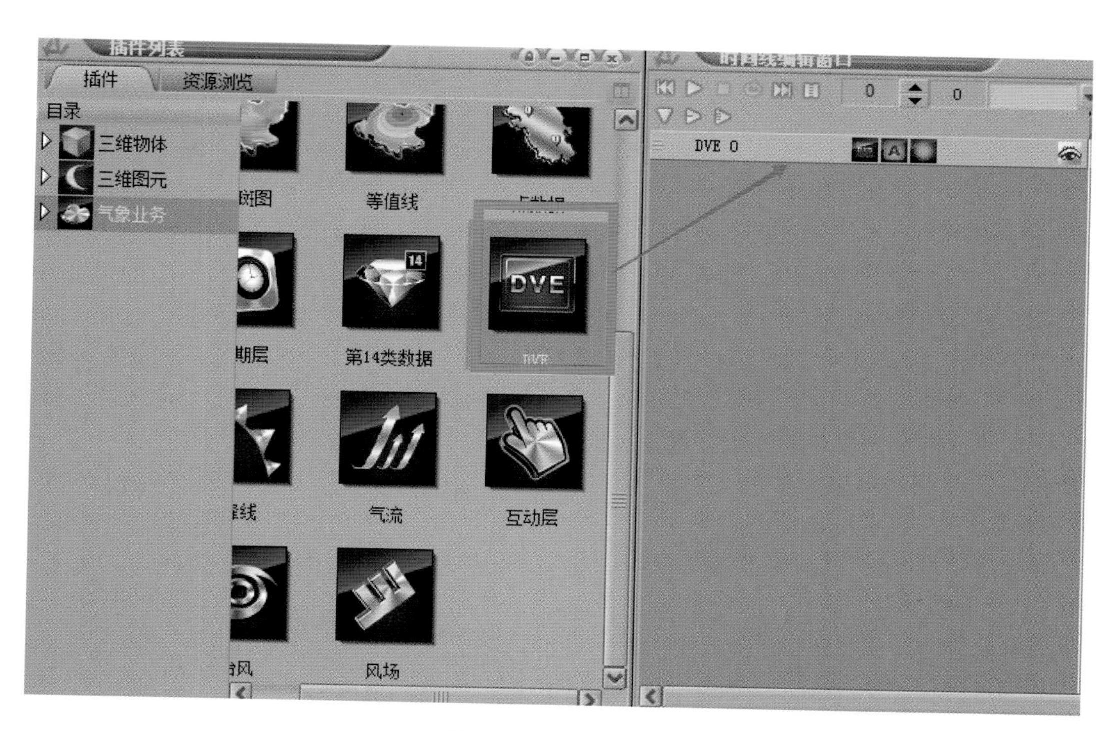

图 6.118 DVE 窗口

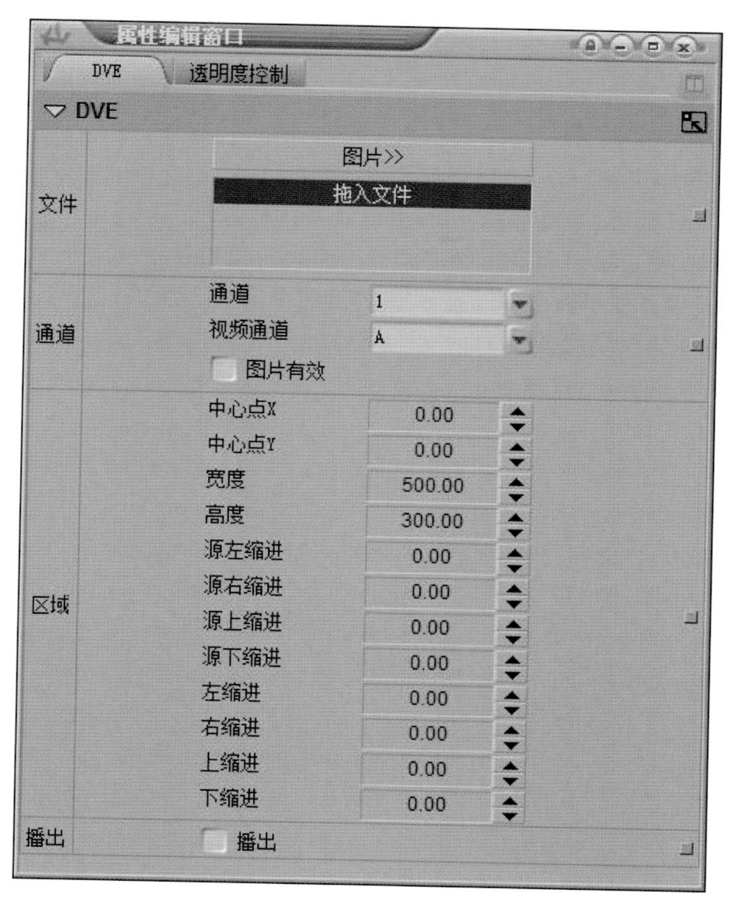

图 6.119 DVE 属性窗口

图 6.120　DVE 预监窗口

文件:可选图片、本地视频和输入视频,如图 6.121 所示。

图 6.121　文件选择列表

图片:播放图像文件。

本地视频:播放本地视频文件。

输入视频:播放输入视频文件。

通道:设置不同的 DVE 通道,支持两路开窗,要选择不同的通道。

视频通道:可选择视频通道,A/B/C/D,确定开窗中播放的视频源。

图片有效:勾选后,视频可显示静态或动态效果。

中心点 X:DVE 窗口 X 轴中心点位置。

中心点 Y:DVE 窗口 Y 轴中心点位置。

宽度:DVE 宽度。

高度:DVE 高度。

源左缩进:DVE 视频源左缩进。

源右缩进:DVE 视频源右缩进。

源上缩进:DVE 视频源上缩进。

源下缩进:DVE 视频源下缩进。

左缩进:开窗中播放视频左缩进。

右缩进:开窗中播放视频右缩进。

上缩进:开窗中播放视频上缩进。

下缩进:开窗中播放视频下缩进。

播出:勾选播出后,DVE 内容开始播放。

(12)锋线

选择插件列表中的气象业务，如图 6.122 所示，拖拽锋线元素到时间线编辑窗口，在时间线编辑窗口可形成新建的锋线轨。属性编辑窗口见图 6.123。

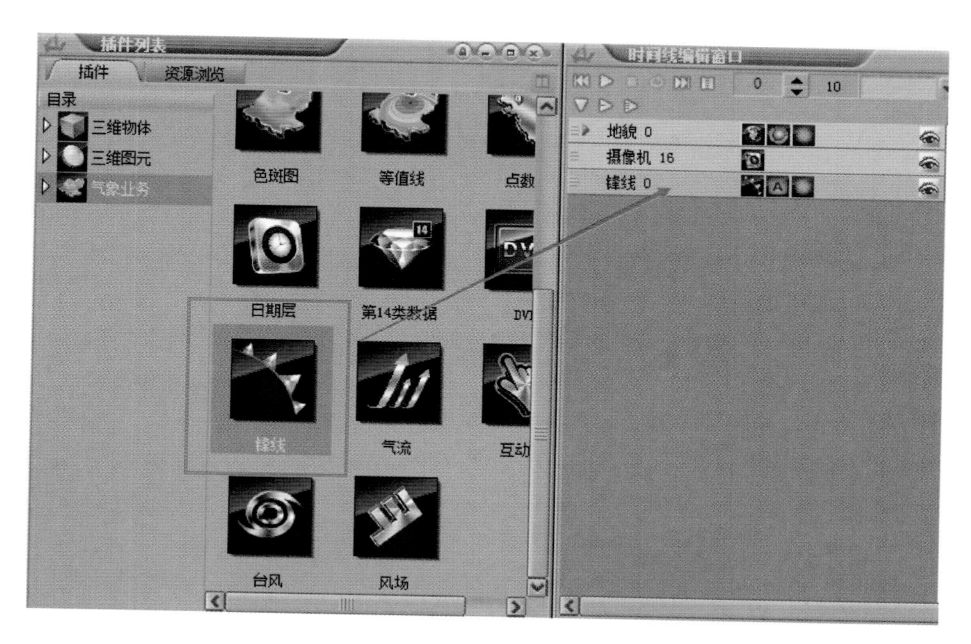

图 6.122　锋线插件

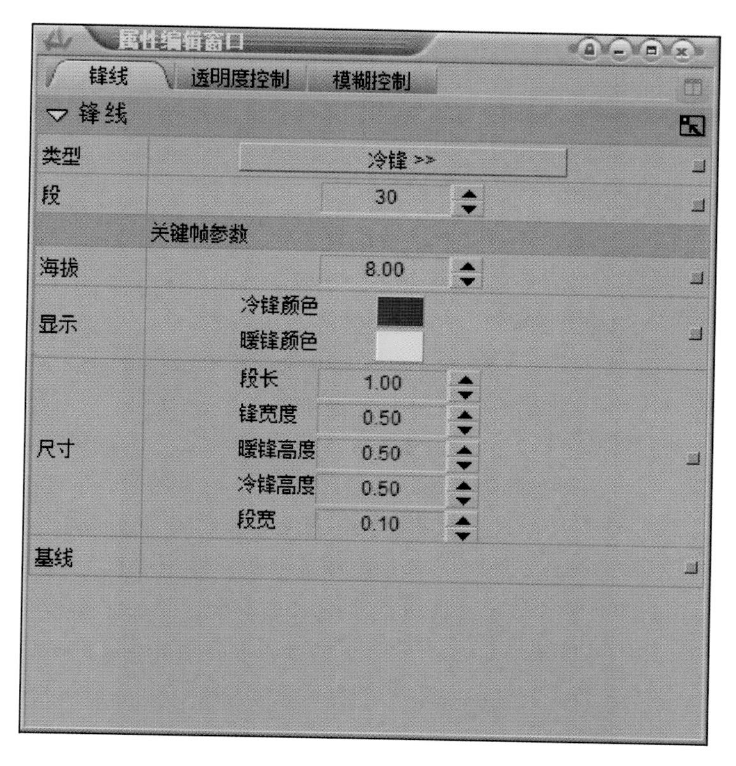

图 6.123　锋线属性窗口

类型:可选择显示类型,包括槽线、冷锋、暖锋、静止锋、锢囚锋和霜冻线等。

槽线:显示槽线信息(图 6.124)。

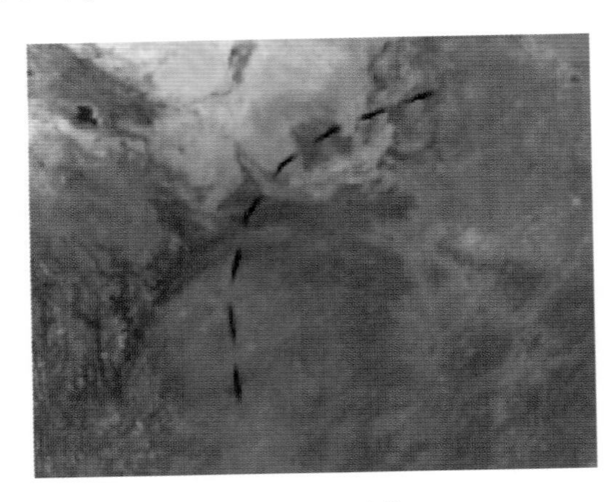

图 6.124 槽线

冷锋:显示冷锋信息(图 6.125)。

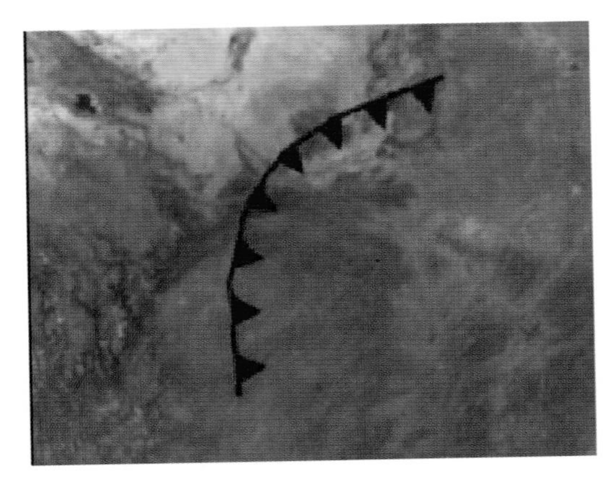

图 6.125 冷锋线

暖锋:显示暖锋信息(图 6.126)。

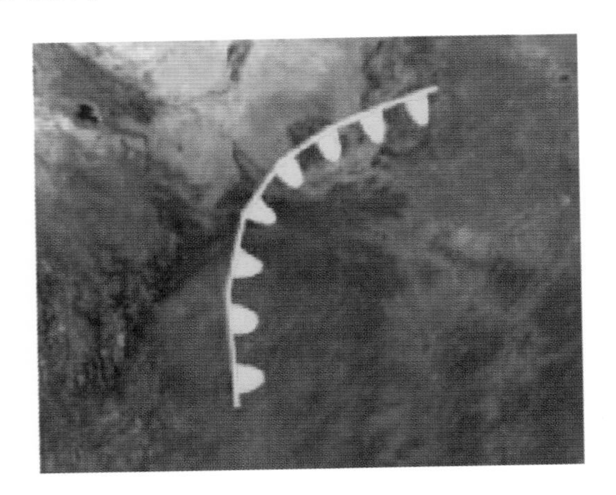

图 6.126 暖锋线

静止锋:显示静止锋信息(图 6.127)。

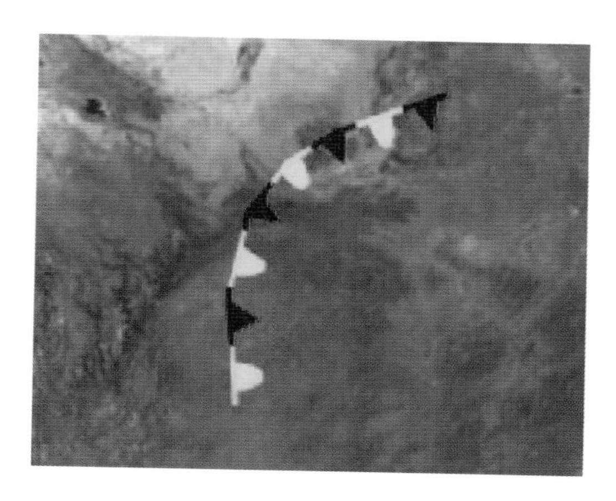

图 6.127 静止锋线

锢囚锋:显示锢囚锋信息(图 6.128)。

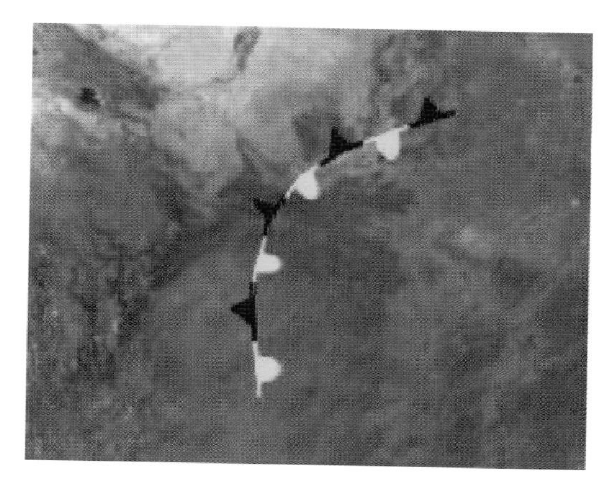

图 6.128 锢囚锋

霜冻线:显示霜冻线信息(图 6.129)。

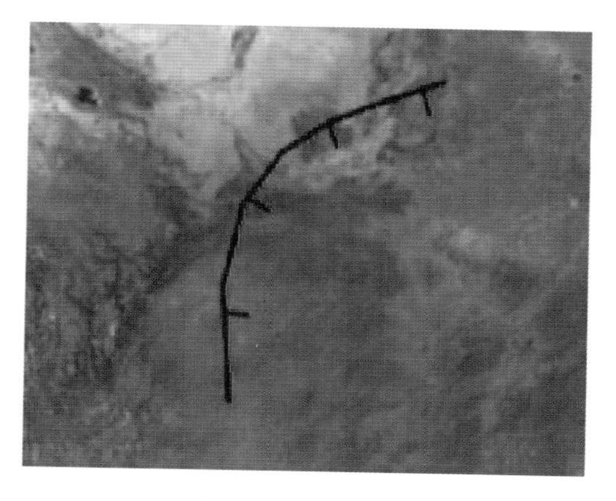

图 6.129 霜冻线

段:锋线的分段数,数量越多线越光滑,范围 2～30。

海拔:锋线显示时相对地球的高度,范围 0.01～10000。

冷锋颜色:冷锋示意颜色。

暖锋颜色:暖锋示意颜色。

段:锋线描绘分段数,范围 1～30。

单位宽度:冷暖锋锋面显示宽度,范围 0～1。

暖锋高度:设置暖锋显示高度,范围 0～5。

冷锋高度:设置冷锋显示高度,范围 0～5。

线宽:设置锋线基线的线宽,范围 0.05～0.5。

单位宽度、暖锋高度、冷锋高度、线宽均为相对于每段长度的比例值。

基线:可在导航窗口中编辑锋线的形状和长度,如图 6.130 所示,预监见图 6.131。

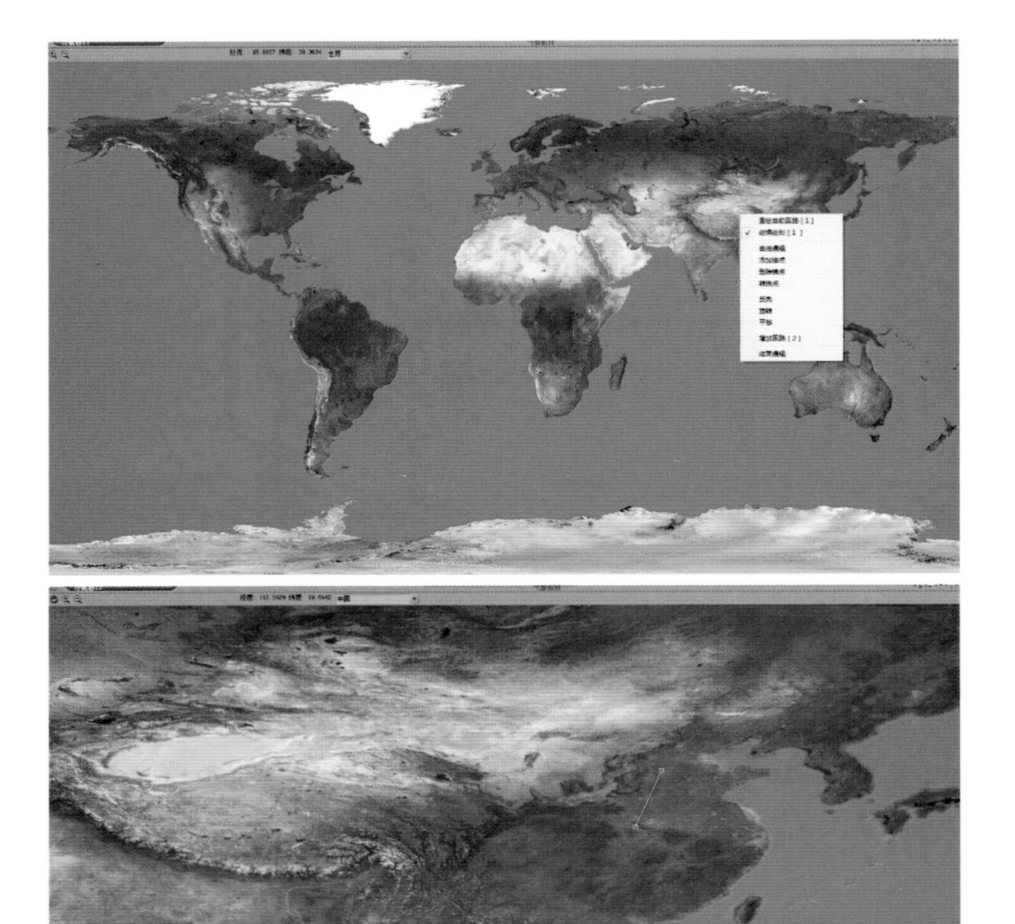

图 6.130　导航窗口

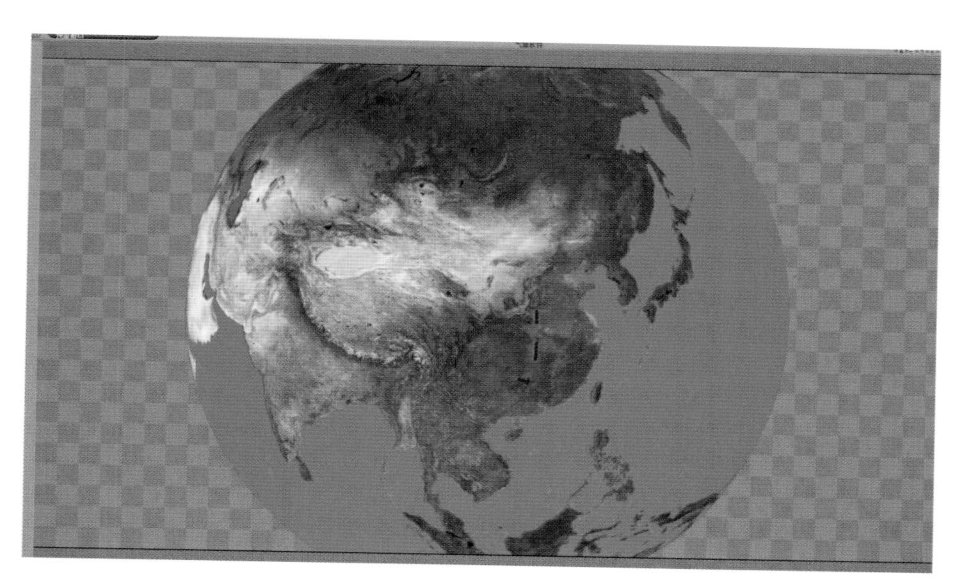

图 6.131 预监窗口

如图 6.132 所示，双击时间线编辑窗口中的锋线节点（绿框）可添加辅助层的关键帧参数调节轨（红框）。

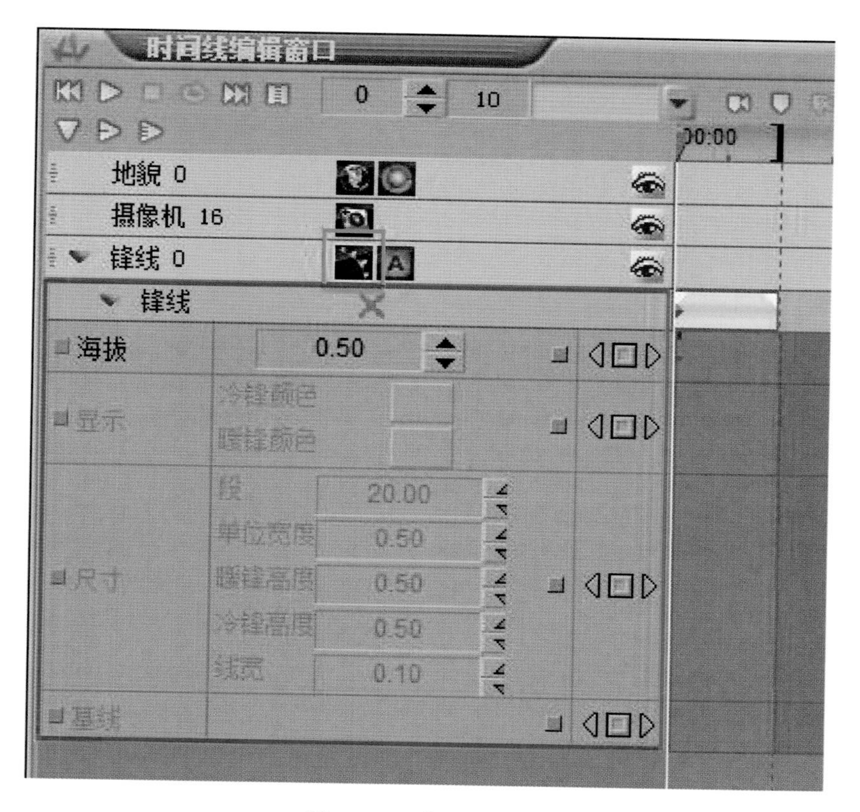

图 6.132 锋线关键帧

(13)气流

如图 6.133 所示，选择插件列表中的气象业务，拖拽气流元素到时间线编辑窗口，在时间线编辑窗口可形成新建的气流轨。属性编辑和预监窗口见图 6.134 和图 6.135。

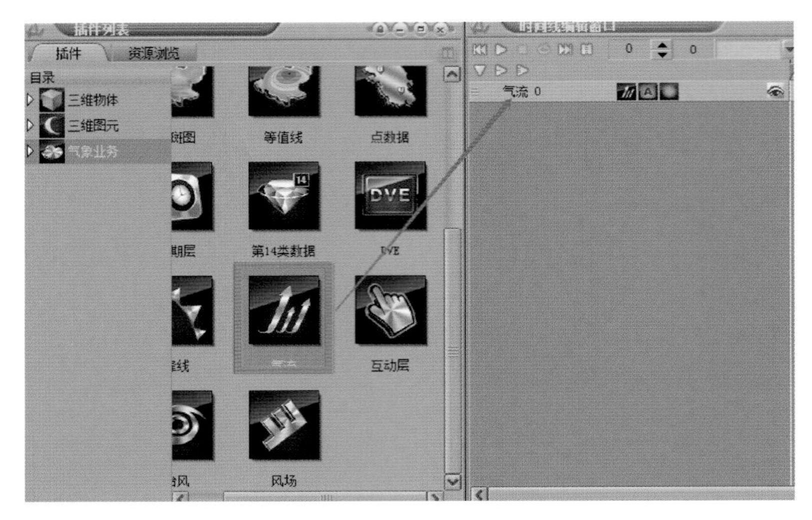

图 6.133　气流插件

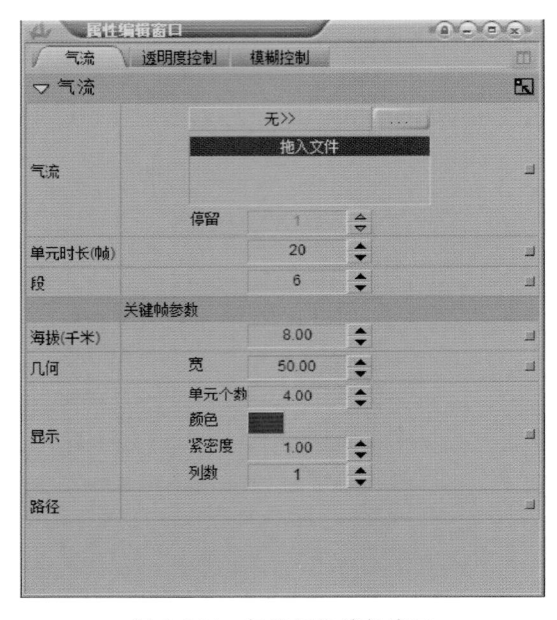

图 6.134　气流属性编辑窗口

图 6.135　预监窗口

气流，可以设置图片、图片序列文件或无。

图片：使用图片文件。

图片序列：使用图片序列文件。

无：不使用文件。

停留：使用图片序列时，可设置停留时间，停留时间越长，动画播放速度越慢，范围 1～50。

单元时长(帧)：可设置气流移动速度，单元时长值越小气流速度越快，范围 0～100。

段：可设置气流曲线分段数，数值越大，曲线越光滑，范围 2～30。

海拔(千米)：控制气流显示曲线显示时相对于地球的位置，范围 0.01～10000。

几何宽：气流曲线的显示宽度，范围 0～1000。

单元个数：可设置气流曲线的间隔段数。

颜色：可设置气流曲线的渲染颜色。

紧密度：气流曲线各段的间隔紧密度。

列数：每个单元可多列显示。

路径：可在导航窗口中编辑气流曲线，如图 6.136 所示，预监窗口见图 6.137。

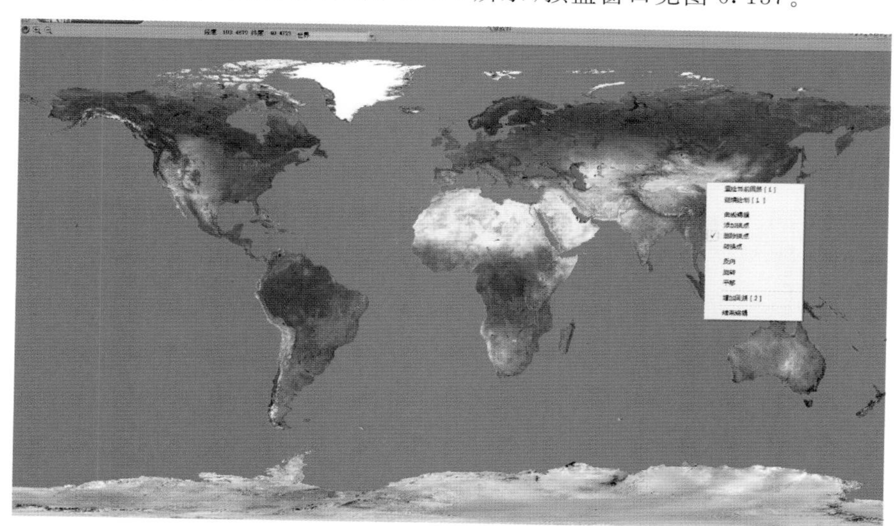

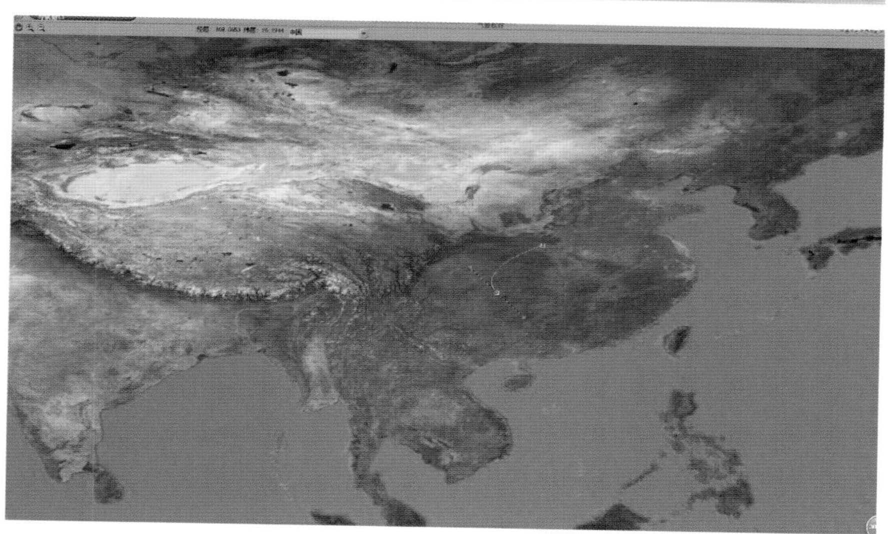

图 6.136　导航窗口

图 6.137　预监窗口

如图 6.138 所示，双击时间线编辑窗口中的气流节点（绿框）可添加气流的关键帧参数调节轨（红框）。

图 6.138　气流层关键帧

（14）小手层

小手层属于系统模块中的特色层，一般又称之为“互动层”。如图 6.139 所示选择插件列表中的气象业务，拖拽小手层元素到时间线编辑窗口，在时间线编辑窗口可形成新建的小手层轨。属性窗口见图 6.140。

图元调节：可增加手绘、图片、文字和序列四类图元类型，每类可调节的参数见图 6.141，可继续增加或者删除图元，可调节图元顺序。

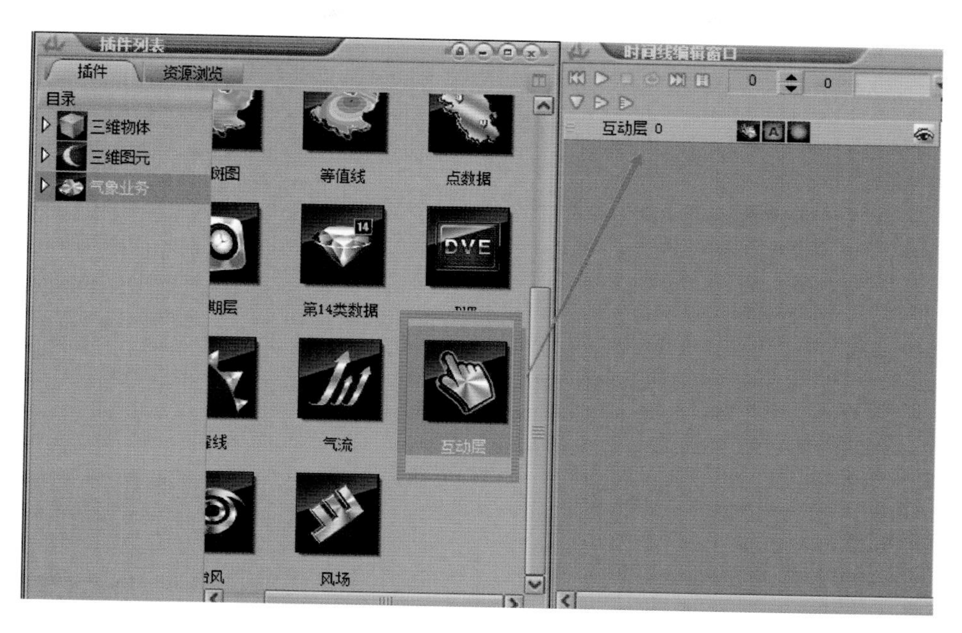

图 6.139 小手插件

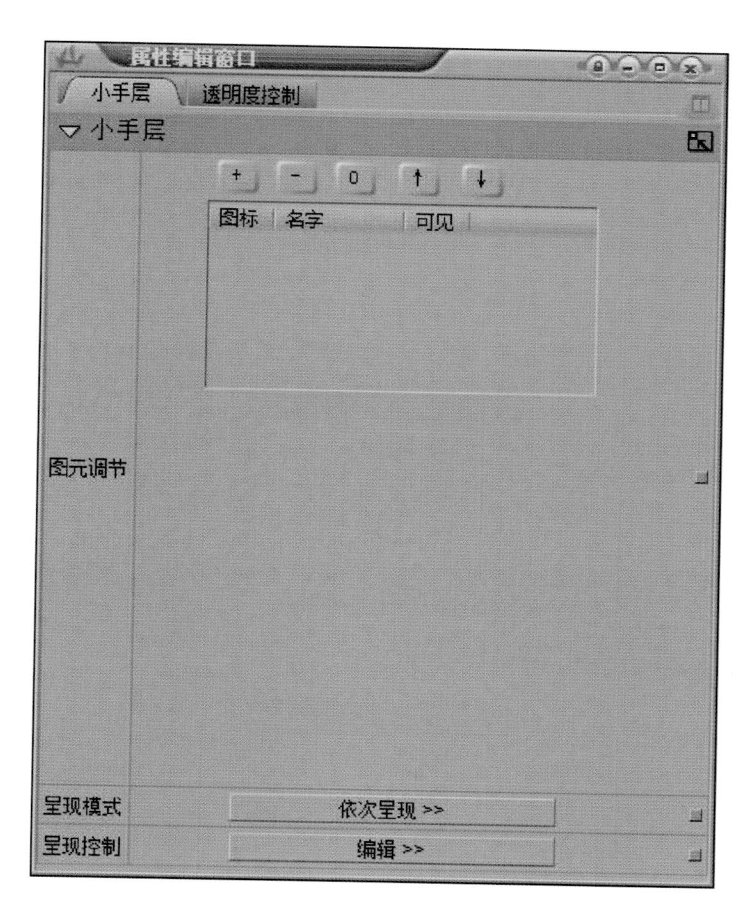

图 6.140 小手层属性编辑窗口

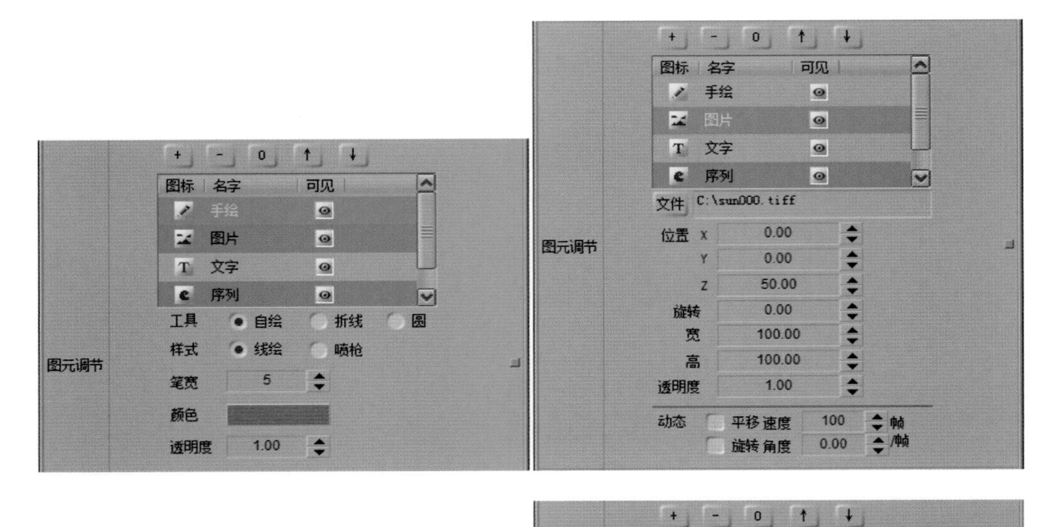

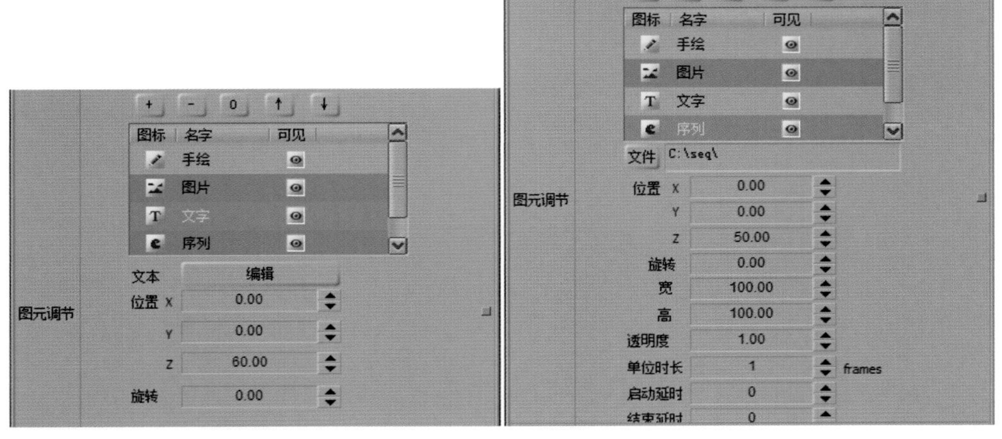

图 6.141 图元调节编辑窗口

呈现模式：可选择呈现模式为依次呈现、同时呈现或者是交互呈现（图 6.142）。

图 6.142 呈现模式

呈现控制：控制小手层处于编辑或播出状态（图 6.143）。

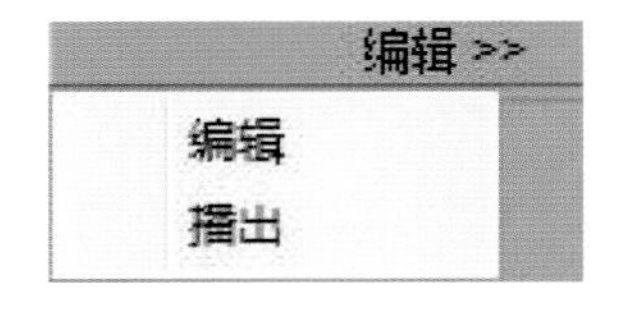

图 6.143 编辑或播出状态选择

（15）台风

如图 6.144 所示，选择插件列表中的气象业务，拖拽台风元素到时间线编辑窗口，在时间线编辑窗口可形成新建的台风轨。属性编辑窗口见图 6.145。

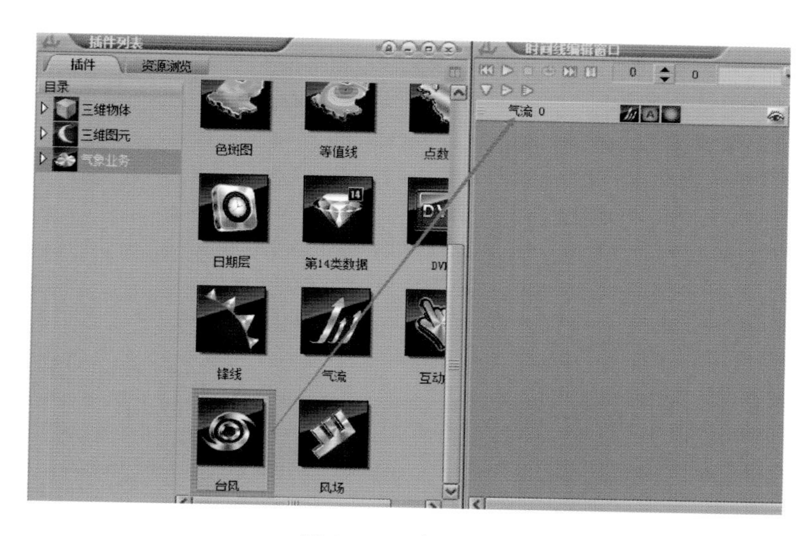

图 6.144　台风插件

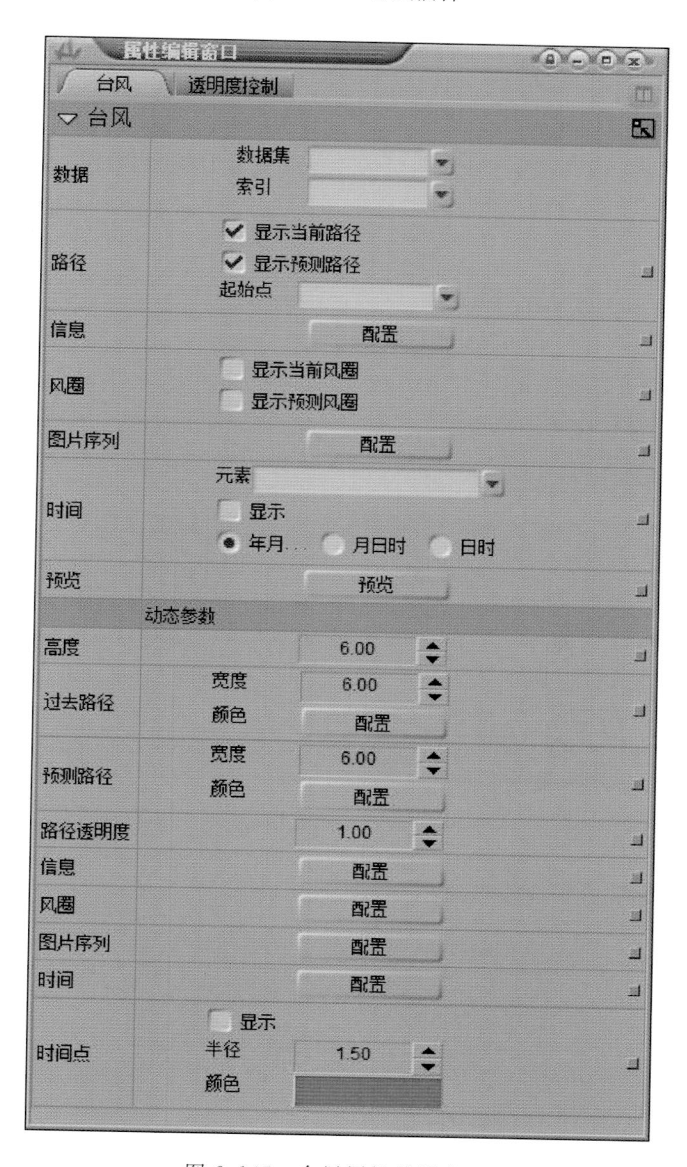

图 6.145　台风属性编辑窗口

数据

数据集：从下拉列表中选择数据集。

索引：从下拉列表中选择要显示的台风文件。

路径

显示当前路径：勾选可显示台风当前路径。

显示预测路径：勾选可显示台风预测路径。

信息：点击配置可对当前台风名称进行修改，并为名称添加前后缀内容以及选择是否显示（图 6.146）。

图 6.146　台风信息窗口

风圈

显示当前风圈：勾选显示当前风圈。

显示预测风圈：勾选显示预测风圈。

图片序列：可选择元素

，为不同台风等级添加显示的图片序列文件（图 6.147）。

图 6.147　图片序列

时间：可选择元素，并根据元素，在预监窗口中显示时间信息（图 6.148）。

图 6.148　时间元素

预监：点击预监可预览台风运动路径。

动态参数

高度：设置台风路径、风圈、节点、图片序列显示的海拔高度。

过去路径

宽度：设置台风过去路径宽度。

颜色：为不同台风强度设置相应的颜色显示(图 6.149)。

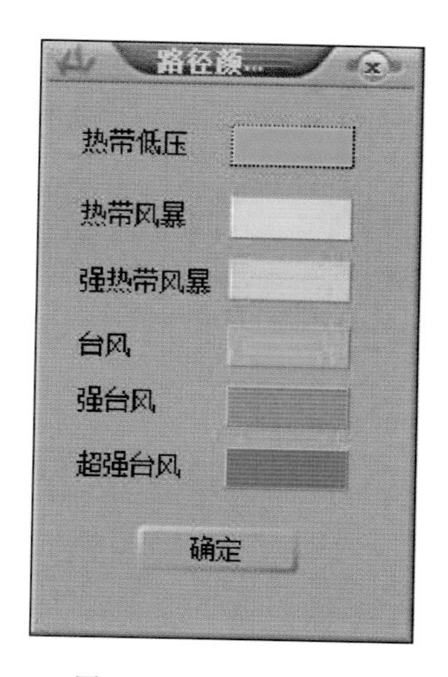

图 6.149 颜色对照表

预测路径

宽度：可设置台风预测路径的宽度。

颜色：为不同台风强度设置相应的颜色显示(图 6.149)。

路径透明度：可设置路径显示的透明度，范围 0～1。

信息：可设置信息显示内容的字体及字体显示位置、宽度、高度、海拔高度(图 6.150)。

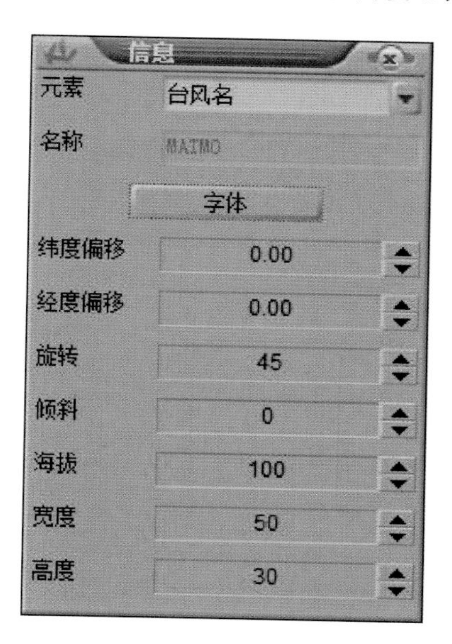

图 6.150 台风编辑窗口

风圈：可设置风圈显示时轮廓宽度及轮廓和填充颜色(图 6.151)。

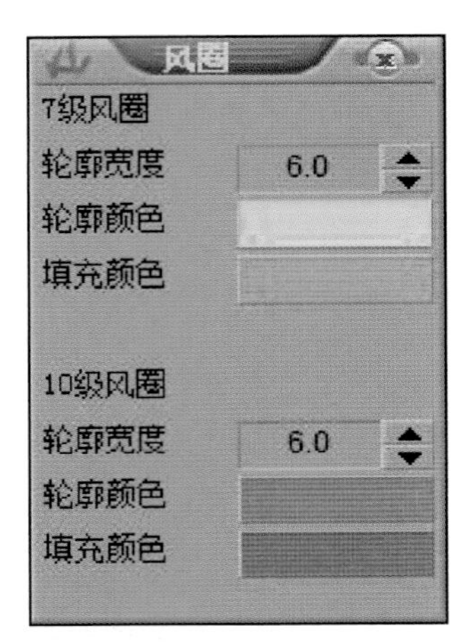

图 6.151 风圈编辑窗口

图片序列：为不同元素的图片序列设置 X、Y 轴方向的缩放值，范围 0～10(图 6.152)。

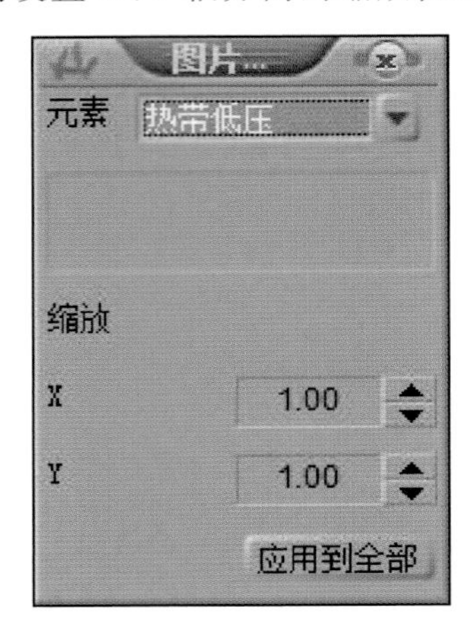

图 6.152 图片位置调整窗口

时间：可设置时间显示内容的字体样式、显示位置、宽度、高度、海拔高度(图 6.153)。

图 6.153 时间编辑窗口

时间点

显示：可设置是否显示时间点信息。

半径：可设置时间点显示的半径大小，范围1～5。

颜色：可设置时间点显示的颜色。

如图6.154所示，双击时间线编辑窗口中的台风节点（绿框）可添加台风的关键帧参数调节轨（红框）。

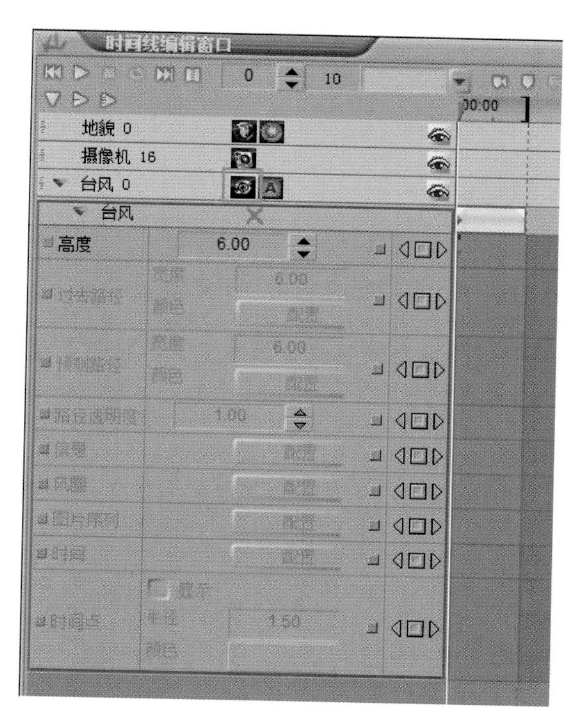

图6.154　台风关键帧

（16）风场

如图6.155所示，选择插件列表中的气象业务，拖拽风场元素到时间线编辑窗口，在时间线编辑窗口可形成新建的风场轨。属性编辑和预监窗口见图6.156和图6.157。

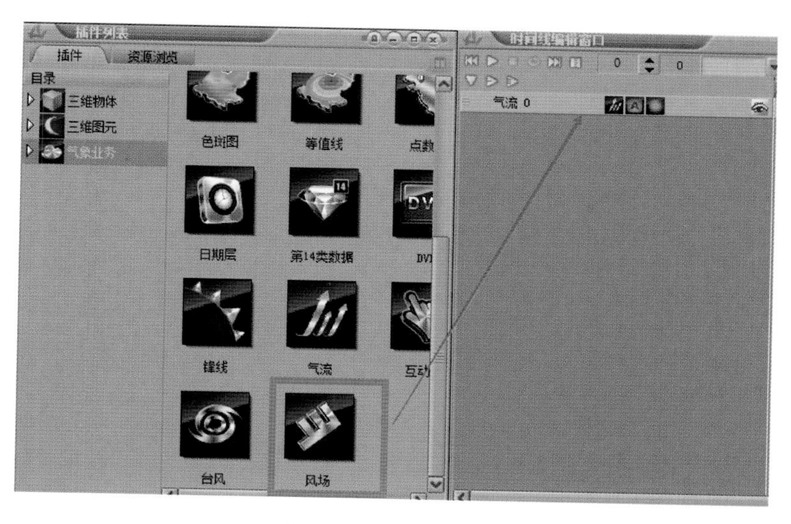

图6.155　风场插件

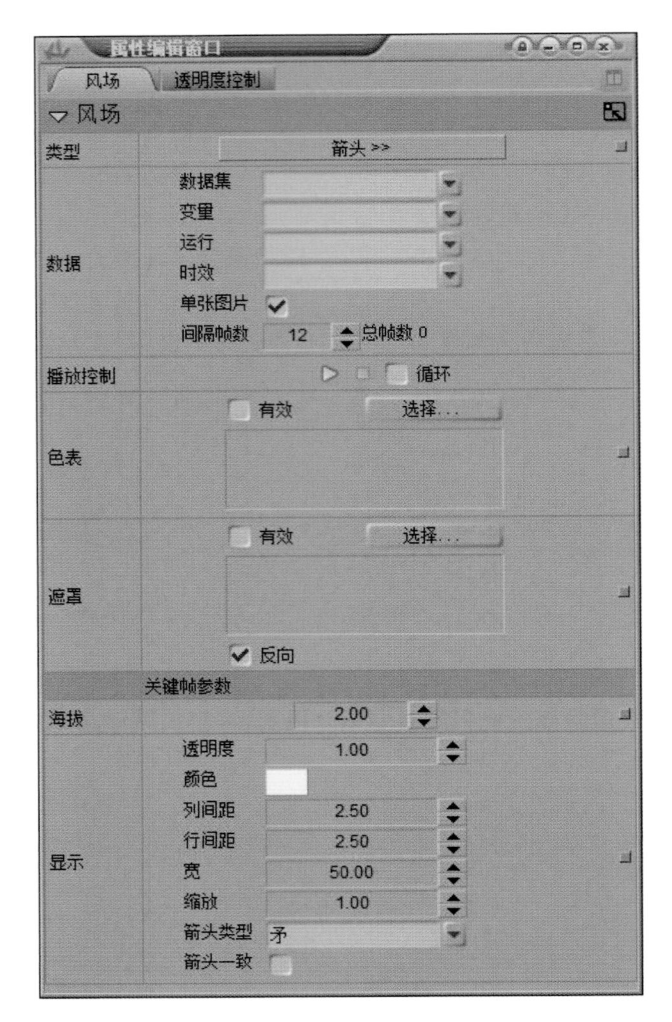

图 6.156　风场编辑窗口

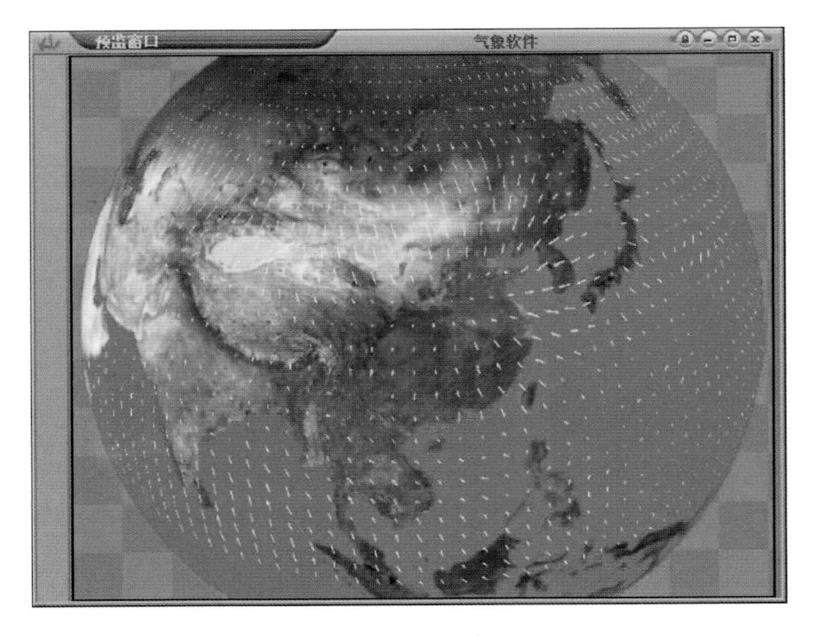

图 6.157　预监窗口

类型：箭头。

数据

数据集：从下拉列表中选择风场的数据集。

变量：从下拉列表中选择数据子集。

运行：从下拉列表中选择数据运行时间。

时效：从下拉列表中选择数据时效长度。

单张图片：勾选，显示选择的运行时间时效的静态风场；不勾选，则显示从000时效到选择时效的动态风场。

间隔帧数：可设置风场在有效时间内播放图片的间隔帧数。

播放控制：可控制风场内容播放、暂停或者停止，勾选循环后风场信息将循环播出。

色表：可选择使用色表文件，格式“*.rgb”、“*.val”，可通过系统工具菜单下的色表编辑工具编辑。

遮罩：可选择“*.mcsx”遮罩文件，选择文件后，勾选有效，遮罩文件才会起作用，同时可使用反向选项控制遮罩方向。

关键帧参数

海拔：可设置风场图标显示的海报高度。

显示

透明度：可设置风场图标透明度样式。

颜色：可设置风场图标渲染颜色。

列间距：同纬度方向箭头排列的密度，范围0.1～10。

行间距：同经度方向箭头排列的密度，范围0.1～10。

宽：箭头显示的宽度，范围0～200。

缩放：箭头显示比例，范围0～2。

箭头类型：见图6.158。

图6.158　箭头类型下拉框

矛：见图6.159。

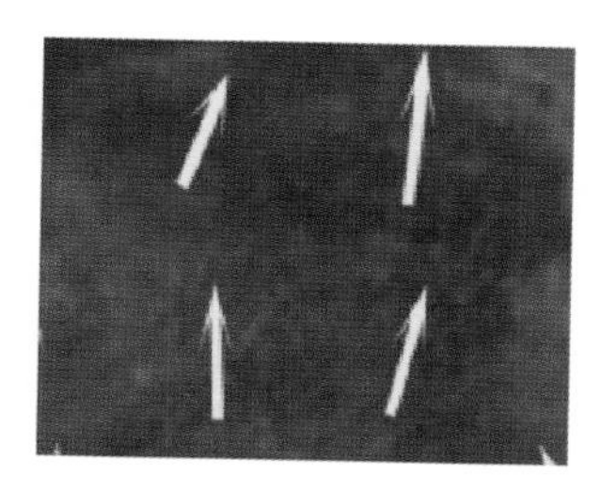

图6.159　矛预监效果

空心：见图6.160。

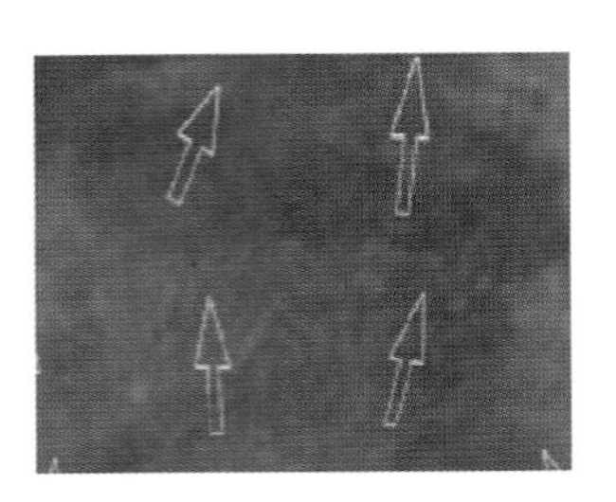

图 6.160　空心预监效果

实心:见图 6.161。

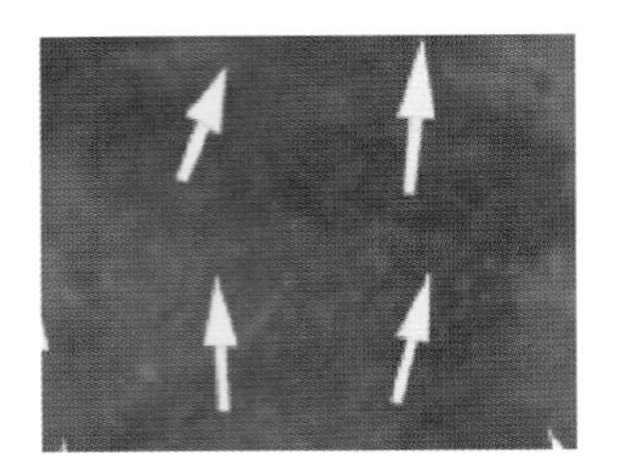

图 6.161　实心预监效果

无:见图 6.162。

图 6.162　无箭头效果预监

箭头一致:不勾选,箭头根据强弱显示不同大小;勾选一致后,风场箭头大小一致。

如图 6.163 所示,双击时间线编辑窗口中的风场节点(绿框)可添加风场的关键帧参数调节轨(红框)。

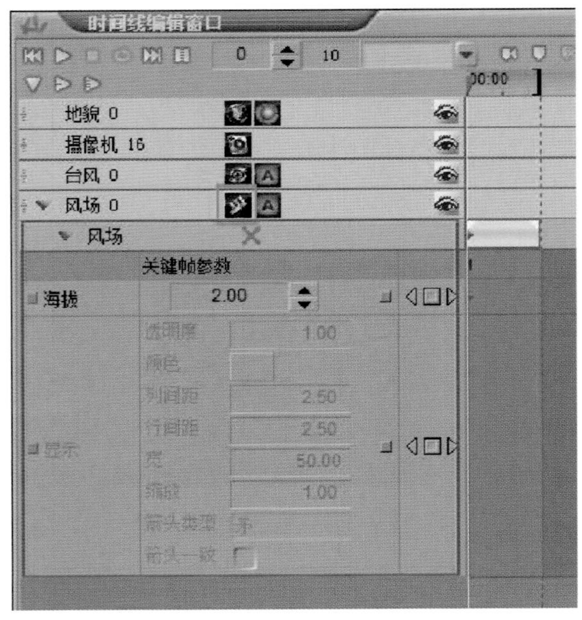

图 6.163　风场关键帧

6.3 时间线编辑窗口

前面重点介绍了插件列表中的图元参数，下面介绍一下它们是如何在时间线上实现动画效果的。软件中新建工程，会出现如图 6.164 所示的界面。

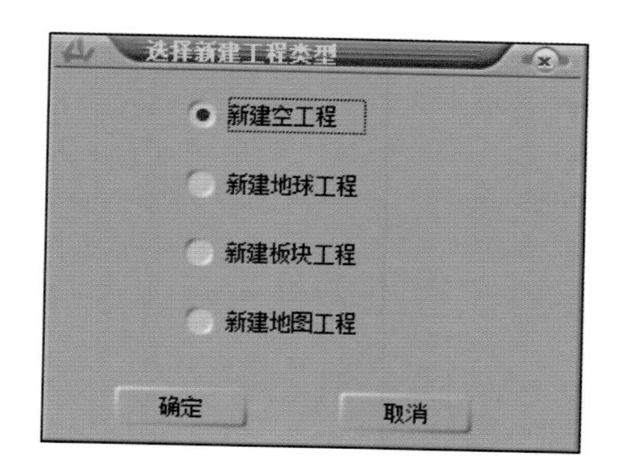

图 6.164 新建工程

如新建无须显示地球内容的模板工程，可选择新建空工程。空工程中，一些依附地球的气象元素将无法使用，如气团、边界、云图、等值线、锋线、气流、台风、风场等。

6.3.1 时间线编辑窗口

下面先了解一下空的时间线编辑窗口。如图 6.165 所示，左侧为图元内容区，右侧为图元特技区。

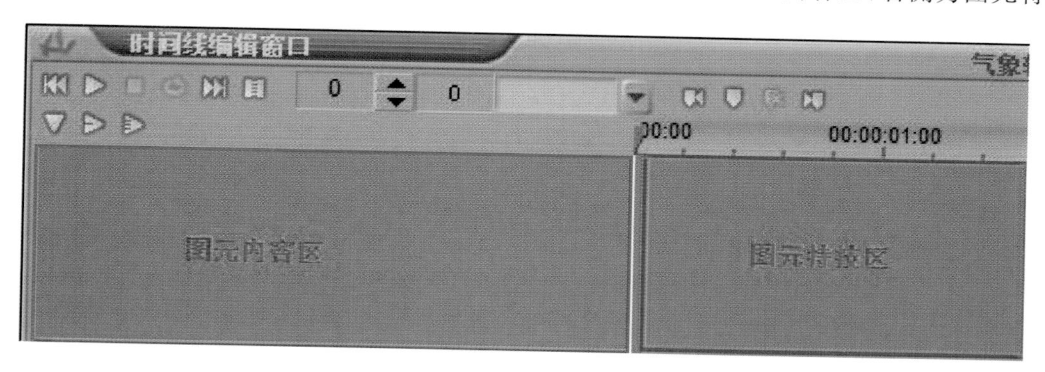

图 6.165 时间线编辑窗口

播出预监：

：将故事版时间线移动到首帧。

：播放当前故事版，在播放状态，图标会变为，可以“暂停”事件播出。

：停止故事版播出，在非播放状态图标为。

：跳出故事版当前循环嵌套播出直至事件尾部或进入下一个循环嵌套，在非播放状态图标为。

：将故事版时间线移动到尾帧。

：故事版打包(图 6.166)。可将时间线上的内容打包形成 tga 序列文件或者视频文件。

标记点：

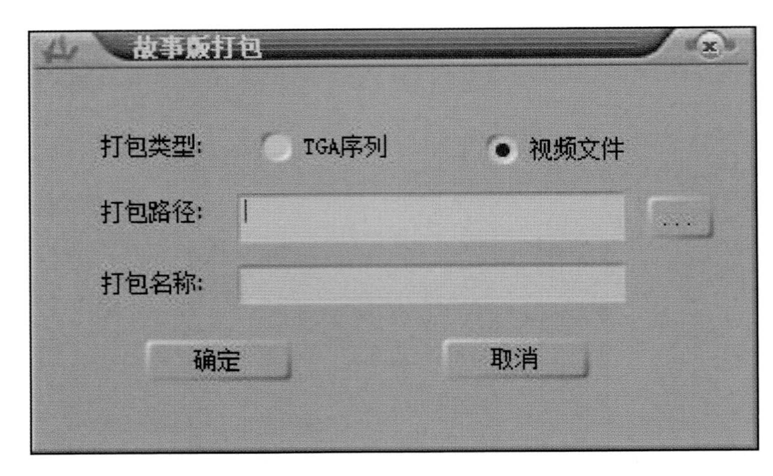

图 6.166　故事版打包对话框

前一标记点:将时间线移动到前一标记点。

添加/修改标记点:在时间线位置处添加或者修改标记点,可添加的标记点如图 6.167 所示。

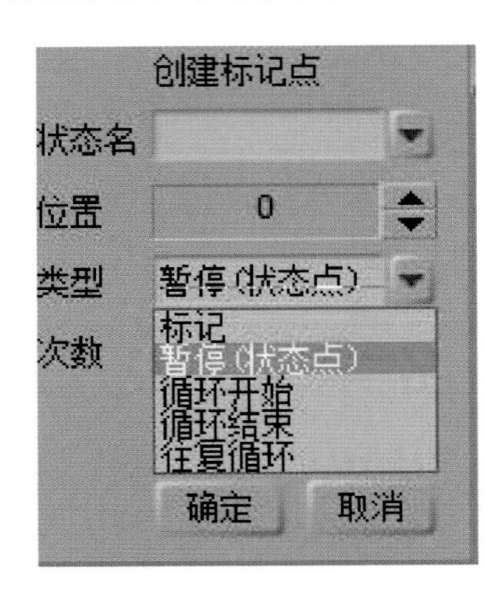

图 6.167　创建标记点对话框

删除标记点:删除时间线处的标记点,可用状态为 。

后一标记点:将时间线移动到后一标记点。

图元轨显示:

收缩轨道到元素轨:图元内容区只显示各个图元(图 6.168)。

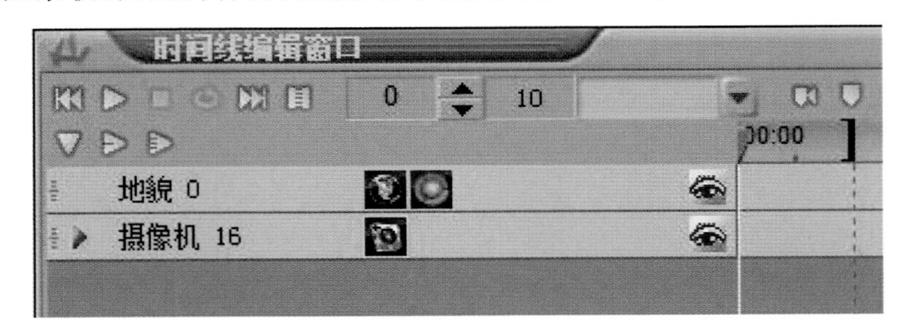

图 6.168　时间线编辑窗口

轨道展开到属性轨：图元内容区显示各个图元，以及增加对应控制的属性轨（图 6.169）。

图 6.169　属性轨

轨道展开到参数调节：轨道内容中显示各个图元，以及增加的属性轨，并将具体参数调节内容展开。摄像机关键帧参数可在图 6.170 所示的窗口设置。

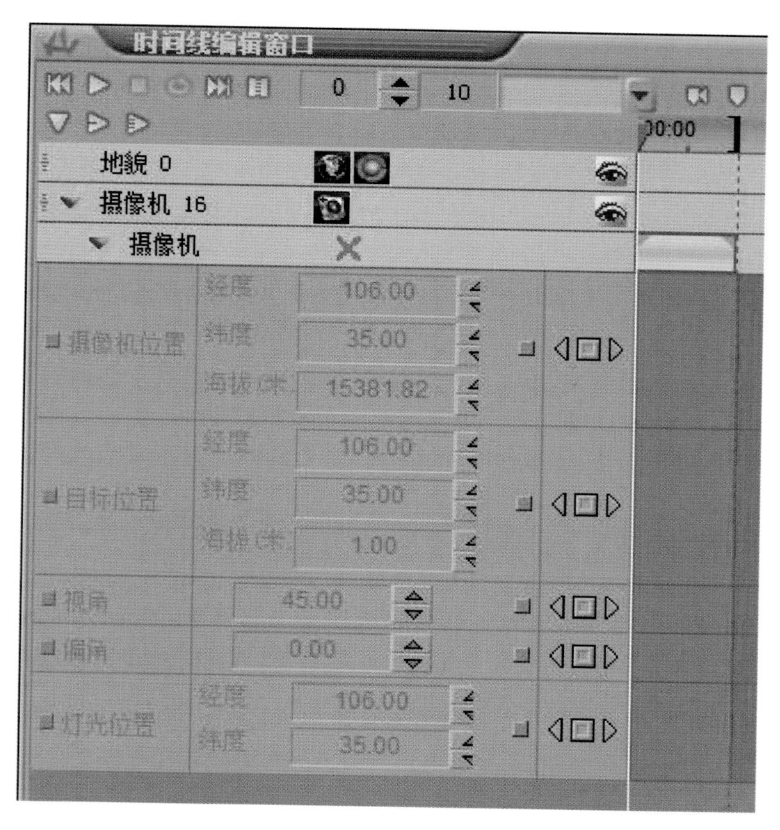

图 6.170　摄像机关键帧参数

时间线辅助显示：

当前位置：显示时间游标当前所处的位置。

事件总长：显示时间线内容的总长度（单位帧）。

刻度显示：可从列表中选择时间线刻度对应显示的时长，或者在刻度处点按鼠标右键左右拖拽，实现显示刻度的切换（图 6.171）。

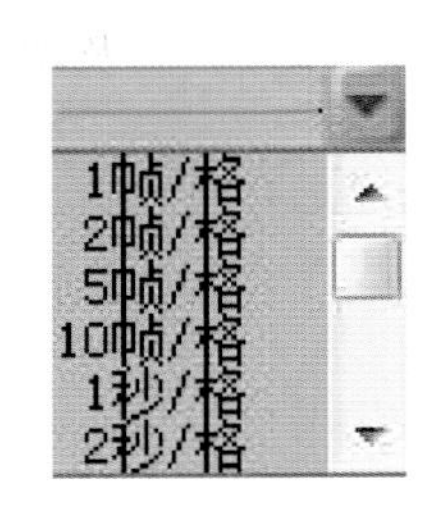

图 6.171　时间线显示长度下拉框

时间线/图元特技长度控制：如图 6.172 所示，时间刻度处蓝色部分显示了时间线的长度，以最后一个图元动作为准。拖拽有效时间范围右侧可缩放时间线内容，所有内容长度按比例缩放。

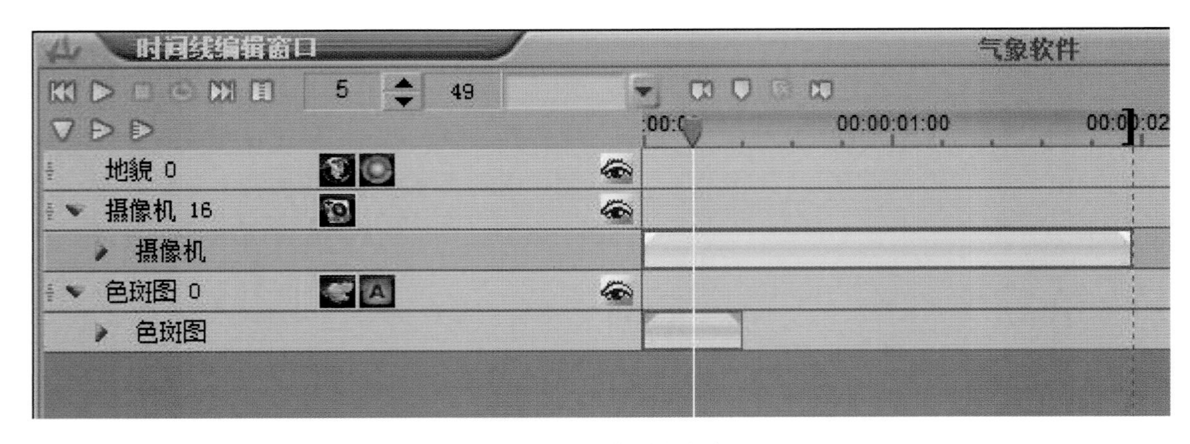

图 6.172　添加时间长度

图元特技长度控制：在时间线上为图元添加特技后，修改图元特技长度将有两种方式，当鼠标位于图元特技轨上侧时鼠标状态为，拖拽缩放图元特技长度，关键帧位置不发生改变；当鼠标位于图元特技轨下侧时鼠标状态为，拖拽缩放图元特技长度，关键帧按照比例进行缩放；当关键帧位于图元特技长度之外时，被视为无效特技。

图元特技属性调节：默认双击图元属性节点可以增加属性调节轨，添加后所有属性默认为不可调节的状态，还只能在属性编辑窗口中进行调节。当在属性调节轨上添加关键帧后，属性调节轨上可做关键帧属性参数编辑，属性编辑窗口中的属性参数失效，不可调节。

6.3.2　地球工程

新建地球工程后，在时间线编辑窗口中直接创建了两个图元，如图 6.173 所示。

图 6.173　创建两个图元后的时间线编辑窗口

(1)地貌

新建地球工程后默认添加地貌图元,属性编辑和预监窗口见图 6.174 和图 6.175。

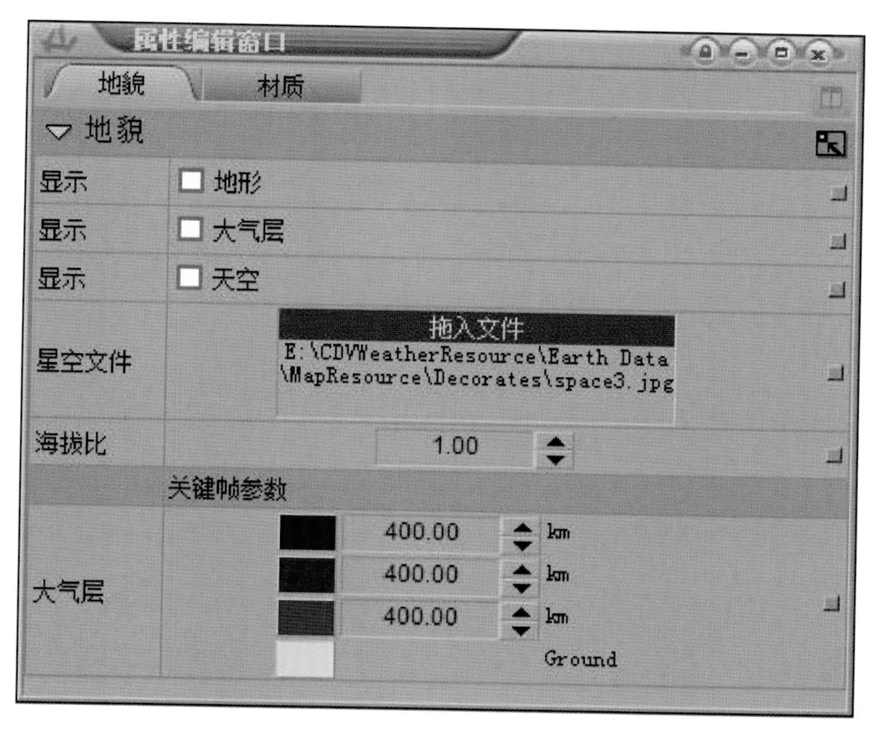

图 6.174　地貌属性窗口

图 6.175　地貌图元预监窗口

显示:地形,勾选此项,将显示地形信息。

显示:大气层,勾选此项将显示地球外周大气信息(图 6.176)。

显示:天空,勾选此项将显示地球天空信息。没有天空文件时,显示为透明样式;添加星空文件后,显示为星空文件内容(图 6.177)。

图 6.176　大气层显示预监窗口

图 6.177　星空效果预监

星空文件：拖拽图片文件到内容框，可更换天空背景。

海拔比：可调节预监窗口中地球上地势的显示比例(图 6.178)。

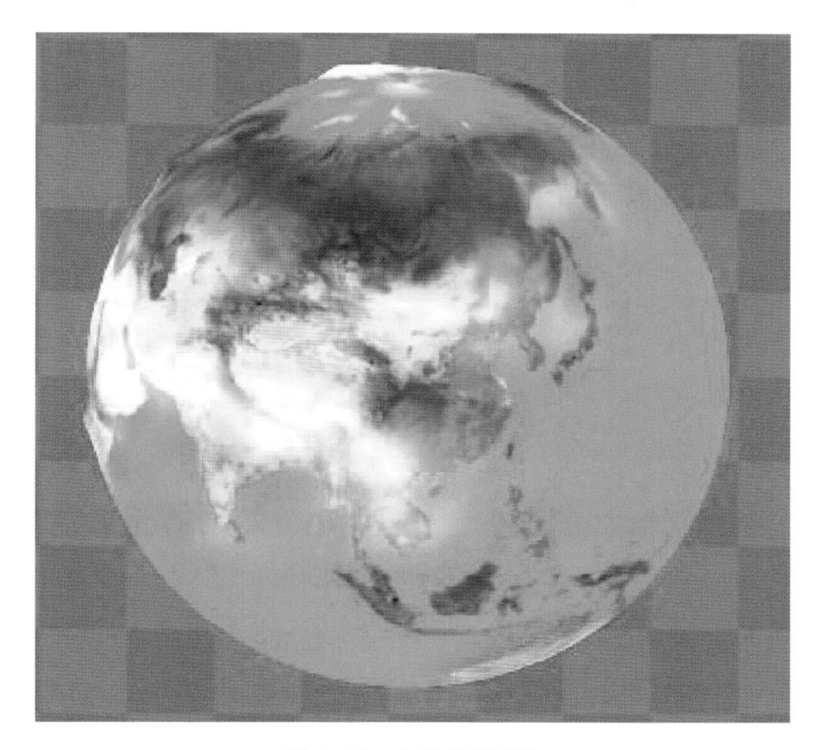

图 6.178　海拔效果预监

关键帧参数

大气层：可调节大气显示时，对应高度的大气层和地面的显示颜色(图 6.179)。

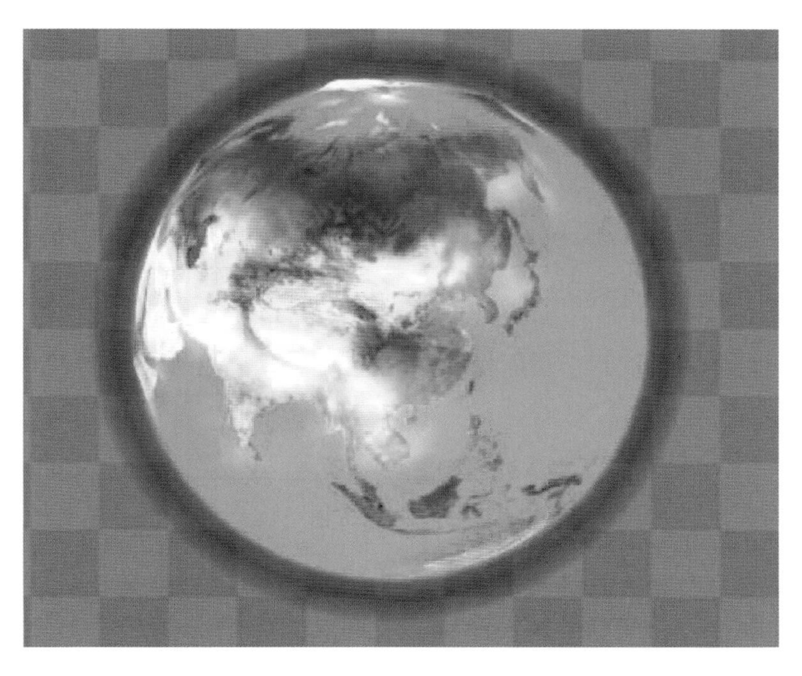

图 6.179　大气层效果预监

如图 6.180 所示，双击时间线编辑窗口中的地貌节点(绿框)可添加地貌的关键帧参数调节轨(红框)。

图 6.180　海拔关键帧设置

如图 6.181 所示，双击时间线编辑窗口中地貌的材质控制节点(绿框)可添加材质控制的关键帧参数调节轨(红框)。

图 6.181　地貌关键帧参数

(2)摄像机(属性编辑窗口见图6.182)

图6.182　摄像机关键帧参数

摄像机:可选择摄像机以透视视角或者正交视角呈现预监窗口中的内容。

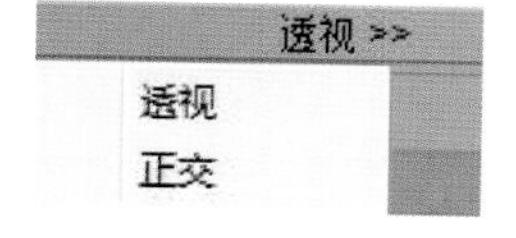

灯光位置:可勾选使用摄像机灯光,在"设置"菜单→"灯光设置"中可对摄像机灯光进行设置。

关键帧参数

摄像机位置

经度:镜头所处的经度位置,范围－180～180。

纬度:镜头所处的纬度位置,范围－90～90。

海拔(米):镜头所处的海拔高度,范围1～10000000。

目标位置

经度:镜头目标所处的经度位置,范围－180～180。

纬度:镜头目标所处的纬度位置,范围－90～90。

海拔(米):镜头目标所处的海拔高度,范围1～10000000。

摄像机参数

视角:摄像机的视场角,范围0～360。

偏角:摄像机镜头偏转,范围－90～90。

灯光位置

经度:灯光所处的经度位置,范围－180～180。

纬度:灯光所处的纬度位置,范围－90～90。

如图 6.183 所示,双击时间线编辑窗口中的摄像机节点(绿框)可添加摄像机的关键帧参数调节轨(红框)。

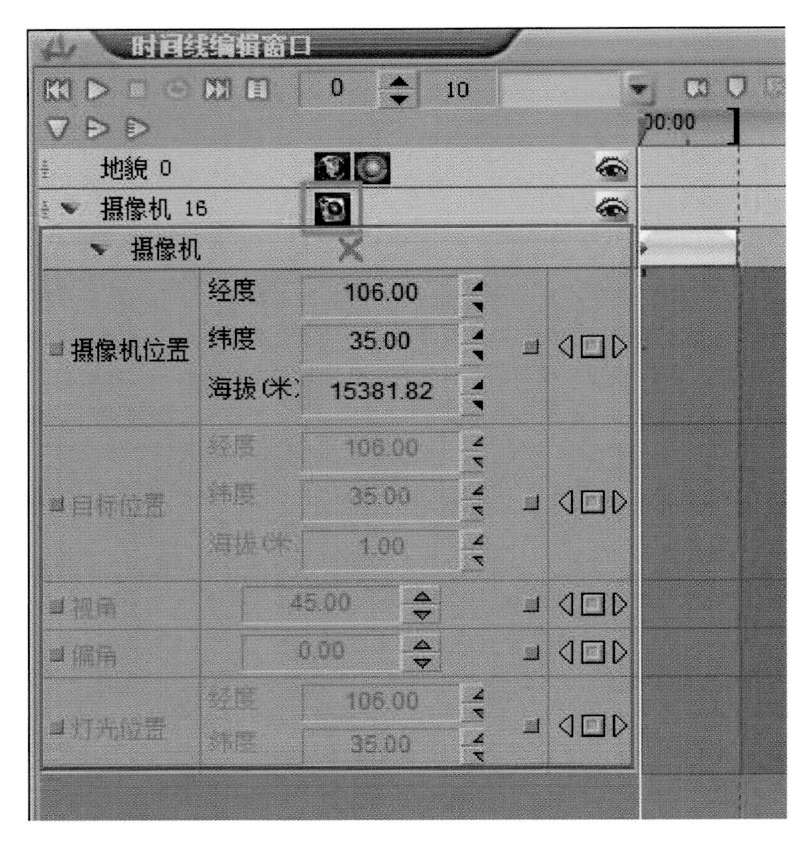

图 6.183　摄像机关键帧参数

6.3.3　板块工程

新建板块工程后,在时间线编辑窗口中直接创建了两个图元,如图 6.184 所示。

图 6.184　新建板块工程

(1)板块(属性编辑和预监窗口见图 6.185 和图 6.186 所示)

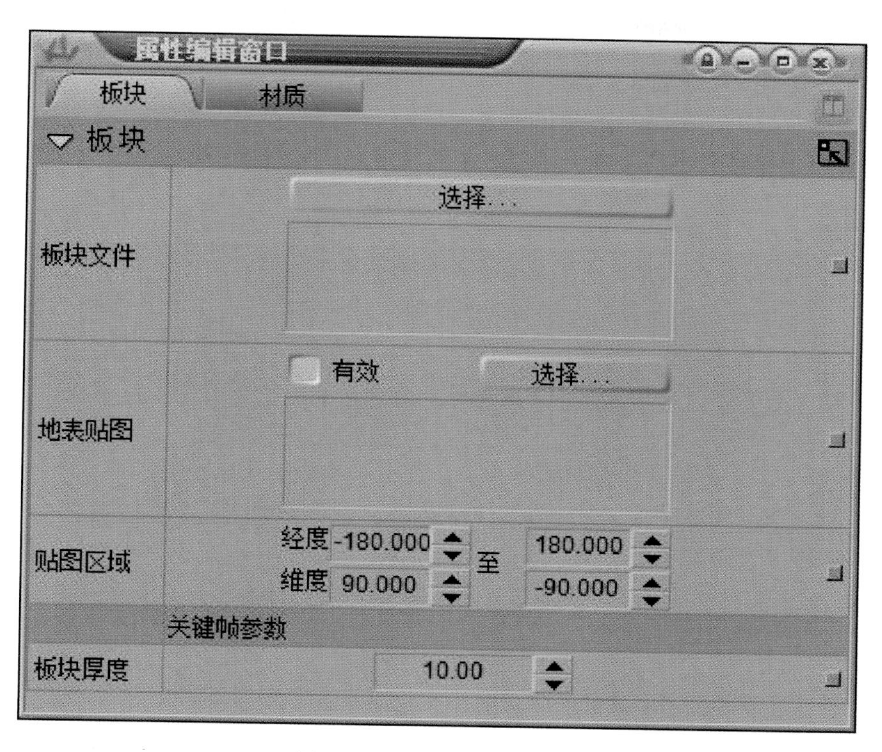

图 6.185　板块属性对话框

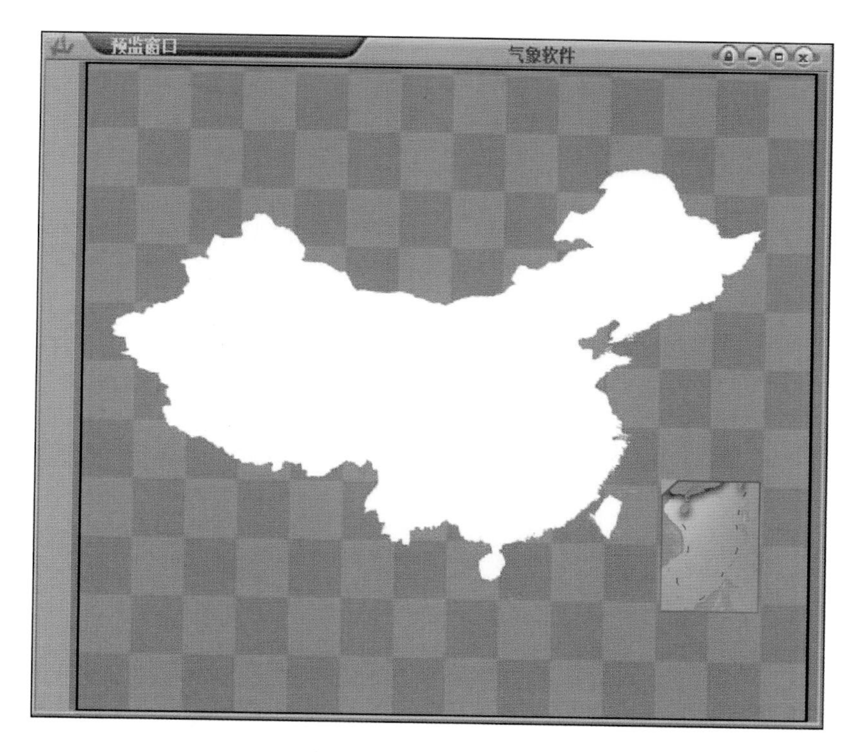

图 6.186　板块预监效果

板块文件：可选择"＊.mcsx"格式的板块文件。

地表贴图：可选择地表贴图文件，支持"＊.tiff"、"＊.jpg"、"＊.png"、"＊.bmp"、"＊.tga"等格式的图片。

贴图区域：可设置贴图开始和结束的经度纬度位置。

关键帧参数

板块厚度：可设置预监窗口中板块的显示厚度，范围 0.01～10000。

如图 6.187 所示，双击时间线编辑窗口中的板块节点（绿框）可添加板块的关键帧参数调节轨（红框）。

图 6.187　板块关键帧参数

双击时间线编辑窗口中的材质节点（绿框）可添加板块材质的关键帧参数调节轨（红框），可控参数和预监窗口见图 6.188 和图 6.189。

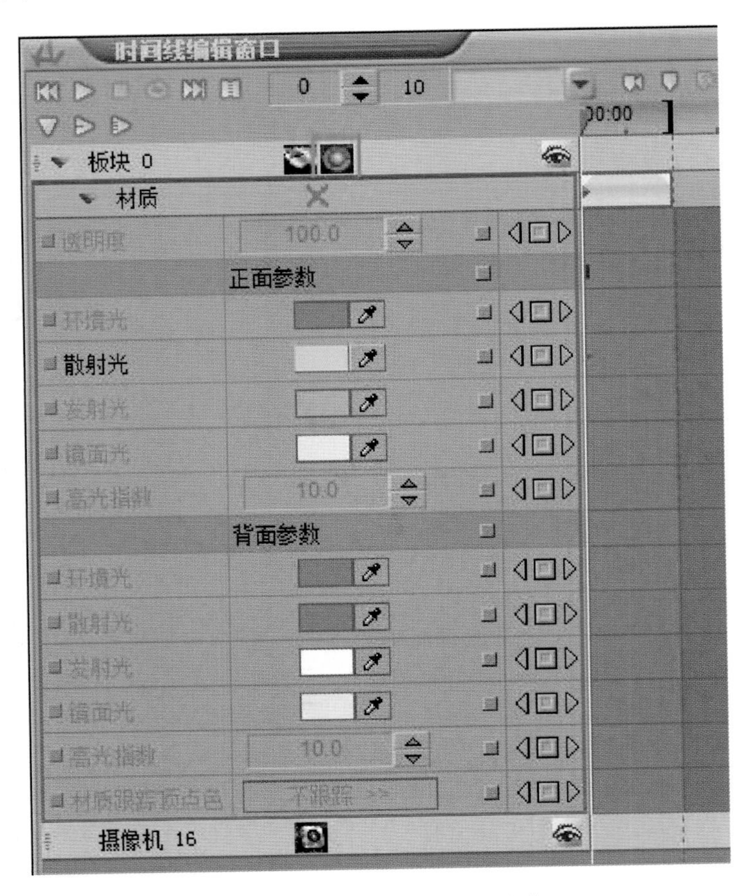

图 6.188　板块材质关键帧参数

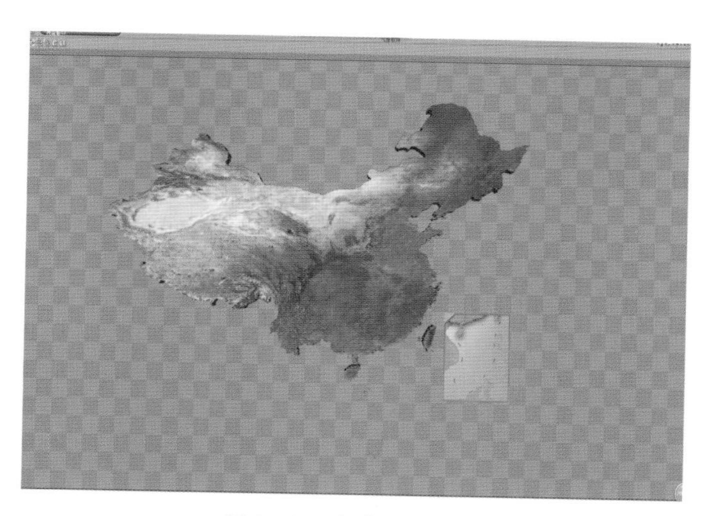

图 6.189　板块预监效果

(2)摄像机

见 6.3.2 中地球工程的摄像机介绍。

6.3.4　地图工程

新建地图工程,默认创建地图和摄像机(图 6.190)。

图 6.190　创建地图工程

(1)地图(属性编辑窗口见图 6.191)

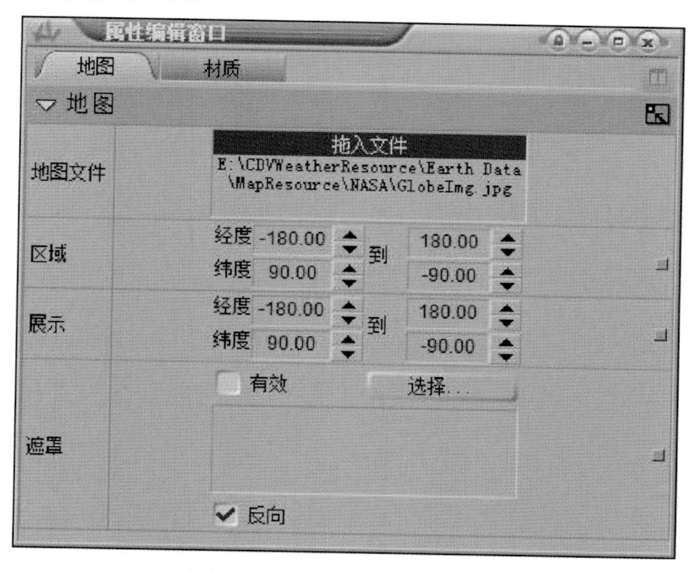

图 6.191　地图属性编辑窗口

地图文件：将地图文件拖拽到文件栏中。

区域

经度：可设置地图文件显示经度范围。

纬度：可设置地图文件显示纬度范围。

展示

经度：可设置预监窗口中地图展示的经度范围。

纬度：可设置预监窗口中地图展示的纬度范围。

遮罩：可选择 *.mcsx 遮罩文件，选择文件后，勾选有效，遮罩文件才会起作用，同时可使用反向选项控制遮罩方向。

(2)摄像机

见 6.3.2 中地球工程的摄像机介绍。

6.4 实例

6.4.1 气象标题

制作如图 6.192 所示的气象标题内容，可使用气象业务插件中的辅助层完成，采取以下步骤。

图 6.192 标题预监窗口

(1)双击桌面图标 MVEditor，在图 6.193 所示的界面选择相应的用户和工程制式。

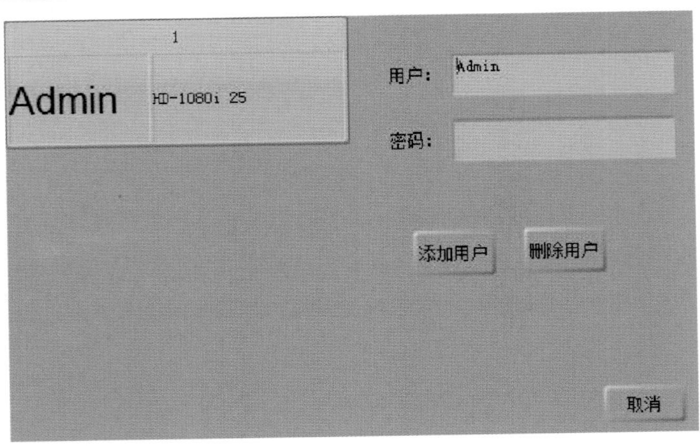

图 6.193 登录界面

(2)新建空工程(图 6.194)。

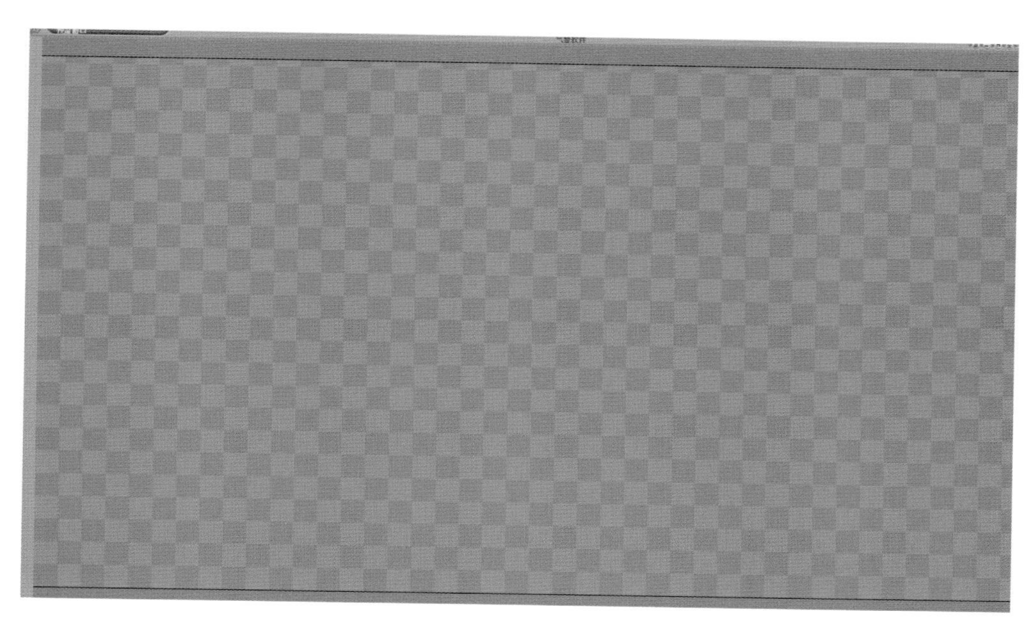

图 6.194　新建空工程

(3)拖拽气象业务中插件下的辅助层插件到时间线编辑窗口(图 6.195)。

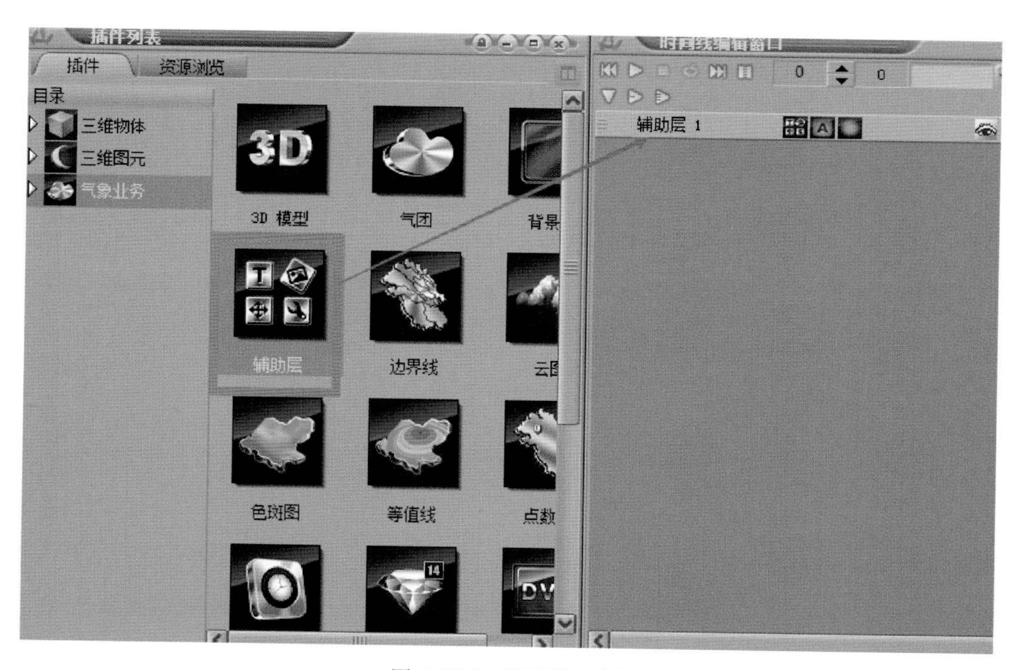

图 6.195　新建辅助层

(4)如图 6.196 和图 6.197 所示,属性编辑窗口中可见辅助层属性,点击符号“+”增加图片,并在文件中增加图片路径,调整图片在 X、Y 方向的偏移,使之排列如预监窗口中的样式。

(5)继续点击+增加文字内容,点击编辑调节文字内容和大小,将文字内容的 Z 轴调整至 1(数值大的图层靠上),调整 X、Y 位置,与底图图层对齐,如预监窗口中样式,如图 6.198 和图 6.199 所示。

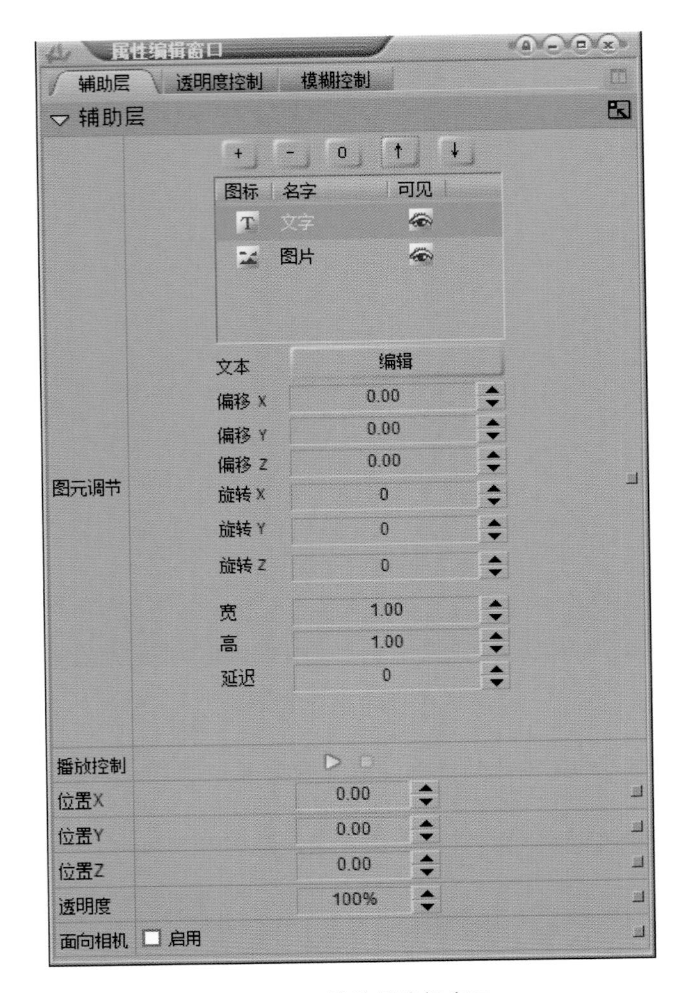

图 6.196　辅助层编辑窗口

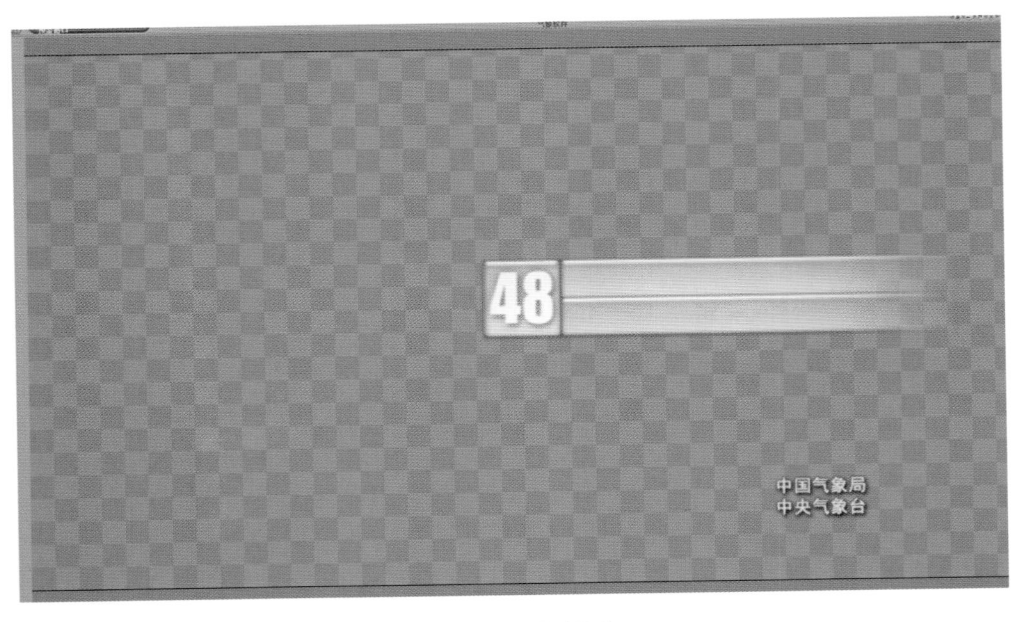

图 6.197　标题预监窗口

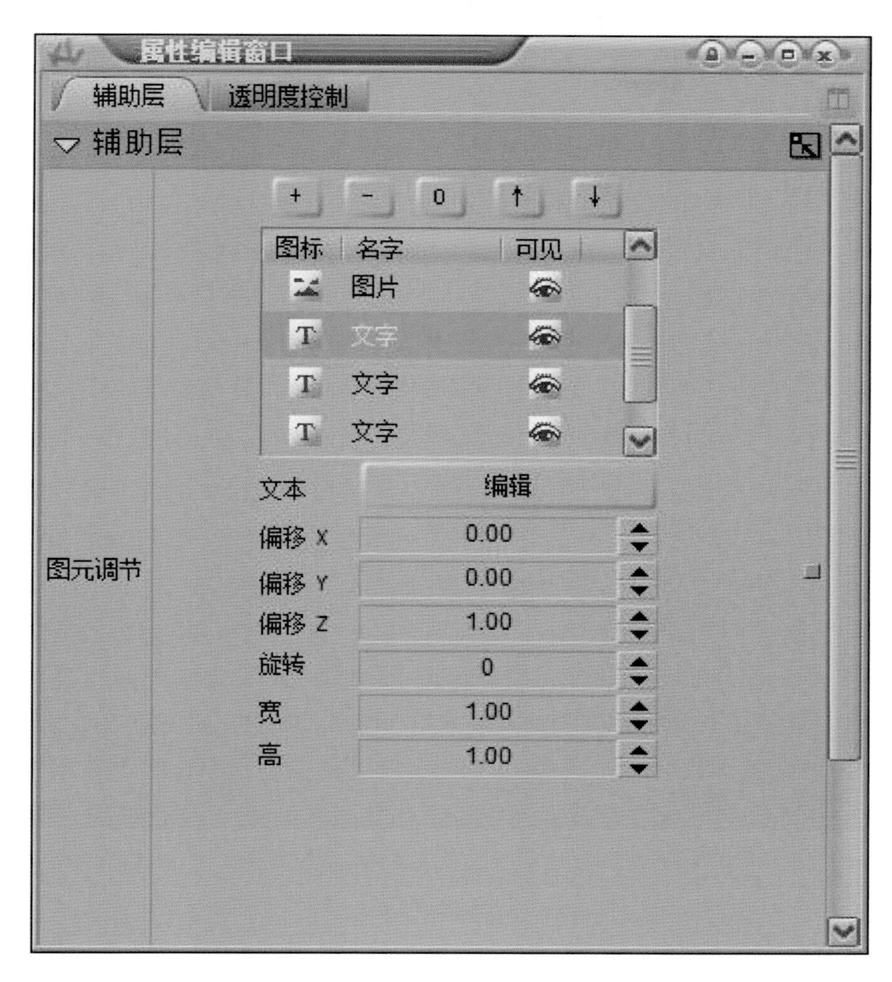

图 6.198　辅助层编辑窗口

图 6.199　标题预监效果

(6)调整辅助层位置 X、Y 轴的值，将标题底图和文字内容整体移动播出的位置(图 6.200)，预监效果如图 6.201 预监窗口中所示。

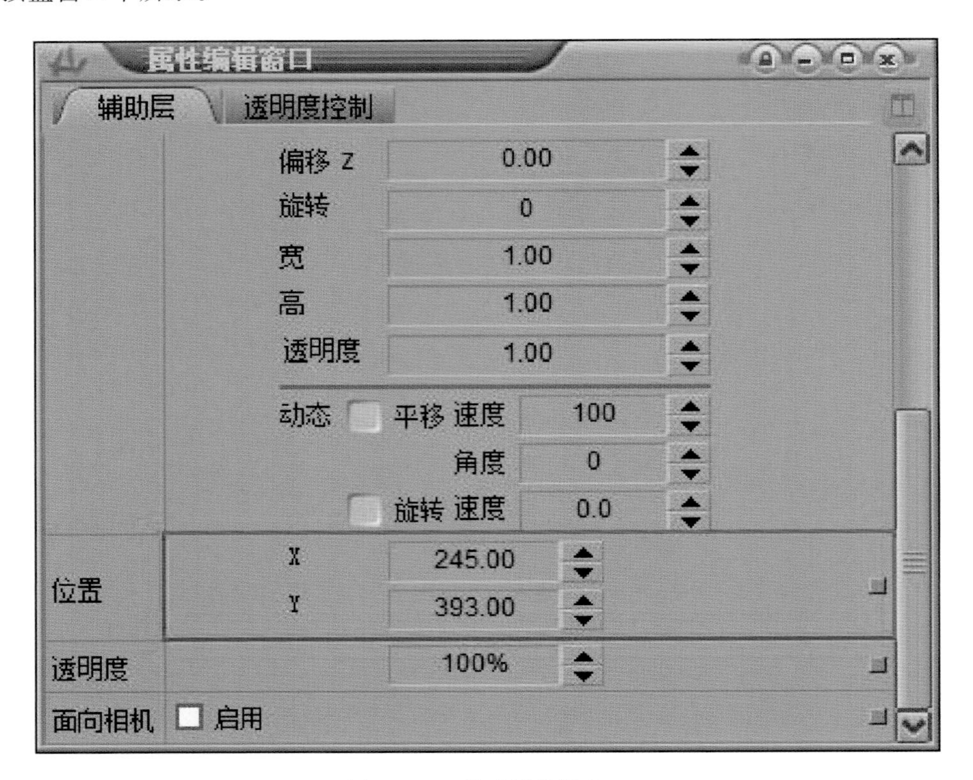

图 6.200 辅助层编辑窗口

图 6.201 标题预监效果

(7)气象标题模板已经基本完成，如果需要为标题板增加特技方式上屏，如淡入，可在时间线编辑窗口增加透明度参数的关键帧内容(图 6.202)。

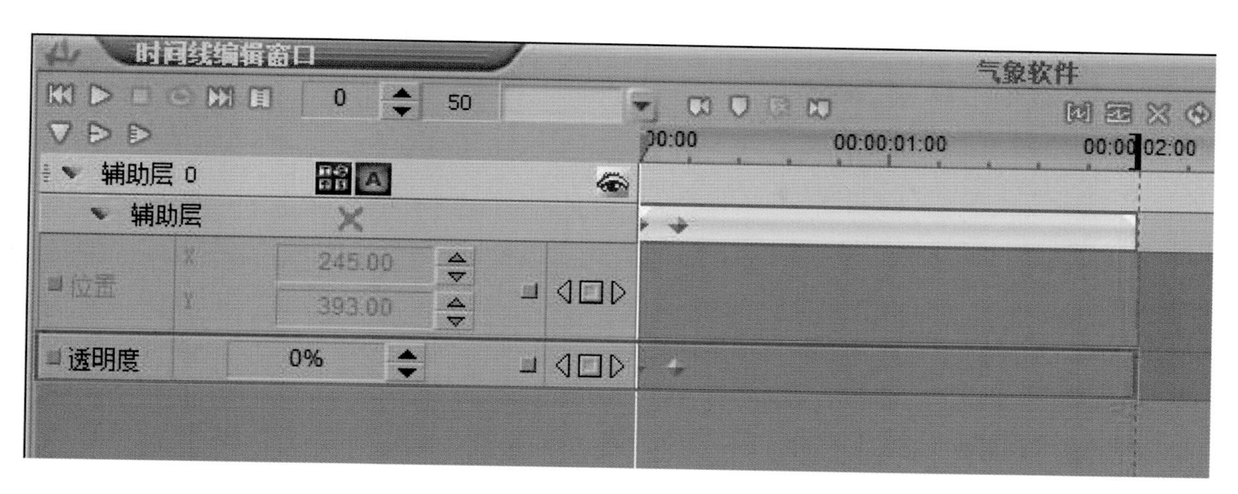

图 6.202　透明度关键帧

如该内容需要定长播出，则将其特技动作的长度拖拽到所需位置，并为其添加出特技，如不需要出特技，则场景将在播出时手动控制。

(8)制作完成后，双击场景名称，可修改场景名称，而后点击保存工程，将气象标题工程进行保存(图 6.203)。

图 6.203　保存工程

6.4.2　气象云图

制作如图 6.204 所示的云图场景，采取以下步骤完成。

图 6.204　云图效果预监

(1)进入气象制作软件,新建地球工程,默认创建地貌元素和摄像机元素(图 6.205)。

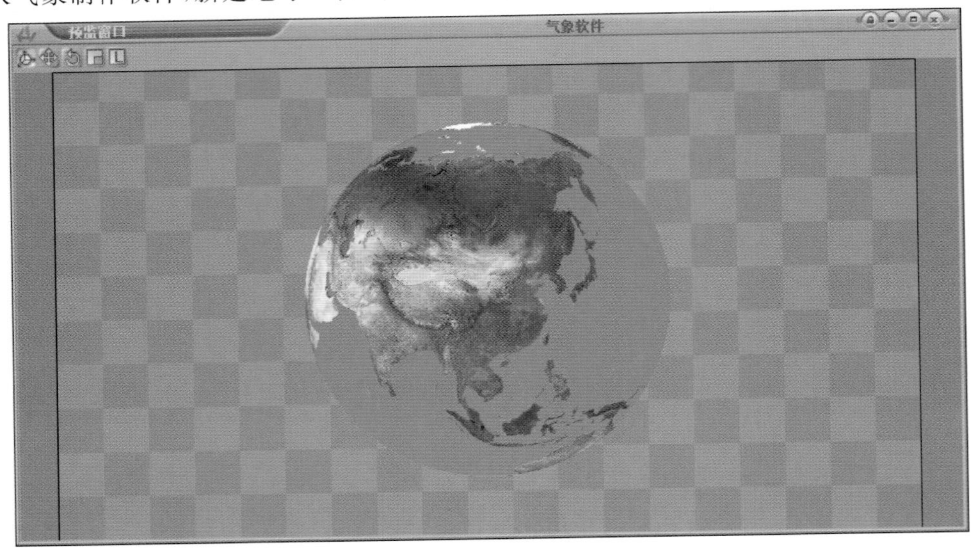

图 6.205　新建地球工程

从导航窗口中可控制摄像机位置及目标位置,如果需要更小范围的调整,可从预监窗口中切换板块显示位置。该操作只影响导航窗口中显示,不影响工程播出内容。

当鼠标为时,可移动摄像机位置和目标位置;当鼠标状态为时,可移动摄像机位置,但目标位置不动;当鼠标状态为时,推拉摄像机镜头。

(2)移动定位摄像机到所需位置(图 6.206)。

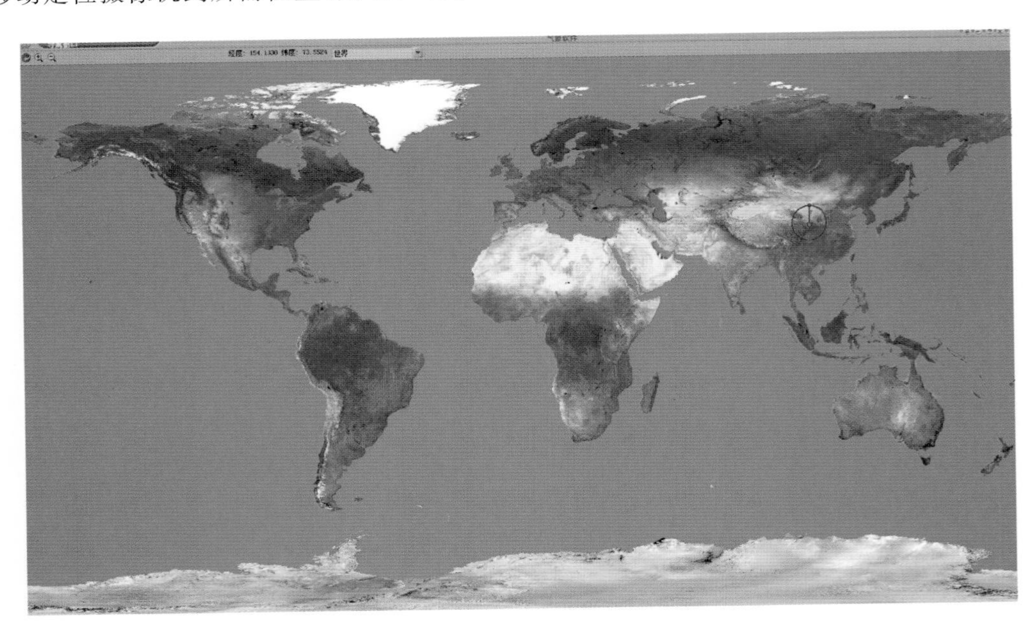

图 6.206　摄像机位置调整

(3)如图 6.207 所示,拖拽气象业务中的云图到时间线编辑窗口。

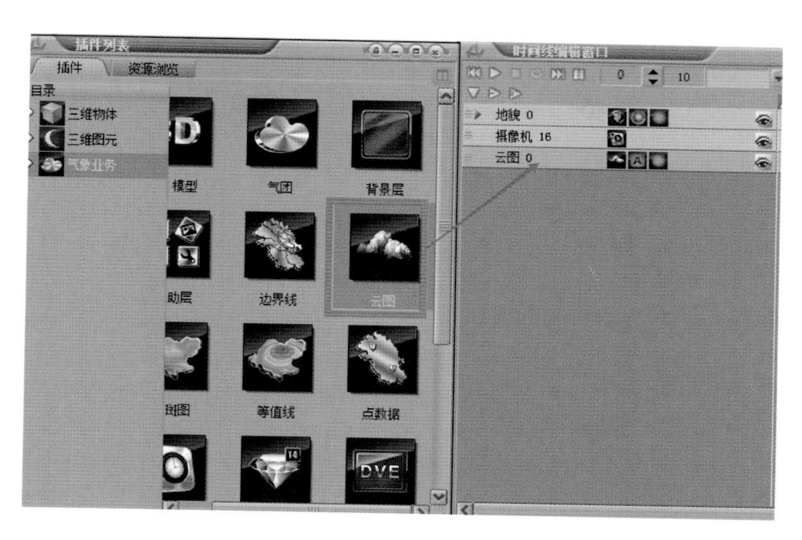

图 6.207 云图插件

在数据集中选择数据内容，选择预报小时和截止时间，可见预监窗口中动态图像序列内容，如需对云图使用色表信息，可相应增加。关键帧参数中可调节云图显示的海拔和透明度，并能调节信息显示的位置和大小。

数据集内容位于资源包 WeatherResource 下的 Weather Data\yuntu 路径下，数据内容由数据转换软件转换而来。

可通过云图属性编辑窗口中的播出属性调整云图播放属性，循环播出或者只播出一次，如本例图 6.208 所示，选择只播出一次，并将文字内容移动到右下角位置。为了更明显地看到中国的信息，从气象业务中增加边界线，选择自定义并在资源包中选择中国的信息。预监效果见图 6.209。

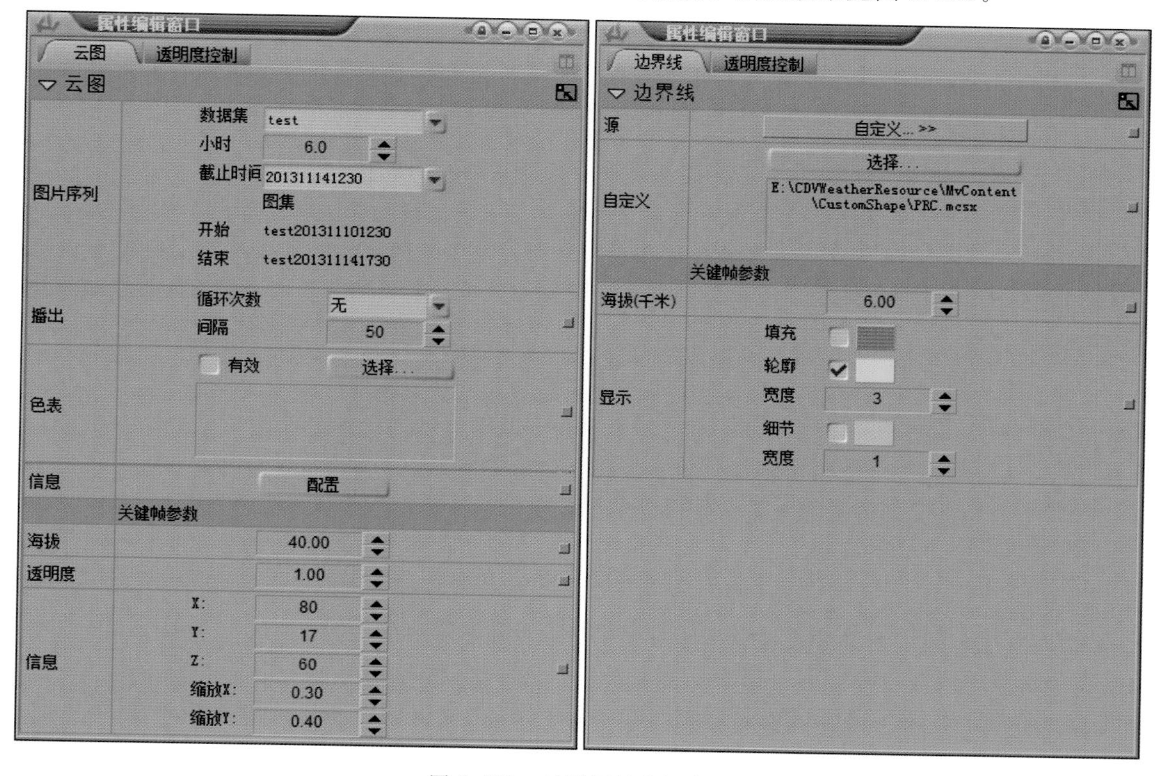

图 6.208 云图属性编辑窗口

图 6.209　云图效果预监

(4)制作完成后,双击场景名称。可修改场景名称。修改完成后,可将气象工程保存(图 6.210)。

图 6.210　保存工程文件

6.4.3　色斑图

建立如图 6.211 所示的色斑图气象场景。

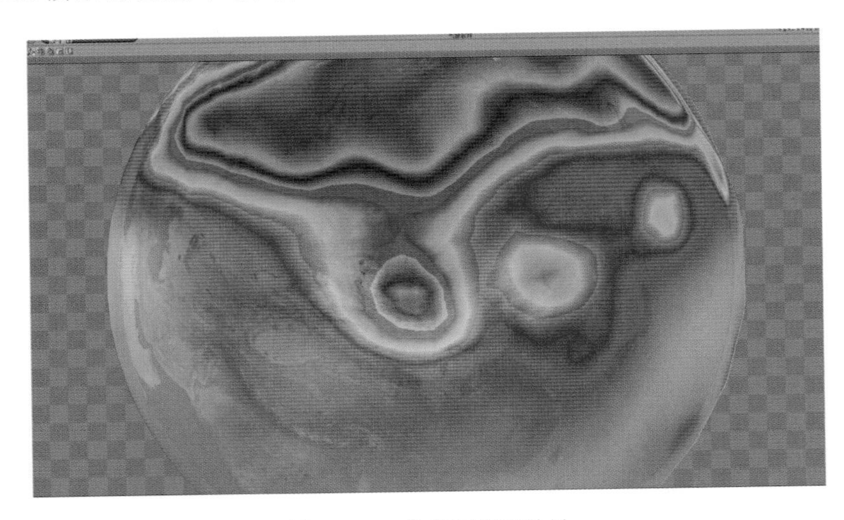

图 6.211　色斑图预监效果

本例中打开气象软件,新建板块工程,创建南京地区的温度色斑图信息。

新建板块工程,在属性编辑窗口,为板块选择板块区域文件和地表贴图图片(图 6.212)。

如气象云图中介绍,挪动摄像机到合适位置,拖拽气象业务中的色斑图到时间线编辑窗口中,如图 6.213 所示。

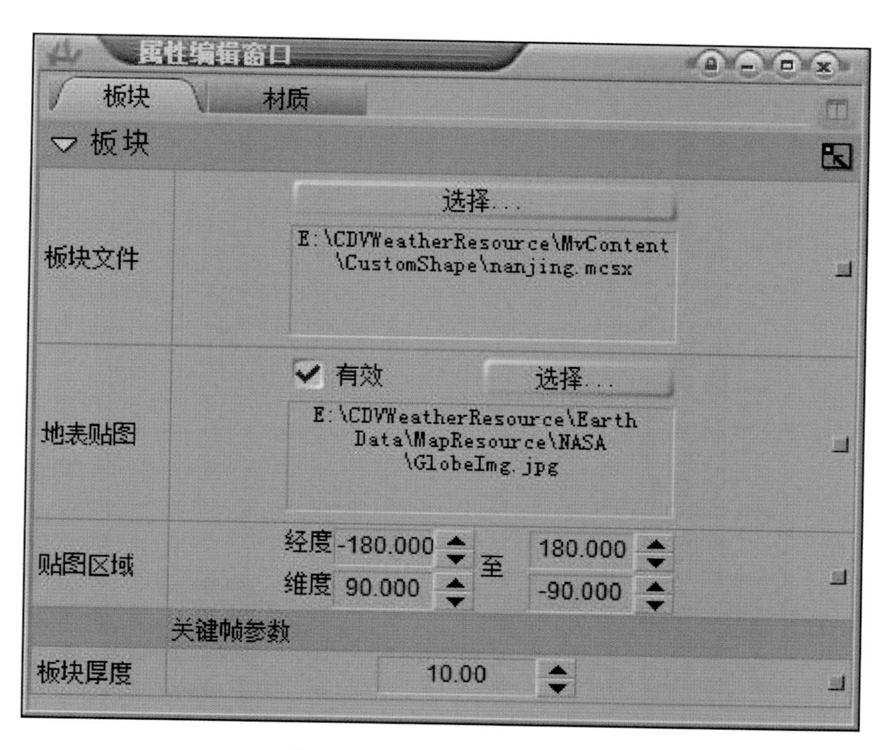

图 6.212 板块属性编辑窗口

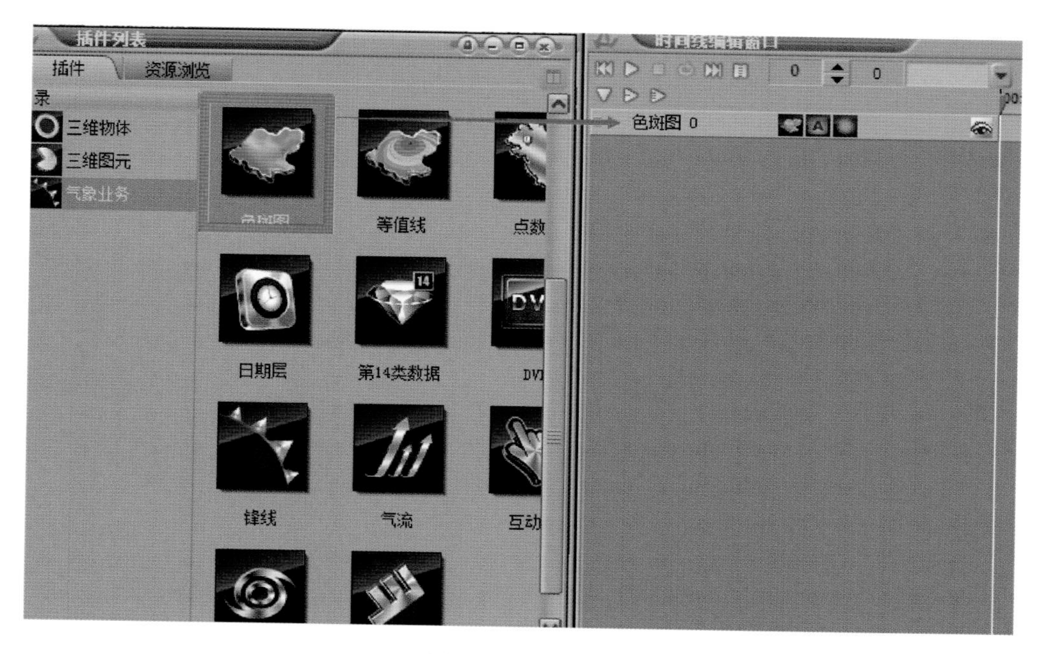

图 6.213 色斑图

在图 6.214 的窗口中设置色斑图属性。如在数据集中选择对应的数据内容,并选择运行时间,以及需要展示的时间范围和间隔时间;选择播放速度,会提示播放数据需要的时长(如本例中总帧数 97);为数据内容配置色表文件,并为该部分数据添加区域遮罩信息;点击播放控制中的播放按钮,可查看动态效果。

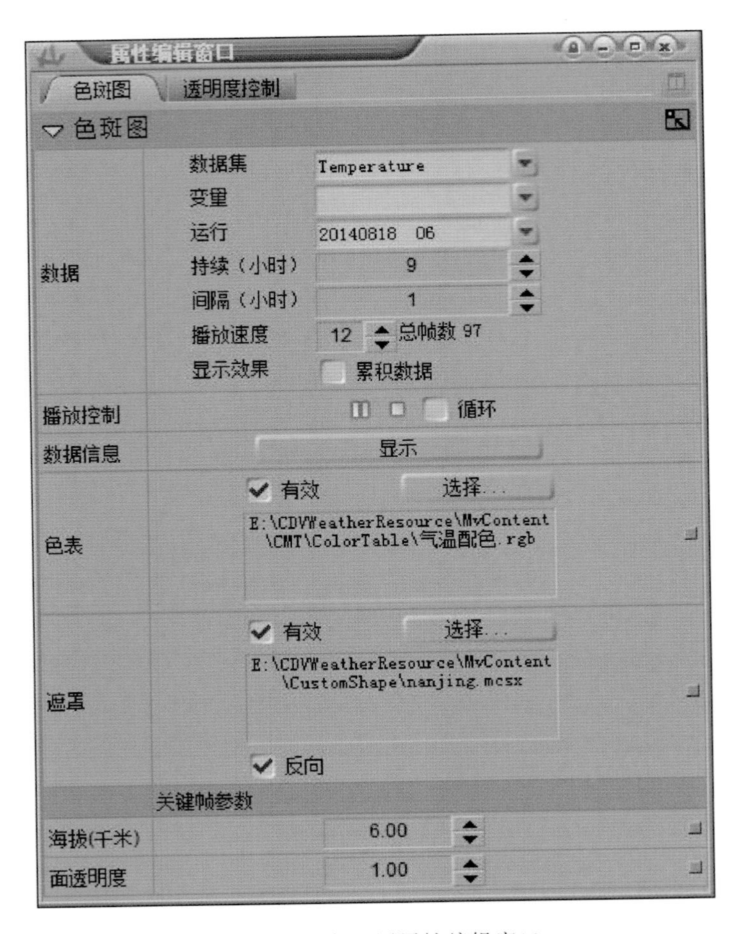

图 6.214　色斑图属性编辑窗口

为了更明确地看到地区划分，拖拽气象业务中的边界线到时间线编辑窗口，增加自定义区域内容（图 6.215）。

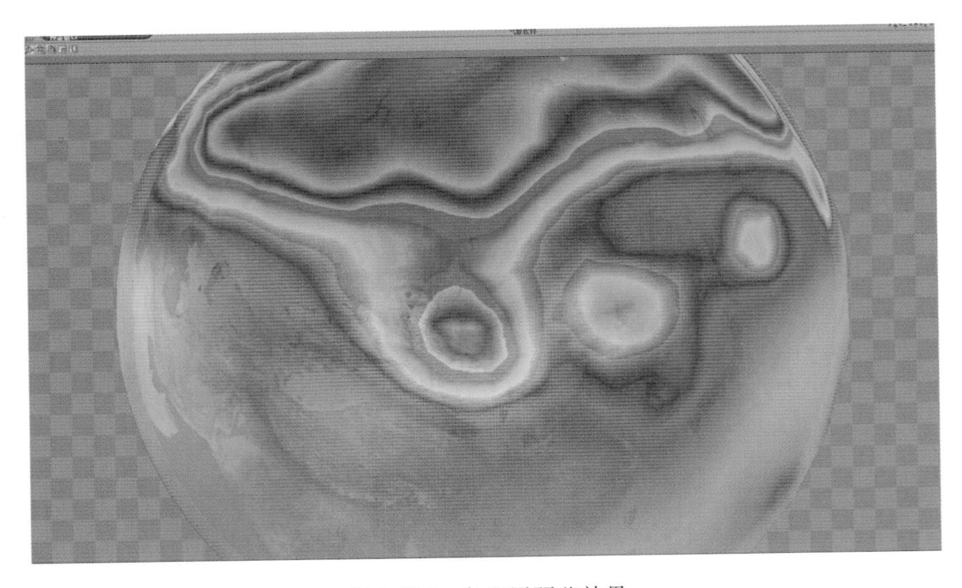

图 6.215　色斑图预监效果

在图 6.216 的窗口中，根据色斑图提示长度在时间线添加事件播放长度，双击色斑图节点内容，并将时间线有效长度拖拽至 97 位置，保证色斑图播放能够完成。

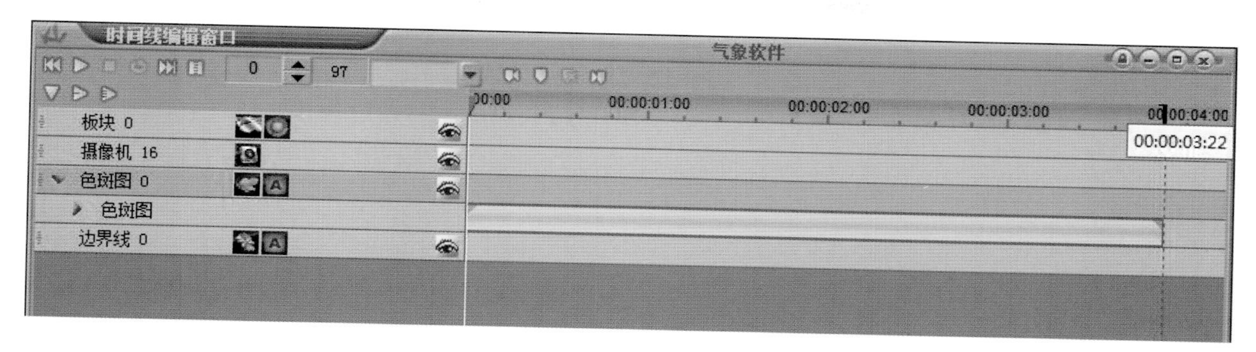

图 6.216 色斑图时间线编辑界面

双击场景名称内容，修改场景名称。修改完成后，保存气象工程(图 6.217)。

图 6.217 保存工程文件

参考资料

视音频编码及复用标准

- 压缩视频信号的 4∶2∶2 级规范.
- AES3 供数字伴音工程线性表示的数字伴音数据的串行传输格式.
- AES11 供数字伴音工程在演播中使用的数字伴音设备的同步格式.
- GY/T 212—2005 标准清晰度数字电视编码器、解码器技术要求和测量方法.
- GB/T 17975.1—2000 信息技术——运动图像及其伴音信号的通用编码第 1 部分:系统.
- GB/T 17975.2—2000 信息技术——运动图像及其伴音信号的通用编码第 2 部分:视频.
- GB/T 17975.3—2000 信息技术——运动图像及其伴音信号的通用编码第 3 部分:音频.
- ITU—R BT.601 数字电视编码标准.
- ITU—R BT.624 对模拟符合输出监视的规定,及 SMPTE170M 规定的数据电气接口标准.
- ITU—R BT.656—4(eqv. GB/T 17953—2000)工作在 4∶2∶2 601 推荐级别下的 625 行电视数字分量,即 SMPTE 125M 及 EBU Tech 3267 规定的数据电气接口标准.
- ITU—R BT.711 供分量数字演播室使用的同步基准信号.
- MPEG—2 视频标准在数字(高清晰度)电视广播中的实施准则(征求意见稿).
- MPEG—2 系统标准在数字(高清晰度)电视广播中的实施准则(征求意见稿).
- SMPTE 10 比特 4∶2∶2 分量使用的串行数字接口 SDI 及工作在 4∶2∶2 601 推荐级别下的 625 行(Scan Lines)电视数字分量,即 SMPTE 125M 规定的数据电气接口标准.
- SMPTE RP 168 为实现同步视频切换,关于场消隐切换点的规定.

信息技术软件质量标准

- 计算机软件产品开发文件编制指南 GB 8567—88. 北京:中国标准出版社,1988.
- 计算机软件工程规范国家标准汇编 2000. 北京:中国标准出版社,2000.
- 计算机软件文档编制规范 GB T 8567—2006. 北京:中国标准出版社,2000.
- GB/T 16260—1996 信息技术软件产品评价质量特性及其使用指南.
- GB/T 17544—1998 信息技术软件包质量要求和测试.

其他

- 国家科技支撑计划课题任务书《气象影视图形图像制作播出研究与应用》.
- MICAPS 第三版用户手册. 中国气象局,2007.

QIXIANG YINGSHI
TUXING
CHULI JISHU

ISBN 978-7-5029-6296-8
9 787502 962968 >
定价：100.00元